高等学校数据结构课程系列教材

数据结构教程

（Python语言描述）
学习与上机实验指导

◎ 李春葆 主编　　蒋林 李筱驰 副主编

清华大学出版社
北 京

内 容 简 介

本书是《数据结构教程（Python 语言描述）》（李春葆主编，清华大学出版社，以下简称为《教程》）的配套学习和上机实验指导书，详细给出了《教程》中所有练习题和上机实验题的解题思路和参考答案、在线编程题的 AC 代码，并给出 8 份数据结构期末模拟试题和两份实验报告的示例。书中练习题和实验题不仅涵盖数据结构课程的基本知识点，还融合了各个知识点的运用和扩展，学习、理解和借鉴这些参考答案是掌握和提高数据结构知识的最佳途径。本书自成一体，可以脱离《教程》单独使用。

本书适合高等院校计算机及相关专业的本、专科学生使用。

图书在版编目（CIP）数据

数据结构教程（Python 语言描述）学习与上机实验指导/李春葆主编.—北京：清华大学出版社，2021.3（2024.8 重印）
高等学校数据结构课程系列教材
ISBN 978-7-302-56083-8

Ⅰ．①数… Ⅱ．①李… Ⅲ．①数据结构－高等学校－教材 ②软件工具－程序设计－高等学校－教材 Ⅳ．①TP311.12 ②TP311.561

中国版本图书馆 CIP 数据核字（2020）第 136993 号

策划编辑：魏江江
责任编辑：王冰飞
封面设计：刘　键
责任校对：时翠兰
责任印制：刘　菲

出版发行：清华大学出版社
　　　　网　　　址：https://www.tup.com.cn，https://www.wqxuetang.com
　　　　地　　　址：北京清华大学学研大厦 A 座　　　　　　　邮　　编：100084
　　　　社　总　机：010-83470000　　　　　　　　　　　　邮　　购：010-62786544
　　　　投稿与读者服务：010-62776969，c-service@tup.tsinghua.edu.cn
　　　　质量反馈：010-62772015，zhiliang@tup.tsinghua.edu.cn
　　　　课件下载：https://www.tup.com.cn，010-83470236
印　装　者：三河市龙大印装有限公司
经　　　销：全国新华书店
开　　　本：185mm×260mm　　　印　　张：15.75　　　　　　字　　数：426 千字
　　　　　　（附期末模拟试卷一本）
版　　　次：2021 年 3 月第 1 版　　　　　　　　　　　　　印　　次：2024 年 8 月第 5 次印刷
印　　　数：5101～6100
定　　　价：39.80 元

产品编号：088552-01

前言

党的二十大报告指出：教育、科技、人才是全面建设社会主义现代化国家的基础性、战略性支撑。必须坚持科技是第一生产力、人才是第一资源、创新是第一动力，深入实施科教兴国战略、人才强国战略、创新驱动发展战略，开辟发展新领域新赛道，不断塑造发展新动能新优势。高等教育与经济社会发展紧密相连，对促进就业创业、助力经济社会发展、增进人民福祉具有重要意义。

本书分为三部分和一个附录。

第一部分按《教程》中的章顺序给出所有练习题的解题思路和参考答案，包含 61 道问答题和 60 道算法分析与设计题。

第二部分按《教程》中的章顺序给出所有实验题的解题思路和参考答案，包含 28 道基础实验题和 44 道应用实验题。

第三部分按《教程》中的章顺序给出所有 LeetCode（力扣中国网站）在线编程题的解题思路和参考答案，包含 57 道题，每题提供了详细的讲解视频，累计超过 8 小时。扫描封底刮刮卡中的二维码，再扫描书中相应位置的二维码，可以在线学习。

附录 A 给出了实验报告的格式和两份实验报告的示例。

本书提供练习题算法设计源代码和上机题源代码，扫描目录上方的二维码可以下载。

所有算法题和实验题均上机调试通过，所有在线编程题均在力扣中国网站中提交通过，采用的是 Python 3.7 版本。书中同时列出了全部练习题和上机实验题，因此自成一体，可以脱离《教程》单独使用。

编者感谢力扣中国网站的大力支持。由于编者水平所限，尽管不遗余力，书中仍可能存在错误和不足之处，敬请批评指正。

编　者

2021 年 1 月

源码下载

C O N T E N T S

目录

1.1 第1章 绪论

1.1.1 练习题

1. 什么是数据结构？有关数据结构的讨论涉及哪三方面？

2. 简述数据结构中运算描述和运算实现的异同。

3. 什么是算法？算法的5个特性是什么？试根据这些特性解释算法与程序的区别。

4. 分析以下算法的时间复杂度。

```
def fun(n):
    x, y = n, 100
    while y > 0:
        if x > 100:
            x = x - 10
            y -= 1
        else: x += 1
```

5. 分析以下算法的时间复杂度。

```
def fun(n):
    i, k = 1, 100
    while i <= n:
        k += 1
        i += 2
```

6. 分析以下算法的时间复杂度。

```
def fun(n):
    i = 1
    while i <= n:
        i = i * 2
```

7. 分析以下算法的时间复杂度。

```
def fun(n):
    for i in range(1,n+1):
        for j in range(1,n+1):
            k=1
            while k<=n:k=5*k
```

1.1.2 练习题参考答案

1. 答：按某种逻辑关系组织起来的一组数据元素,按一定的存储方式存储于计算机中,并在其上定义了一个运算的集合,称为一个数据结构。

数据结构涉及以下三方面的内容：

① 数据成员以及它们相互之间的逻辑关系,也称为数据的逻辑结构。

② 数据元素及其关系在计算机存储器内的存储表示,也称为数据的物理结构,简称为存储结构。

③ 施加于该数据结构上的操作,即运算。

2. 答：运算描述是指逻辑结构施加的操作,而运算实现是指一个完成该运算功能的算法。它们的相同点是,运算描述和运算实现都能完成对数据的"处理"或某种特定的操作；不同点是,运算描述只是描述处理功能,不包括处理步骤和方法,而运算实现的核心是处理步骤。

3. 答：通常算法定义为解决某一特定任务而规定的一个指令序列。一个算法应当具有以下特性。

① 有穷性：一个算法无论在什么情况下都应在执行有穷步后结束。

② 确定性：算法的每一步都应确切地、无歧义地定义。对于每一种情况,需要执行的动作都应严格地、清晰地规定。

③ 可行性：算法中每一条运算都必须是足够基本的。也就是说,它们原则上都能精确地执行,甚至人们仅用笔和纸做有限次运算就能完成。

④ 输入：一个算法必须有 0 个或多个输入。它们是在算法开始运算前给予算法的量。这些输入取自特定的对象的集合。它们可以使用输入语句由外部提供,也可以使用赋值语句在算法内给定。

⑤ 输出：一个算法应有一个或多个输出,输出的量是算法运算的结果。

算法和程序不同,程序可以不满足有穷性。例如,一个操作系统在用户未使用前一直处于"等待"的循环中,直到出现新的用户事件为止。这样的系统可以无休止地运行,直到系统停机。

4. 答：本算法中的基本操作语句是 while 循环体内的语句,它的执行次数与问题规模 n 无关,所以算法的时间复杂度为 $O(1)$。

5. 答：设 while 循环语句执行的次数为 $T(n)$,i 从 1 开始递增,最后取值为 $1+2T(n)$,有 $i=1+2T(n)\leqslant n$,即 $T(n)\leqslant(n-1)/2=O(n)$,所以该算法的时间复杂度为 $O(n)$。

6. 答：本算法中的基本操作语句是 $i=i*2$,设其频度为 $T(n)$,则有 $2^{T(n)}\leqslant n$,即 $T(n)\leqslant\log_2 n=O(\log_2 n)$,所以该算法的时间复杂度为 $O(\log_2 n)$。

7. 答：算法中的基本操作语句为 k＝5＊k。对于 while 循环：

k＝1
while k <＝n: k＝5＊k

其中基本操作语句 k＝5＊k 的频度为 $\log_5 n$，再加上外层两重循环，所以本算法的时间复杂度为 $O(n^2 \log_5 n)$。

1.2　第2章　线性表

1.2.1　练习题

1. 简述顺序表和链表存储方式的主要优缺点。

2. 对单链表设置一个头结点的作用是什么？

3. 假设均带头结点 h，给出单链表、双链表、循环单链表和循环双链表中 p 所指结点为尾结点的条件。

4. 在单链表、双链表和循环单链表中，若仅知道指针 p 指向某结点，不知道头结点，能否将 p 结点从相应的链表中删去？若可以，其时间复杂度各为多少？

5. 带头结点的双链表和循环双链表相比有什么不同？在何时使用循环双链表？

6. 有一个递增有序的整数顺序表 L，设计一个算法将整数 x 插入适当位置，以保持该表的有序性，并给出算法的时间和空间复杂度。例如，$L＝(1,3,5,7)$，插入 $x＝6$ 后 $L＝(1,3,5,6,7)$。

7. 有一个整数顺序表 L，设计一个尽可能高效的算法删除其中所有值为负整数的元素（假设 L 中值为负整数的元素可能有多个），删除后元素的相对次序不改变，并给出算法的时间和空间复杂度。例如，$L＝(1,2,-1,-2,3,-3)$，删除后 $L＝(1,2,3)$。

8. 有一个整数顺序表 L，设计一个尽可能高效的算法将所有负整数的元素移到其他元素的前面，并给出算法的时间和空间复杂度。例如，$L＝(1,2,-1,-2,3,-3,4)$，移动后 $L＝(-1,-2,-3,2,3,1,4)$。

9. 有两个集合采用整数顺序表 A、B 存储，设计一个算法求两个集合的并集 C，C 仍然用顺序表存储，并给出算法的时间和空间复杂度。例如 $A＝(1,3,2)$，$B＝(5,1,4,2)$，并集 $C＝(1,3,2,5,4)$。

说明：这里的集合均指数学意义上的集合，同一个集合中不存在相同值的元素。

10. 有两个集合采用递增有序的整数顺序表 A、B 存储，设计一个在时间上尽可能高效的算法求两个集合的并集 C，C 仍然用顺序表存储，并给出算法的时间和空间复杂度。例如 $A＝(1,3,5,7)$，$B＝(1,2,4,5,7)$，并集 $C＝(1,2,3,4,5,7)$。

11. 有两个集合采用整数顺序表 A、B 存储，设计一个算法求两个集合的差集 C，C 仍然用顺序表存储，并给出算法的时间和空间复杂度。例如 $A＝(1,3,2)$，$B＝(5,1,4,2)$，并集 $C＝(3)$。

12. 有两个集合采用递增有序的整数顺序表 A、B 存储，设计一个在时间上尽可能高效的算法求两个集合的差集 C，C 仍然用顺序表存储，并给出算法的时间和空间复杂度。例如 $A＝(1,3,5,7)$，$B＝(1,2,4,5,9)$，差集 $C＝(3,7)$。

13. 有两个集合采用整数顺序表 A、B 存储,设计一个算法求两个集合的交集 C,C 仍然用顺序表存储,并给出算法的时间和空间复杂度。例如 $A=(1,3,2)$,$B=(5,1,4,2)$,交集 $C=(1,2)$。

14. 有两个集合采用递增有序的整数顺序表 A、B 存储,设计一个在时间上尽可能高效的算法求两个集合的交集 C,C 仍然用顺序表存储,并给出算法的时间和空间复杂度。例如 $A=(1,3,5,7)$,$B=(1,2,4,5,7)$,交集 $C=(1,5,7)$。

15. 有一个整数单链表 L,设计一个算法删除其中所有值为 x 的结点,并给出算法的时间和空间复杂度。例如 $L=(1,2,2,3,1)$,x$=2$,删除后 $L=(1,3,1)$。

16. 有一个整数单链表 L,设计一个尽可能高效的算法将所有负整数的元素移到其他元素的前面。例如,$L=(1,2,-1,-2,3,-3,4)$,移动后 $L=(-1,-2,-3,1,2,3,4)$。

17. 有两个集合采用整数单链表 A、B 存储,设计一个算法求两个集合的并集 C,C 仍然用单链表存储,并给出算法的时间和空间复杂度。例如 $A=(1,3,2)$,$B=(5,1,4,2)$,并集 $C=(1,3,2,5,4)$。

18. 有两个集合采用递增有序的整数单链表 A、B 存储,设计一个在时间上尽可能高效的算法求两个集合的并集 C,C 仍然用单链表存储,并给出算法的时间和空间复杂度。例如 $A=(1,3,5,7)$,$B=(1,2,4,5,7)$,并集 $C=(1,2,3,4,5,7)$。

19. 有两个集合采用整数单链表 A、B 存储,设计一个算法求两个集合的差集 C,C 仍然用单链表存储,并给出算法的时间和空间复杂度。例如 $A=(1,3,2)$,$B=(5,1,4,2)$,差集 $C=(3)$。

20. 有两个集合采用递增有序的整数单链表 A、B 存储,设计一个在时间上尽可能高效的算法求两个集合的差集 C,C 仍然用单链表存储,并给出算法的时间和空间复杂度。例如 $A=(1,3,5,7)$,$B=(1,2,4,5,9)$,差集 $C=(3,7)$。

21. 有两个集合采用整数单链表 A、B 存储,设计一个算法求两个集合的交集 C,C 仍然用单链表存储,并给出算法的时间和空间复杂度。例如 $A=(1,3,2)$,$B=(5,1,4,2)$,交集 $C=(1,2)$。

22. 有两个集合采用递增有序的整数单链表 A、B 存储,设计一个在时间上尽可能高效的算法求两个集合的交集 C,C 仍然用单链表存储,并给出算法的时间和空间复杂度。例如 $A=(1,3,5,7)$,$B=(1,2,4,5,7)$,交集 $C=(1,5,7)$。

23. 有一个递增有序的整数双链表 L,其中至少有两个结点,设计一个算法就地删除 L 中所有值重复的结点,即多个相同值的结点仅保留一个。例如,$L=(1,2,2,2,3,5,5)$,删除后 $L=(1,2,3,5)$。

24. 有两个递增有序的整数双链表 A 和 B,分别含有 m 和 n 个整数元素,假设这 $m+n$ 个元素均不相同,设计一个算法求这 $m+n$ 个元素中第 $k(1 \leqslant k \leqslant m+n)$ 小的元素值。例如,$A=(1,3)$,$B=(2,4,6,8,10)$,$k=2$ 时返回 2,$k=6$ 时返回 8。

1.2.2 练习题参考答案

1. 答:顺序表的优点是可以随机存取元素,存储密度高,结构简单;缺点是需要一片地址连续的存储空间,不便于插入和删除元素(需要移动大量的元素),表的初始容量难以确定。链表的优点是便于结点的插入和删除(只需要修改指针属性,不需要移动结点),表的容量扩充十分方便；缺点是不能进行随机访问，只能顺序访问，另外每个结点上增加指针属性，导致存储密度较低。

2. 答： 对单链表设置头结点的好处如下。

① 带头结点时，空表也存在一个头结点，从而统一了空表与非空表的处理。

② 在单链表中插入结点和删除结点时都需要修改前驱结点的指针属性，带头结点时任何数据结点都有前驱结点，这样使得插入和删除结点操作更简单。

3. 答： 各种链表中 p 结点为尾结点的条件如下。

① 单链表：p. next==None。

② 双链表：p. next==None。

③ 循环单链表：p. next==h。

④ 循环双链表：p. next==h。

4. 答： 以下分 3 种链表进行讨论。

① 单链表：当已知指针 p 指向某结点时，能够根据该指针找到其后继结点，但是由于不知道其头结点，所以无法访问到 p 指针指向的结点的前驱结点，因此无法删除该结点。

② 双链表：由于这样的链表提供双向链接，因此根据已知结点可以查找到其前驱和后继结点，从而可以删除该结点。其时间复杂度为 $O(1)$。

③ 循环单链表：根据已知结点的位置，可以直接找到其后继结点，又因为是循环单链表，所以可以通过查找得到 p 结点的前驱结点，因此可以删除 p 所指结点。其时间复杂度为 $O(n)$。

5. 答： 在带头结点的双链表中，尾结点的后继指针为 None，头结点的前驱指针不使用；在带头结点的循环双链表中，尾结点的后继指针指向头结点，头结点的前驱指针指向尾结点。当需要快速找到尾结点时，可以使用循环双链表。

6. 解： 先在有序顺序表 L 中查找有序插入 x 的位置 i（即在 L 中从前向后查找到刚好大于或等于 x 的位置 i），再调用 $L.$ Insert(i,x) 插入元素 x。对应的算法如下：

```
def Insertx(L, x):
    i=0
    while i<L.getsize() and L[i]<x:       #查找刚好≥x 的元素序号 i
        i+=1
    L. Insert(i, x)
```

上述算法的时间复杂度为 $O(n)$，空间复杂度为 $O(1)$。

7. 解： 采用《教程》中例 2.3 的 3 种解法，仅将保留元素的条件改为"元素值≥0"即可。对应的 3 种算法如下：

```
def Delminus1(L):                    #算法 1
    k=0
    for i in range(0,L.getsize()):
        if L[i]>=0:                  #将元素值≥0 的元素插入 data 中
            L[k]=L[i]
            k+=1                     #累计插入的元素个数
    L. size=k;                       #重置长度

def Delminus2(L):                    #算法 2
```

```
    k=0
    for i in range(0,L.getsize()):
        if L[i]>=0:                          #将元素值≥0 的元素前移 k 个位置
            L[i-k]=L[i]
        else:                                #累计删除的元素个数
            k+=1
    L.size-=k                                #重置长度

def Delminus3(L):                            #算法 3
    i=-1
    j=0
    while j<L.getsize():                     #j 遍历所有元素
        if L[j]>=0:                          #找到元素值≥0 的元素 a[j]
            i+=1                             #扩大元素值≥0 的区间
            if i!=j:                         #i 不等于 j 时将 data[i] 与 data[j] 交换
                L[i],L[j]=L[j],L[i]
        j+=1                                 #继续遍历
    L.size=i+1                               #重置长度
```

上述 3 种算法的时间复杂度均为 $O(n)$，空间复杂度均为 $O(1)$。

8. 解：采用《教程》中例 2.3 的解法 3（即区间移动法），将"元素值! $=x$"改为"元素值 <0"，并且移动后顺序表的长度不变。对应的算法如下：

```
def Move(L):
    i=-1
    j=0
    while j<L.getsize():                     #j 扫描所有元素
        if L[j]<0:                           #找到需要前移的元素 a[j]
            i+=1                             #扩大负元素的区间
            if i!=j:                         #i 不等于 j 时将 data[i] 与 data[j] 交换
                L[i],L[j]=L[j],L[i]          #将序号为 i 和 j 的两个元素交换
        j+=1                                 #继续遍历
```

上述算法的时间复杂度为 $O(n)$，空间复杂度为 $O(1)$。

9. 解：将集合 A 中的所有元素添加到 C 中，再将集合 B 中不属于 A 的元素添加到集合 C 中，最后返回 C，如图 1.1 所示。对应的算法如下：

```
def Union(A,B):
    C=SqList()
    for i in range(0,A.getsize()):          #将 A 中的所有元素添加到 C 中
        C.Add(A[i])
    for j in range(0,B.getsize()):          #将 B 中不属于 A 的元素添加到 C 中
        e=B[j]
        if A.GetNo(e)==-1:                   #时间为 O(n)
            C.Add(e)
    return C                                 #返回 C
```

图 1.1　两个无序集合求并集

上述算法的时间复杂度均为 $O(m\times n)$，空间复杂度为 $O(m+n)$，其中 m 和 n 分别表示 A 和 B 中的元素个数。

10. 解：由于顺序表 A、B 是有序的，采用二路归并方法，当 A、B 都没有遍历完时，将较小元素添加到 C 中，相等的公共元素仅添加一个，再将没有归并完的其余元素均添加到 C 中，最后返回 C，如图 1.2 所示。对应的算法如下：

```
def Union(A ,B):
    C=SqList()
    i=j=0
    while i < A.getsize() and j < B.getsize():
        if A[i] < B[j]:                 #将较小元素 A[i] 添加到 C 中
            C.Add(A[i])
            i+=1
        elif B[j] < A[i]:               #将较小元素 B[j] 添加到 C 中
            C.Add(B[j])
            j+=1
        else:                           #公共元素只添加一个
            C.Add(A[i])
            i+=1
            j+=1
    while i < A.getsize():              #若 A 未遍历完,将余下的所有元素添加到 C 中
        C.Add(A[i])
        i+=1
    while j < B.getsize():              #若 B 未遍历完,将余下的所有元素添加到 C 中
        C.Add(B[j])
        j+=1
    return C
```

上述算法的时间复杂度均为 $O(m+n)$，空间复杂度为 $O(m+n)$，其中 m 和 n 分别表示 A 和 B 中的元素个数。

图 1.2　两个有序集合求并集

11. 解：将集合 A 中所有不属于集合 B 的元素添加到 C 中，最后返回 C。对应的算法如下：

```
def Diff(A,B):
    C=SqList()
    for i in range(0, A.getsize()):     #将 A 中不属于 B 的元素添加到 C 中
        if B.GetNo(A[i]) == -1:         #时间为 O(n)
            C.Add(A[i])
    return C                            #返回 C
```

上述算法的时间复杂度均为 $O(m \times n)$，空间复杂度为 $O(m)$，其中 m 和 n 分别表示 A 和 B 中的元素个数。

12. 解：差集 C 中的元素是属于 A 但不属于 B 的元素，由于顺序表 A、B 是有序的，采用二路归并方法，在归并中先将 A 中小于 B 的元素添加到 C 中，当 B 遍历完后，再将 A 中较大的元素（如果存在这样的元素）添加到 C 中，最后返回 C。对应的算法如下：

```
def Diff(A,B):
    C=SqList()
    i=j=0
    while i < A.getsize() and j < B.getsize():
```

数据结构教程(Python 语言描述)学习与上机实验指导

```
        if A[i] < B[j]:              #将较小元素 A[i]添加到 C 中
            C.Add(A[i])
            i+=1
        elif B[j] < A[i]:            #忽略较小元素 B[j]
            j+=1
        else:                        #忽略公共元素
            i+=1
            j+=1
    while i < A.getsize():           #若 A 未遍历完,将余下的所有元素添加到 C 中
        C.Add(A[i])
        i+=1
    return C
```

上述算法的时间复杂度均为 $O(m+n)$,空间复杂度为 $O(m)$,其中 m 和 n 分别表示 A 和 B 中的元素个数。

13. 解:将集合 A 中所有属于 B 的元素添加到集合 C 中,最后返回 C。对应的算法如下:

```
def Inter(A,B):
    C=SqList()
    for i in range(0,A.getsize()):   #将 A 中属于 B 的元素添加到 C 中
        if B.GetNo(A[i])!=-1:        #时间为 O(n)
            C.Add(A[i])
    return C                          #返回 C
```

上述算法的时间复杂度均为 $O(m \times n)$,空间复杂度为 $O(MIN(m,n))$,其中 m 和 n 分别表示 A 和 B 中的元素个数。

14. 解:由于顺序表 A、B 是有序的,采用二路归并方法,在归并中仅将 A、B 的相同值元素添加到 C 中,最后返回 C。对应的算法如下:

```
def Inter(A,B):
    C=SqList()
    i=j=0
    while i < A.getsize() and j < B.getsize():
        if A[i] < B[j]:              #忽略较小元素 A[i]
            i+=1
        elif B[j] < A[i]:            #忽略较小元素 B[j]
            j+=1
        else:                        #仅将公共元素添加到 C 中
            C.Add(A[i])
            i+=1
            j+=1
    return C
```

上述算法的时间复杂度均为 $O(m+n)$,空间复杂度为 $O(MIN(m,n))$,其中 m 和 n 分别表示 A 和 B 中的元素个数。

15. 解:设置(pre,p)指向 L 中相邻的两个结点,初始时 pre 指向头结点,p 指向首结点。用 p 遍历 L:

① 若 p 结点值为 x,通过 pre 结点删除 p 结点,置 p 结点为 pre 结点的后继结点。

② 若 p 结点值不为 x，pre 和 p 同步后移一个结点。

对应的算法如下：

```
def Delx(L, x):
    pre = L.head
    p = pre.next                    # p 指向首结点
    while p! = None:                # 遍历所有数据结点
        if p.data == x:             # 找到值为 x 的 p 结点
            pre.next = p.next       # 通过 pre 结点删除 p 结点
            p = pre.next            # 置 p 结点为 pre 结点的后继结点
        else:                       # p 结点不是值为 x 的结点
            pre = pre.next          # pre 和 p 同步后移一个结点
            p = pre.next
```

上述算法的时间复杂度均为 $O(n)$，空间复杂度为 $O(1)$。

16. **解法 1**：删除插入法。若单链表 L 的首结点是负整数结点，先跳过单链表 L 开头的连续负整数结点，让 last 指向其最后一个负整数结点；若单链表 L 的首结点不是负整数结点，则让 last 指向头结点。将 pre 置为 last，p 指向 pre 结点的后继结点，用 (pre, p) 同步指针遍历余下的结点：

① 若 p 结点值 <0，通过 pre 结点删除 p 结点，再将 p 结点插入 last 结点之后，然后置 last $= p$，p 继续指向 pre 结点的后继结点，以此类推，直到 p 为空。

② 否则，pre 和 p 同步后移一个结点。

对应的算法如下：

```
def Move1(L):                       # 解法 1
    last = L.head
    p = L.head.next
    while p! = None and p.data < 0:  # 跳过开头的负整数结点
        last = last.next            # last、p 同步后移一个结点
        p = p.next
    pre = last;
    while p! = None:                # 查找负整数结点 p
        if p.data < 0:              # 找到负整数结点 p
            pre.next = p.next       # 删除 p 结点
            p.next = last.next      # 将 p 结点插入 last 结点之后
            last.next = p
            last = p
            p = pre.next
        else:                       # p 结点不是负整数结点
            pre = pre.next          # last、p 同步后移一个结点
            p = pre.next
```

解法 2：分拆合并法。扫描单链表 L，采用尾插法建立由所有负整数结点构成的单链表 A，采用尾插法建立由所有其他结点构成的单链表 B（A、B 均带头结点）。将 B 链接到 A 之后，再将 L 的头结点作为新单链表的头结点。对应的算法如下：

```
def Move2(L):                       # 解法 2
    p = L.head.next
```

数据结构教程(Python 语言描述)学习与上机实验指导

```
A=LinkNode()                            ♯建立单链表 A 的头结点
B=LinkNode()                            ♯建立单链表 B 的头结点
ta,tb=A,B                               ♯ta、tb 分别为 A 和 B 的尾结点
while p!=None:
    if p.data<0:                        ♯找到负整数结点 p
        ta.next=p                       ♯将 p 结点链接到 A 的末尾
        ta=p
        p=p.next
    else:                               ♯不是负整数结点 p
        tb.next=p                       ♯将 p 结点链接到 B 的末尾
        tb=p
        p=p.next
ta.next=tb.next=None                    ♯两个单链表的尾结点的 next 置为 None
ta.next=B.next                          ♯将 B 链接到 A 的后面
L.head.next=A.next                      ♯重置 L
```

17. 解:本题先将集合 A 中的所有元素复制到 C 中,再将集合 B 中不属于 A 的元素添加到集合 C 中,最后返回 C,算法执行后 A、B 集合没有被破坏。对应的算法如下:

```
def Union(A,B):
    C=LinkList()
    t=C.head                           ♯t 指向 C 的尾结点(采用尾插法建立 C)
    p=A.head.next
    while p!=None:                     ♯将 A 复制到 C 中
        s=LinkNode(p.data)
        t.next=s; t=s;
        p=p.next
    q=B.head.next;
    while q!=None:                     ♯将 B 中不属于 A 的元素复制后添加到 C 中
        p=A.head.next;
        while p!=None and p.data!=q.data:
            p=p.next;
        if p==None:                    ♯结点 q 值不出现在 A 中
            s=LinkNode(q.data)
            t.next=s; t=s;
        q=q.next
    t.next=None;
    return C                           ♯返回 C
```

上述算法的时间复杂度均为 $O(m \times n)$,空间复杂度为 $O(m+n)$,其中 m 和 n 分别表示 A 和 B 中的元素个数。

18. 解:本题采用二路归并+尾插法建立并集 C 单链表,由 A、B 集合的相关结点重组成 C,算法执行后 A、B 集合被破坏。对应的算法如下:

```
def Union(A,B):
    C=LinkList()
    t=C.head                           ♯t 指向 C 的尾结点
    p=A.head.next
    q=B.head.next
    while p!=None and q!=None:
```

```
    if p.data < q.data:              #将较小结点 p 添加到 C 中
        t.next=p
        t=p
        p=p.next
    elif q.data < p.data:            #将较小结点 q 添加到 C 中
        t.next=q
        t=q
        q=q.next
    else:                            #公共结点只添加一个
        t.next=p
        t=p
        p=p.next
        q=q.next
    t.next=None
    if p!=None: t.next=p             #若 A 未遍历完,将余下的所有结点链接到 C 中
    if q!=None: t.next=q             #若 B 未遍历完,将余下的所有结点链接到 C 中
    return C
```

上述算法的时间复杂度为 $O(m+n)$,空间复杂度为 $O(1)$,其中 m 和 n 分别表示 A 和 B 中的元素个数。

说明:这里单链表 C 是利用 A 和 B 单链表的结点重构得到的,并没有新建结点,算法执行后 A 和 B 单链表不复存在。若采用结点复制的方法,不破坏 A 和 B 单链表,对应的时间复杂度为 $O(m+n)$,空间复杂度为 $O(m+n)$。

19. 解:本题将集合 A 中所有不属于集合 B 的元素添加到 C 中,最后返回 C。对应的算法如下:

```
def Diff(A,B):
    C=LinkList()
    t=C.head                         #t 指向 C 的尾结点(采用尾插法建立 C)
    p=A.head.next;
    while p!=None:                   #将 A 中不属于 B 的元素添加到 C 中
        q=B.head.next
        while q!=None and q.data!=p.data:
            q=q.next
        if q==None:                  #结点 p 不在 B 中
            s=LinkNode(p.data)
            t.next=s; t=s;
        p=p.next
    t.next=None;
    return C                         #返回 C
```

上述算法的时间复杂度均为 $O(m \times n)$,空间复杂度为 $O(m)$,其中 m 和 n 分别表示 A 和 B 中的元素个数。

20. 解:采用二路归并+尾插法建立差集 C 单链表,差集 C 中的元素是属于 A 但不属于 B 的元素,在归并中先将 A 中小于 B 的元素添加到 C 中,当 B 遍历完后,再将 A 中较大的元素(如果存在这样的元素)添加到 C 中,最后返回 C。对应的算法如下:

```
def Diff(A,B):
    C=LinkList()
```

```
        t＝C.head                              #t 指向 C 的尾结点
        p＝A.head.next
        q＝B.head.next
        while p!＝None and q!＝None:
            if p.data < q.data:                #将较小结点 p 添加到 C 中
                t.next＝p
                t＝p
                p＝p.next
            elif q.data < p.data:              #忽略较小结点 q
                q＝q.next
            else:                              #忽略公共结点
                p＝p.next;
                q＝q.next;
        t.next＝None
        if p!＝None: t.next＝p                  #若 A 未遍历完,将余下的所有结点链接到 C 中
        return C
```

上述算法的时间复杂度均为 $O(m+n)$,空间复杂度为 $O(m)$,其中 m 和 n 分别表示 A 和 B 中的元素个数。

21. 解：本题将集合 A 中所有属于 B 的元素添加到集合 C 中,最后返回 C。对应的算法如下：

```
def Inter(A,B):
    C＝LinkList()
        t＝C.head                              #t 指向 C 的尾结点(采用尾插法建立 C)
        p＝A.head.next;
        while p!＝None:                         #将 A 中属于 B 的元素添加到 C 中
            q＝B.head.next;
            while q!＝None and q.data!＝p.data:
                q＝q.next
            if q!＝None:                        #结点 p 值在 B 中出现
                s＝LinkNode(p.data)
                t.next＝s; t＝s;
            p＝p.next
        return C                               #返回 C
```

上述算法的时间复杂度均为 $O(m\times n)$,空间复杂度为 $O(\mathrm{MIN}(m,n))$,其中 m 和 n 分别表示 A 和 B 中的元素个数。

22. 解：采用二路归并＋尾插法建立交集 C 单链表,在归并中仅将 A、B 的相同值元素添加到 C 中,最后返回 C。对应的算法如下：

```
def Inter(A,B):
    C＝LinkList()
        t＝C.head                              #t 指向 C 的尾结点
        p＝A.head.next
        q＝B.head.next
        while p!＝None and q!＝None:
            if p.data < q.data:                #忽略较小结点 p
                p＝p.next
            elif q.data < p.data:              #忽略较小结点 q
```

```
            q＝q. next
        else:                        ♯仅将公共结点添加到 C 中
            t. next＝p
            t＝p
            p＝p. next
            q＝q. next
    return C
```

上述算法的时间复杂度均为 $O(m+n)$，空间复杂度为 $O(\text{MIN}(m,n))$，其中 m 和 n 分别表示 A 和 B 中的元素个数。

23. 解：在递增有序的整数双链表 L 中，值相同的结点一定是相邻的。首先让 pre 指向首结点，p 指向其后继结点，然后循环，直到 p 为空为止：

① 若 p 结点值等于前驱结点（pre 结点）值，通过 pre 结点删除 p 结点，置 $p=\text{pre.}$ next。

② 否则，pre、p 同步后移一个结点。

对应的算法如下：

```
def Delsame(L):
    pre＝L. dhead. next
    p＝pre. next
    while p!＝None:                   ♯p 遍历所有其他结点
        if p. data＝＝pre. data:        ♯p 结点是重复的要删除的结点
            pre. next＝p. next          ♯通过 pre 结点删除 p 结点
            if p. next!＝None:
                p. next. prior＝pre
            p＝pre. next
        else:                         ♯p 结点不是重复的结点
            pre＝p                     ♯pre. p 同步后移一个结点
            p＝pre. next
```

24. 解：本算法仍采用二路归并的思路。若 $k<1$ 或者 $k>A.$ getsize()$+B.$ getsize()，表示参数 k 错误，抛出异常；否则，用 p、q 分别扫描有序双链表 A、B，用 cnt 累计比较次数（从 0 开始），处理如下：

① 当两个顺序表均没有扫描完时，比较它们的当前元素，每比较一次，cnt 增 1，当 $k==\text{cnt}$ 时，较小的元素就是返回的最终结果。

② 否则，如果没有返回，让 p 指向没有比较完的结点，继续遍历并且递增 cnt，直到找到第 k 个结点 p 后返回其值。

对应的算法如下：

```
def topk(A,B,k):
    assert k>＝1 and k<＝A. getsize()＋B. getsize()
    p＝A. dhead. next
    q＝B. dhead. next
    cnt＝0
    while p!＝None and q!＝None:        ♯A、B 均没有遍历完
        cnt＋＝1                       ♯比较次数增加 1
        if p. data < q. data:          ♯p 结点较小
```

```
            if cnt==k: return p.data        #已比较 k 次,返回 p 结点值
            p=p.next
        else:                                #q 结点较小
            if cnt==k:return q.data          #已比较 k 次,返回 q 结点值
            q=q.next
    if q!=None: p=q                          #p 指向没有比较完的结点
    cnt+=1                                   #从 p 开始累计 cnt
    while cnt!=k and p!=None:                #遍历剩余的结点
        p=p.next
        cnt+=1
    return p.data
```

1.3 第 3 章 栈和队列

1.3.1 练习题

1. 简述线性表、栈和队列的异同。

2. 有 5 个元素,其进栈次序为 abcde,在各种可能的出栈次序中,以元素 c、d 最先出栈(即 c 第一个且 d 第二个出栈)的次序有哪几个?

3. 假设以 I 和 O 分别表示进栈和出栈操作,则初态和终态为栈空的进栈和出栈的操作序列可以表示为仅由 I 和 O 组成的序列,称可以实现的栈操作序列为合法序列(例如 IIOO 为合法序列,IOOI 为非法序列)。试给出区分给定序列为合法序列或非法序列的一般准则。

4. 什么叫"假溢出"? 如何解决假溢出?

5. 假设循环队列的元素存储空间为 data[$0..m-1$],队头指针 f 指向队头元素,队尾指针 r 指向队尾元素的下一个位置(例如 data[$0..5$],队头元素为 data[2],则 front=2,队尾元素为 data[3],则 rear=4),则在少用一个元素空间的前提下表示队空和队满的条件各是什么?

6. 在算法设计中,有时需要保存一系列临时数据元素,如果先保存的后处理,应该采用什么数据结构存放这些元素? 如果先保存的先处理,应该采用什么数据结构存放这些元素?

7. 给定一个字符串 str,设计一个算法采用顺序栈判断 str 是否为形如"序列 1@序列 2"的合法字符串,其中序列 2 是序列 1 的逆序,在 str 中恰好只有一个@字符。

8. 设计一个算法利用一个栈将一个循环队列中的所有元素倒过来,队头变队尾,队尾变队头。

9. 对于给定的正整数 $n(n>2)$,利用一个队列输出 n 阶杨辉三角形,5 阶杨辉三角形如图 1.3(a)所示,其输出结果如图 1.3(b)所示。

(a) $n=5$ 时的杨辉三角形　　　　(b) 输出结果

图 1.3 5 阶杨辉三角形及其生成过程

10. 有一个整数数组 a，设计一个算法将所有偶数位元素移动到所有奇数位元素的前面，要求它们的相对次序不改变。例如，$a=\{1,2,3,4,5,6,7,8\}$，移动后 $a=\{2,4,6,8,1,3,5,7\}$。

11. 设计一个循环队列，用 data$[0..$MaxSize$-1]$ 存放队列元素，用 front 和 rear 分别作为队头和队尾指针，另外用一个标志 tag 标识队列可能空（False）或可能满（True），这样加上 front$==$rear 可以作为队空或队满的条件，要求设计队列的相关基本运算算法。

1.3.2　练习题参考答案

1. 答：线性表、栈和队列的相同点是它们元素的逻辑关系都是线性关系；不同点是运算不同，线性表可以在两端和中间任何位置插入和删除元素，而栈只能在一端插入和删除元素，队列只能在一端插入元素、在另外一端删除元素。

2. 答：abc 进栈，c 出栈，d 进栈，d 出栈，下一步的操作如下。

① ba 出栈，再 e 进栈 e 出栈，得到出栈序列 cdbae。

② b 出栈，e 进栈 e 出栈，再 a 出栈，得到出栈序列 cdbea。

③ e 进栈 e 出栈，再 ba 出栈，得到出栈序列 cdeba。

可能的次序有 cdbae、cdeba、cdbea。

3. 答：合法的栈操作序列必须满足以下两个条件。

① 在操作序列的任何前缀（从开始到任何一个操作时刻）中，I 的个数不得少于 O 的个数。

② 整个操作序列中 I 和 O 的个数相等。

4. 答：在非循环顺序队中，当队尾指针已经到了数组的上界，不能再做进队操作，但其实数组中还有空位置，这就叫"假溢出"。解决假溢出的方式之一是采用循环队列。

5. 答：在一般教科书中设计循环队列时，让队头指针 f 指向队头元素的前一个位置，让队尾指针 r 指向队尾元素，这里是队头指针 f 指向队头元素，队尾指针 r 指向队尾元素的下一个位置。这两种方法本质上没有差别，实际上最重要的是能够方便设置队空、队满的条件。

对于题目中指定的循环队列，f、r 的初始值为 0，仍然以 $f==r$ 作为队空的条件，$(r+1)\%m==f$ 作为队满的条件。

元素 x 进队的操作是 data$[r]=x$；$r=(r+1)\%m$。队尾指针 r 指向队尾元素的下一个位置。

元素 x 出队的操作是 $x=$data$[f]$；$f=(f+1)\%m$。队头元素出队后，下一个元素成为队头元素。

6. 答：如果先保存的后处理，应该采用栈数据结构存放这些元素。如果先保存的先处理，应该采用队列数据结构存放这些元素。

7. 解：设计一个栈 st，遍历 str，将其中'@'字符前面的所有字符进栈，再扫描 str 中'@'字符后面的所有字符，对于每个字符 ch，退栈一个字符，如果两者不相同，返回 False。当循环结束时，若 str 扫描完毕并且栈空，返回 True，否则返回 False。对应的算法如下：

```
def match(str):
    st = SqStack()                          #定义一个顺序栈
```

```
i=0
while i < len(str) and str[i] != '@':
    st.push(str[i])
    i+=1
if i==len(str):                                    #没有找到@,返回 False
    return False;
i+=1                                               #跳过@
while i < len(str) and not st.empty():             #str 没有扫描完毕并且栈不空,循环
    if str[i] != st.pop():                         #两者不等返回 False
        return False
    i+=1
if i==len(str) and st.empty():                     #str 扫描完毕并且栈空返回 True
    return True
else:                                              #其他返回 False
    return False
```

8. 解:设置一个栈 st,先将循环队列 qu 中的所有元素出队并进到 st 栈中,再将栈 st 中的所有元素出栈并进到 qu 队列中。对应的算法如下:

```
def Reverse(qu):
    st=SqStack()                                   #定义一个顺序栈
    while not qu.empty():
        st.push(qu.pop())
    while not st.empty():
        qu.push(st.pop())
```

9. 解:由 n 阶杨辉三角形的特点可知,其高度为 n,第 $r(1 \leqslant r \leqslant n)$ 行恰好包含 r 个数字,在每行前后添加一个 0(第 r 行包含 $r+2$ 个数字),采用迭代方式,定义一个队列 qu,由第 r 行生成第 $r+1$ 行。

① 先输出第 1 行,仅输出 1,将 0、1、0 进队。

② 当队列 qu 中包含第 r 行的全部数字时(队列中共 $r+2$ 个元素),生成并输出第 $r+1$ 行的过程是进队 0,出队元素 s(第 1 个元素为 0),再依次出队元素 t(共执行 $r+1$ 次),$e=s+t$,输出 e 并进队,重置 $t=s$,最后进队 0,这样输出了第 $r+1$ 行的 $r+1$ 个元素,队列中含 $r+3$ 个元素。图 1.4 所示为生成前 3 行的过程。

图 1.4　生成前 3 行的过程

对应的算法如下:

```
def YHTriangle(n):
    qu=CSqQueue()                                  #定义一个循环队列
    print(1)                                        #输出第 1 行
    qu.push(0)                                       #第 1 行进队
    qu.push(1)
    qu.push(0)
    for r in range(2,n+1):                          #输出第 2~n 行
        qu.push(0)
        s=qu.pop()
```

```
        for c in range(r):                  #输出第 r 行的 r 个数字
            t=qu.pop()
            e=s+t
            print(e,end=' ')
            qu.push(e)
            s=t
        qu.push(0)
        print()
```

10. 解：采用两个队列来实现，先将 a 中的所有奇数位元素进 qu1 队中，所有偶数位元素进 qu2 队中，再将 qu2 中的元素依次出队并放到 a 中，qu1 中的元素依次出队并放到 a 中。对应的算法如下：

```
def Move(a):
    qu1=CSqQueue()                          #存放奇数位元素
    qu2=CSqQueue()                          #存放偶数位元素
    i=0
    while i<len(a):
        qu1.push(a[i])                      #奇数位元素进 qu1 队
        i+=1
        if i<len(a):
            qu2.push(a[i])                  #偶数位元素进 qu2 队
            i+=1
    i=0
    while not qu2.empty():                  #先取 qu2 队列的元素
        a[i]=qu2.pop()
        i+=1
    while not qu1.empty():                  #再取 qu1 队列的元素
        a[i]=qu1.pop()
        i+=1
```

11. 解：初始时 tag=False，front=rear=0，成功的进队操作后 tag=True(任何进队操作后队列不可能空，但可能满)，成功的出队操作后 tag=False(任何出队操作后队列不可能满，但可能空)，因此这样的队列的四要素如下。

① 队空条件：front==rear and tag==False

② 队满条件：front==rear and tag=True

③ 元素 x 进队：rear=(rear+1)%MaxSize；data[rear]=x；tag=True；

④ 元素 x 出队：front=(front+1)%MaxSize；x=data[front]；tag=False；

设计对应的循环队列类如下：

```
MaxSize=100                                 #全局变量,假设容量为 100
class QUEUE:                                 #队列类
    def __init__(self):                      #构造方法
        self.data=[None] * MaxSize           #存放队列中的元素
        self.front=0                         #队头指针
        self.rear=0                          #队尾指针
        self.tag=False                       #为 False 表示可能队空,为 True 表示可能队满
    def empty(self):                         #判队空
        return self.front==self.rear and self.tag==False
    def full(self):                          #判队满
        return self.front==self.rear and self.tag==True
```

```
    def push(self, x):                              # 进队算法
        assert not self.full()                      # 检测队满
        self.rear = (self.rear + 1) % MaxSize;
        self.data[self.rear] = x
        tag = True                                  # 至少有一个元素,可能满
    def pop(self):                                  # 出队算法
        assert not self.empty()                     # 检测队空
        self.front = (self.front + 1) % MaxSize
        x = self.data[self.front]
        tag = False                                 # 出队一个元素,可能空
        return x                                    # 成功出队
    def gethead(self):                              # 取队头元素
        assert not self.empty()                     # 检测队空
        head = (self.front + 1) % MaxSize           # 求队头元素的位置
        return self.data[head]
```

1.4 第 4 章 串和数组

1.4.1 练习题

1. 设 s 为一个长度为 n 的串,其中的字符各不相同,则 s 中的互异非平凡子串(非空且不同于 s 本身)的个数是多少?

2. 在 KMP 算法中计算模式串的 next 时,当 $j = 0$ 时为什么要取 next[0] = -1?

3. KMP 算法是 BF 算法的改进,是不是说在任何情况下 KMP 算法的性能都比 BF 算法好?

4. 设目标串 s = "abcaabbabcabaacbacba",模式串 t = "abcabaa",计算模式串 t 的 nextval 函数值,并画出利用改进的 KMP 算法进行模式匹配时每一趟的匹配过程。

5. 为什么数组一般不使用链式结构存储?

6. 如果某个一维整数数组 A 的元素个数 n 很大,存在大量重复的元素,且所有值相同的元素紧跟在一起,请设计一种压缩存储方式使得存储空间更节省。

7. 一个 n 阶对称矩阵存入内存,在采用压缩存储和采用非压缩存储时占用的内存空间分别是多少?

8. 设计一个算法,计算一个顺序串 s 中最大字符出现的次数。

9. 设计一个算法,将一个链串 s 中的所有子串 "abc" 删除。

10. 假设字符串 s 采用 String 对象存储,设计一个算法,在串 s 中查找子串 t 最后一次出现的位置。例如,s = "abcdabcd",t = "abc",结果为 4。

（1）采用 BF 算法求解。

（2）采用 KMP 算法求解。

11. 设计一个算法,将含有 n 个整数元素的数组 $a[0..n-1]$ 循环右移 m 位,要求算法的空间复杂度为 $O(1)$。

12. 设计一个算法,求一个 n 行 n 列的二维整型数组 a 的左上角-右下角和右上角-左下角两条主对角线的元素之和。

1.4.2　练习题参考答案

1. 答：由串 s 的特性可知，一个字符的子串有 n 个，两个字符的子串有 $n-1$ 个，3 个字符的子串有 $n-2$ 个，……，$n-2$ 个字符的子串有 3 个，$n-1$ 个字符的子串有两个，所以非平凡子串的个数 $=n+(n-1)+(n-2)+\cdots+2=n(n+1)/2-1$。

2. 答：在 KMP 算法中，当目标串 s 与模式串 t 匹配时，若 $s_i=t_j$，执行 $i++$，$j++$（称为情况 1）；若 $s_i\neq t_j$（失配处），i 位置不变，置 $j=\text{next}[j]$（称为情况 2）。若失配处是 $j=0$，即 $s_i\neq t_0$，那么从 s_i 开始的子串与 t 匹配一定不成功，下一趟匹配应该从 s_{i+1} 开始与 t_0 比较，即 $i++$，$j=0$，为了与情况 1 统一，置 $\text{next}[0]=-1$（即 $j=\text{next}[0]=-1$），这样再执行 $i++$，$j++$ $\rightarrow$ $j=0$，从而保证下一趟从 s_{i+1} 开始与 t_0 进行匹配。

3. 答：不一定。例如，$s=$"aaaabcd"，$t=$"abcd"，采用 BF 算法时需要 4 趟匹配，比较字符的次数为 10。采用 KMP 算法，求出 t 对应的 $\text{next}=\{-1,0,0,0\}$，同样也需要 4 趟匹配、10 次字符比较，另外还要花时间求 next 数组，所以并非在任何情况下 KMP 算法的性能都比 BF 算法好，只能说在平均情况下 KMP 算法的性能好于 BF 算法。

4. 答：模式串 t 的 nextval 函数值如表 1.1 所示，利用改进 KMP 算法的匹配过程如图 1.5 所示。

表 1.1　模式串 t 的 nextval 函数值

j	0	1	2	3	4	5	6
$t[j]$	a	b	c	a	b	a	a
$\text{next}[j]$	-1	0	0	0	1	2	1
$\text{nextval}[j]$	-1	0	0	-1	0	2	1

图 1.5　KMP 算法的匹配过程

5. 答：因为数组的主要操作是存取元素，通常没有插入和删除操作，使用链式结构存储时需要额外占用更多的存储空间，而且不具有随机存取特性，使得相关操作更复杂。

6. 答：采用元素类型形如"［整数，个数］"的列表压缩存储，例如数组 A 为 $\{1,1,1,5,5,5,5,3,3,3,3,4,4,4,4,4,4\}$，共有 17 个元素，对应的压缩存储为 $[[1,3],[5,4],[3,4],[4,6]]$，在压缩列表中只有 8 个整数。从中看出，重复元素越多，采用这种压缩存储方式越节省存储空间。

7. 答：若采取压缩存储，其容量为 $n(n+1)/2$；若不采用压缩存储，其容量为 n^2。

8. 解：置最大字符 mch 为 s 的首字符，mcnt 表示其出现次数，i 扫描其他字符，x 为序号为 i 的字符。

① 若 $x>$mch，则 x 为新的最大字符，置 $x=$mch，mcnt$=1$。

② 若 $x==$mch，当前最大字符 x 的出现次数 mcnt 增加 1。

最后返回 mcnt。对应的算法如下：

```
def maxcount(s):
    mcnt=1;
    mch=s[0]
    for i in range(s.getsize()):
        if s[i]> mch:
            mch=s[i]
            mcnt=1
        elif s[i]==mch:
            mcnt+=1
    return mcnt
```

9. 解：用 pre、p 一对同步指针遍历链串 s（初始时 pre＝s.head，p＝pre.next），当 p 结点及其后继两个结点合起来为"abc"时，通过 pre 结点删除该子串，p＝pre.next 继续遍历删除，否则 pre、p 同步后移一个结点。对应的算法如下：

```
def delabc(s):
    pre=s.head
    p=pre.next
    if p==None or p.next==None or p.next.next==None:
        return
    while p!=None and p.next!=None and p.next.next!=None:
        if p.data=='a' and p.next.data=='b' and p.next.next.data=='c':
            pre.next=p.next.next.next        ♯查找到"abc"子串实施删除
            p=pre.next
        else:
            pre=pre.next                     ♯pre、p 同步后移一个结点
            p=pre.next
```

10. 解：用 lasti 记录串 s 中子串 t 最后一次出现的位置（初始为 -1），修改 BF 和 KMP 算法，在 s 中找到一个 t 后用 lasti 记录其位置，此时 i 指向 s 中 t 子串的下一个字符，将 j 置为 0 继续查找。对应的算法如下：

```
MaxSize=100
♯(1)小题的算法
```

```
def BF(s,t):                        #采用 BF 算法求解
    lasti=-1
    i,j=0,0
    while i<s.getsize() and j<t.getsize():
        if s[i]==t[j]:
            i,j=i+1,j+1
        else:
            i,j=i-j+1,0
        if j>=t.getsize():          #找到一个子串
            lasti=i-t.getsize()     #记录子串的位置
            i=i-j+1
            j=0
    return lasti
#(2)小题的算法
def GetNext(t,next):                #由模式串 t 求出 next 值
    j,k=0,-1
    next[0]=-1
    while j<t.getsize()-1:
        if k==-1 or t[j]==t[k]:     #j 遍历后缀,k 遍历前缀
            j,k=j+1,k+1
            next[j]=k
        else:
            k=next[k]               #k 置为 next[k]
def KMP(s,t):                       #采用 KMP 算法求解
    lasti=-1
    next=[0] * MaxSize
    i,j=0,0
    GetNext(t,next)                 #求 next 数组
    while i<s.getsize() and j<t.getsize():
        if j==-1 or s[i]==t[j]:
            i,j=i+1,j+1
        else:
            j=next[j]
        if j>=t.getsize():          #找到一个子串
            lasti=i-t.getsize()     #记录子串的位置
            j=0
    return lasti
```

11. 解：设 a 中的元素为 xy（x 为前 $n-m$ 个元素，y 为后 m 个元素），先将 x 逆置得到 $x^{-1}y$，再将 y 逆置得到 $x^{-1}y^{-1}$，最后将整个 $x^{-1}y^{-1}$ 逆置得到 $(x^{-1}y^{-1})^{-1}=yx$。对应的算法如下：

```
def Reverse(a,i,j):                 #逆置 a[i..j]
    for k in range((j-i+1)//2):
        a[i+k],a[j-k]=a[j-k],a[i+k]
def Rightmove(a,n,m):               #将 a[0..n-1]循环右移 m 个元素
    if m>n: m=m%n
    Reverse(a,0,n-m-1)
    Reverse(a,n-m,n-1)
    Reverse(a,0,n-1)
```

12. 解:置 s 为 0,用 s 累加 a 的左上角一右下角元素 $a[i][i]$ ($0 \leqslant i < n$)之和,再用 s 累加 a 的右上角一左下角元素 $a[j][n-j-1]$ ($0 \leqslant j < n$)之和。当 n 为奇数时,两条对角线有一个重叠的元素 $a[n/2][n/2]$,需从 s 中减去。对应的算法如下:

```
def Diag(a):                        ♯求矩阵的对角线的元素之和
    s=0;
    n=len(a)
    for i in range(n):              ♯求左上角一右下角元素之和
        s+=a[i][i]
    for j in range(n):              ♯求右上角一左下角元素之和
        s+=a[j][n-j-1]
    if n%2==1:                      ♯n 为奇数时
        s-=a[n//2][n//2]
    return s
```

1.5 第5章 递归

1.5.1 练习题

1. 求两个正整数的最大公约数(gcd)的欧几里得定理是,对于两个正整数 a 和 b,当 $a > b$ 并且 $a \% b = 0$ 时,最大公约数为 b,否则最大公约数等于其中较小的那个数和两数相除余数的最大公约数。请给出对应的递归模型。

2. 有以下递归函数:

```
def fun(n):
    if n==1:
        print("a:%d" %(n))
    else:
        print("b:%d" %(n))
        fun(n-1)
        print("c:%d" %(n))
```

分析调用 fun(5)的输出结果。

3. 有以下递归函数 fact(n),求问题规模为 n 时的时间复杂度和空间复杂度。

```
def fact(n):
    if n<=1:
        return 1
    else:
        return n * fact(n-1)
```

4. 对于含 n 个整数的数组 $a[0..n-1]$,可以这样求最大元素值:

① 若 $n=1$,则返回 $a[0]$。

② 否则,取中间位置 mid,求出前半部分中的最大元素值 max1,求出后半部分中的最大元素值 max2,返回 max(max1,max2)。

给出实现上述过程的递归算法。

5. 设有一个不带表头结点的整数单链表 p,设计一个递归算法 getno(p, x)查找第一

个值为 x 的结点的序号(假设首结点的序号为0),没有找到时返回-1。

6. 设有一个不带表头结点的整数单链表 p(所有结点值均位于1~100),设计两个递归算法,maxnode(p)返回单链表 p 中的最大结点值,minnode(p)返回单链表 p 中的最小结点值。

7. 设有一个不带表头结点的整数单链表 p,设计一个递归算法 delx(p,x)删除单链表 p 中第一个值为 x 的结点。

8. 设有一个不带表头结点的整数单链表 p,设计一个递归算法 delxall(p,x)删除单链表 p 中所有值为 x 的结点。

1.5.2 练习题参考答案

1. 答:递归模型如下。

$$\gcd(a,b)=b \qquad\qquad 当 a>b 且 a\%b=0 时$$
$$\gcd(a,b)=\gcd(b,a\%b) \qquad 当 a>b 且 a\%b\neq0 时$$
$$\gcd(a,b)=\gcd(a,b\%a) \qquad 当 a\leqslant b 且 b\%a\neq0 时$$

2. 答:执行结果如下。

```
b:5
b:4
b:3
b:2
a:1
c:2
c:3
c:4
c:5
```

3. 解:设 fact(n)的执行时间为 $T(n)$,则 fact($n-1$)的执行时间为 $T(n-1)$。其递推式如下:

$$T(n)=1 \qquad\qquad n\leqslant1$$
$$T(n)=T(n-1)+1 \qquad n>1$$

$$\begin{aligned}
则: T(n)&=T(n-1)+1\\
&=T(n-2)+1+1=T(n-2)+2\\
&=\cdots\\
&=T(1)+n-1\\
&=n=O(n)
\end{aligned}$$

所以问题规模为 n 时的时间复杂度是 $O(n)$。

设 fact(n)的临时空间为 $S(n)$,则 fact($n-1$)的临时空间为 $S(n-1)$。其递推式如下:

$$S(n)=1 \qquad\qquad n\leqslant1$$
$$S(n)=S(n-1)+1 \qquad n>1$$

同样求出 $S(n)=n=O(n)$,所以问题规模为 n 时的空间复杂度是 $O(n)$。

4. 解:对应的递归算法如下。

```
def maxfun(a,low,high):              ♯求 a 中的最大元素值
```

```
    if low==high:                          # 含一个元素
            return a[low]
    else:                                  # 含两个或以上元素
        mid=(low+high)//2;
        max1=maxfun(a,low,mid)
        max2=maxfun(a,mid+1,high)
        return max(max1,max2)
```

求 $a[0..n-1]$ 中最大元素值的调用语句是 $maxfun(a,0,n-1)$。

5. 解：设计 getno1($p,x,$no)算法，其中形参 no 表示 p 结点的序号，初始时 p 为首结点，no 为 0。

① $p=$None，返回 -1。

② $p.$data$=x$，返回 no。

③ 其他情况返回小问题 getno1(p.next,x,no+1)的结果。

对应的递归算法如下：

```
def getno1(p,x,no):                        # 被 getno()调用
    if p==None:
            return -1
    if p.data==x:                          # 找到第一个值为 x 的结点
        return no                          # 返回 no
    else:                                  # p 不是值为 x 的结点
        return getno1(p.next,x,no+1)       # 在子单链表中查找
def getno(p,x):                            # 求解算法
    return getno1(p,x,0)
```

6. 解：在 p 不为空时，先递归求出 $p.$next 子单链表的最大结点值 m，再返回 $p.$data 和 m 中的最大值（或者最小值）；在 p 为空时返回 MIN（或者 MAX）。对应的递归算法如下：

```
MAX,MIN=100,0
def maxnode(p):                            # 求单链表 p 中的最大结点值
    if p!=None:
        m=maxnode(p.next)
        return max(p.data,m)
    return MIN


def minnode(p):                            # 求单链表 p 中的最小结点值
    if p!=None:
        m=minnode(p.next)
        return min(p.data,m)
    return MAX
```

7. 解：设 $f(p,x)$ 的功能是返回在单链表 p 中删除第一个值为 x 的结点后结果单链表的首结点。对应的递归模型如下：

$$f(p,x)=None \qquad 当 p=None 时$$
$$f(p,x)=p.next \qquad 当 p.data==x 时$$
$$f(p,x)=p(q=f(p.next,x),p.next=q) \qquad 其他情况$$

对应的递归算法如下：

```
def delx(p,x):                        # 在单链表 p 中删除第一个值为 x 的结点
    if p==None:
        return None
    if p.data==x:                     # 找到第一个值为 x 的结点
        return p.next                 # 返回删除后的结点
    else:                             # p 不是值为 x 的结点
        q=delx(p.next,x)              # 在子单链表中删除
        p.next=q                      # 连接起来
        return p                      # 返回 p
```

8. 解：设 $f(p,x)$ 的功能是返回在单链表 p 中删除所有值为 x 的结点后结果单链表的首结点。对应的递归模型如下：

$$f(p,x)=\text{None} \qquad\qquad 当\ p=\text{None}\ 时$$
$$f(p,x)=q(q=f(p.\text{next},x)) \qquad 当\ p.\text{data}==x\ 时$$
$$f(p,x)=p(q=f(p.\text{next},x),p.\text{next}=q) \quad 其他情况$$

对应的递归算法如下：

```
def delxall(p,x):                     # 在单链表 p 中删除所有值为 x 的结点
    if p==None:
        return None
    if p.data==x:                     # 找到一个值为 x 的结点
        q=delxall(p.next,x)           # 在子单链表中删除
        return q                      # 返回删除后的结点
    else:                             # p 不是值为 x 的结点
        q=delxall(p.next,x)           # 在子单链表中删除
        p.next=q                      # 连接起来
        return p                      # 返回 p
```

1.6　第6章　树和二叉树

1.6.1　练习题

1. 若一棵度为 4 的树中度为 1、2、3、4 的结点个数分别为 4、3、2、2,则该树的总结点个数是多少?

2. 已知一棵完全二叉树的第 6 层(设根结点为第 1 层)有 8 个叶子结点,则该完全二叉树的结点个数最多是多少? 最少是多少?

3. 已知一棵完全二叉树有 50 个叶子结点,则该二叉树的总结点数至少应有多少个?

4. 对于以 b 为根结点的一棵二叉树,指出其中序遍历序列的开始结点和尾结点。

5. 指出满足以下各条件的非空二叉树的形态:

① 先序序列和中序序列正好相同。

② 中序序列和后序序列正好相同。

6. 若干个包含不同权值的字母已经对应好一组哈夫曼编码,如果某个字母对应的编码为 001,则什么编码不可能对应其他字母? 什么编码肯定对应其他字母?

7. 假设二叉树中每个结点值为单个字符,采用二叉链存储结构存储。试设计一个算

法,求一棵给定二叉树 bt 中的所有大于 x 的结点个数。

8. 假设二叉树中每个结点值为单个字符,采用二叉链存储结构存储。二叉树 bt 的后序遍历序列为 $a_0, a_1, \cdots, a_{n-1}$,设计一个算法按 $a_{n-1}, a_{n-2}, \cdots, a_0$ 的次序输出各结点值。

9. 假设二叉树中每个结点值为单个字符,采用二叉链存储结构存储。设计一个算法,按从右到左的次序输出一棵二叉树 bt 中的所有叶子结点。

10. 假设二叉树中每个结点值为单个字符,采用二叉链存储结构存储。设计一个算法,计算一棵给定二叉树 bt 中的所有单分支结点个数。

11. 假设二叉树中每个结点值为单个字符,采用二叉链存储结构存储。设计一个算法,采用先序遍历方法输出二叉树 bt 中所有结点的层次。

12. 假设二叉树采用二叉链存储结构,且所有结点值均不相同。设计一个算法,求二叉树的宽度(即二叉树中结点个数最多的那一层的结点个数)。

13. 假设二叉树中每个结点值为单个字符,采用二叉链存储结构存储。设计一个算法,输出二叉树 bt 中第 k 层上的所有叶子结点个数。

14. 假设二叉树中每个结点值为单个字符,采用二叉链存储结构存储。设计一个算法,判断一棵二叉树 bt 是否为完全二叉树。

1.6.2 练习题参考答案

1. 答:结点总数 $n = n_0 + n_1 + n_2 + n_3 + n_4$,又由于除根结点外,每个结点都对应一个分支,所以总的分支数等于 $n-1$,所以有总分支数 $= n - 1 = 0 \times n_0 + 1 \times n_1 + 2 \times n_2 + 3 \times n_3 + 4 \times n_4$,推出 $n_0 = n_2 + 2n_3 + 3n_4 + 1 = 3 + 2 \times 2 + 3 \times 2 + 1 = 14$,则 $n = n_0 + n_1 + n_2 + n_3 + n_4 = 14 + 4 + 3 + 2 + 2 = 25$,所以该树的总结点个数是 25。

2. 答:完全二叉树的叶子结点只能在最下面两层,对于本题而言,结点最多的情况是第 6 层为倒数第二层,即 1~6 层构成一棵满二叉树,其结点总数为 $2^6 - 1 = 63$。其中第 6 层有 $2^5 = 32$ 个结点,含 8 个叶子结点,则另外有 $32 - 8 = 24$ 个非叶子结点,它们中每个结点都有两个孩子结点(均为第 7 层的叶子结点),计为 48 个叶子结点。这样最多的结点个数 $= 63 + 48 = 111$。

结点最少的情况是第 6 层为最下层,即 1~5 层构成一棵满二叉树,其结点总数为 $2^5 - 1 = 31$,再加上第 6 层的结点,总计 $31 + 8 = 39$。这样最少的结点个数为 39。

3. 答:$n_0 = 50$,$n = n_0 + n_1 + n_2$,度之和 $= n - 1 = n_1 + 2 \times n_2$,由此推出 $n_2 = 49$,这样 $n = n_1 + 99$,所以当 $n_1 = 0$ 时 n 最少,因此 n 至少有 99 个结点。

4. 答:中序遍历序列的开始结点是根结点 b 的最左下结点,中序遍历序列的尾结点是根结点 b 的最右下结点。

5. 答:① 当先序序列 NLR 和中序序列 LNR 正好相同时,L 必须为空,即每个结点只有右孩子而没有左孩子。

② 当中序序列 LNR 和后序序列 LRN 正好相同时,则 R 必须均为空,即每个结点只有左孩子而没有右孩子。

6. 答:由哈夫曼树的性质可知,以 0、00 和 001 开头的编码不可能对应其他字母。

该哈夫曼树的高度至少是 3,其最少叶子结点的情况如图 1.6 所示,因此以 000、01 和 1

开头的编码肯定对应其他字母。

7. 解：可以采用任何遍历方法，这里采用先序遍历。
对应的算法如下：

图 1.6　一棵哈夫曼树

```
def GreaterNodes(bt, x):                     # 求解算法
    return _GreaterNodes(bt.b, x)
def _GreaterNodes(t, x):
    num=0
    if t==None:
        return 0
    else:
        if t.data > x: num+=1
        num1=_GreaterNodes(t.lchild, x)
        num2=_GreaterNodes(t.rchild, x)
        num+=num1+num2;
        return num
```

8. 解：后序遍历过程是先遍历左子树和右子树，再访问根结点，这里改为先访问根结点，再遍历右子树和左子树。对应的算法如下：

```
def RePostOrder(bt):                         # 求解算法
    _RePostOrder(bt.b)
def _RePostOrder(t):
    if t!=None:
        print(t.data, end=' ')
        _RePostOrder(t.rchild)
        _RePostOrder(t.lchild)
```

9. 解：3 种递归遍历算法都是先遍历左子树，再遍历右子树，这里只需要改为仅输出叶子结点，并且将左、右子树遍历的次序倒过来即可。以先序遍历为基础修改的算法如下：

```
def RePreOrder(bt):                          # 求解算法
    _RePreOrder(bt.b)
def _RePreOrder(t):
    if t!=None:
        if t.lchild==None and t.rchild==None:
            print(t.data, end=' ')
        _RePreOrder(t.rchild)
        _RePreOrder(t.lchild)
```

10. 解：本题可以采用任何一种遍历方法，这里采用直接递归算法设计方法。设求一棵二叉树的所有单分支结点个数的递归模型 $f(t)$ 如下：

$$f(t)=0 \qquad\qquad 若\ t=None$$
$$f(t)=f(t.lchild)+f(t.rchild)+1 \qquad 若\ t\ 为单分支$$
$$f(t)=f(t.lchild)+f(t.rchild) \qquad 其他情况$$

对应的递归算法如下：

```
def SNodes(bt):                              # 求解算法
    return _SNodes(bt.b)
```

```
def _SNodes(t):
    if t==None:
        return 0
    elif (t.lchild==None and t.rchild!=None) or \
         (t.lchild!=None and t.rchild==None):
        n=1                            #为单分支结点
    else:
        n=0                            #其他结点
    num1=_SNodes(t.lchild)             #递归求左子树的单分支结点数
    num2=_SNodes(t.rchild)             #递归求右子树的单分支结点数
    return(num1+num2+n)
```

11. 解：设计_NodeLevel(BTNodeCharacter$>t$, int h)输出以 t 为根结点的二叉树中所有结点的层次，形参 h 指出当前结点的层次，其初值表示根结点的层次 1。采用先序遍历方法，当 t 为空时返回 0，直接返回；若 t 不为空，输出当前结点的层次 h，递归调用 _NodeLevel(t.lchild, $h+1$)输出左子树中各结点的层次，递归调用 _NodeLevel (t.rchild, $h+1$)输出右子树中各结点的层次。对应的算法如下：

```
def NodeLevel(bt):                     #求解算法
    _NodeLevel(bt.b,1)
def _NodeLevel(t,h):
    if t!=None:
        print(" %c结点的层次为%d" %(t.data,h))
        _NodeLevel(t.lchild,h+1)
        _NodeLevel(t.rchild,h+1)
```

12. 解：设置一个数组 w，$w[i]$表示第 i($1{\leqslant}i{\leqslant}$最大层次)层的结点个数(初始所有元素为 0)，采用先序遍历求 w(通过递归算法参数赋初值方式指定根结点的层次为 1)，w 中的最大元素就是该二叉树的宽度。对应的算法如下：

```
MaxLevel=100                           #最大层次
w=[0] * MaxLevel                       #存放每一层的结点个数
def Width(bt):                         #求二叉树的宽度
    _Width(bt.b,1)
    ans=0
    for i in range(1,MaxLevel):
        if ans < w[i]:
            ans=w[i]
    return ans
def _Width(t,h):                       #被 Width()方法调用
    if t==None:return;
    w[h]+=1                            #第 h 层的结点个数增 1
    _Width(t.lchild,h+1)              #遍历左子树
    _Width(t.rchild,h+1)              #遍历右子树
```

13. 解：采用《教程》中例 6.16 的 3 种解法，将原来累计第 k 层的结点个数改为累计第 k 层的叶子结点个数。3 种解法的算法如下：

```
from collections import deque
class QNode:                           #队列元素类
```

```
    def __init__(self,l,p):              #构造方法
        self.lev=l                       #结点的层次
        self.node=p                      #结点引用


def KLCount1(bt,k):                       #解法1:求二叉树第k层的叶子结点个数
    cnt=0                                 #累计第k层的叶子结点个数
    qu=deque()                            #定义一个队列qu
    qu.append(QNode(1,bt.b))              #根结点(层次为1)进队
    while len(qu)>0:                      #队不空时循环
        p=qu.popleft()                    #出队一个结点
        if p.lev>k:                       #当前结点的层次大于k,返回
            return cnt
        if p.lev==k and p.node.lchild==None and p.node.rchild==None:
            cnt+=1                        #当前结点是第k层的结点,cnt增1
        else:                             #当前结点的层次小于k
            if p.node.lchild!=None:       #有左孩子时将其进队
                qu.append(QNode(p.lev+1,p.node.lchild))
            if p.node.rchild!=None:       #有右孩子时将其进队
                qu.append(QNode(p.lev+1,p.node.rchild))
    return cnt


def KLCount2(bt,k):                       #解法2:求二叉树第k层的叶子结点个数
    cnt=0                                 #累计第k层的叶子结点个数
    qu=deque()                            #定义一个队列qu
    curl=1                                #当前层次,从1开始
    last=bt.b                             #第1层的最右结点
    qu.append(bt.b)                       #根结点进队
        while len(qu)>0:                  #队不空时循环
            if curl>k:                    #当层号大于k时返回cnt,不再继续
                return cnt
            p=qu.popleft()                #出队一个结点
            if curl==k and p.lchild==None and p.rchild==None:
                cnt+=1                    #当前结点是第k层的结点,cnt增1
            if p.lchild!=None:            #有左孩子时将其进队
                q=p.lchild
                qu.append(q)
            if p.rchild!=None:            #有右孩子时将其进队
                q=p.rchild
                qu.append(q)
            if p==last:                   #当前层的所有结点处理完毕
                last=q                    #让last指向下一层的最右结点
                curl+=1
    return cnt


def KLCount3(bt,k):                       #解法3:求二叉树第k层的叶子结点个数
    if k<1: return 0                      #k<1返回0
    qu=deque()                            #定义一个队列qu
    curl=1                                #当前层次,从1开始
    qu.append(bt.b)                       #根结点进队
    while len(qu)>0:                      #队不空时循环
        if curl==k:                       #当前层为第k层
```

```
        cnt＝0                              ♯表示第 k 层的叶子结点个数
        while len(qu)> 0：                   ♯出队第 k 层的所有结点
            p＝qu.popleft()
            if p.lchild==None and p.rchild==None：
                cnt＋=1                       ♯累计第 k 层的叶子结点个数
        return cnt
    n＝len(qu)                               ♯求出当前层的叶子结点个数
    for i in range(n)：                       ♯出队当前层的 n 个结点
        p＝qu.popleft()                       ♯出队一个结点
        if p.lchild!=None：                   ♯有左孩子时将其进队
            qu.append(p.lchild)
        if p.rchild!=None：                   ♯有右孩子时将其进队
            qu.append(p.rchild)
    curl＋=1                                 ♯转向下一层
return 0
```

14. 解：根据完全二叉树的定义,对完全二叉树进行层次遍历时应该满足以下条件。

① 若某结点没有左孩子,则一定无右孩子。

② 若某结点缺左或右孩子,则其所有后继一定无孩子。

若不满足上述任何一条,均不为完全二叉树。

采用层次遍历方式,逐一检查每个结点是否违背上述条件,一旦违背其中之一,则返回 False。其他属于正常情况,若遍历完毕都属于正常情况,返回 True。

对应的算法如下：

```
def CompBTree(bt)：                          ♯求解算法
    return _CompBTree(bt.b)
def _CompBTree(t)：
    qu＝deque()                              ♯定义一个队列 qu
    cm＝True                                ♯cm 为真表示二叉树为完全二叉树
    bj＝True                                ♯bj 为真表示所有结点均有左、右孩子
    if t==None： return True                 ♯空树为完全二叉树
    qu.append(t)                            ♯根结点进队
    while len(qu)> 0：                        ♯队列不空时循环
        p＝qu.popleft()                      ♯出队结点 p
        if p.lchild==None：                   ♯p 结点没有左孩子
            bj＝False
            if p.rchild!=None：               ♯没有左孩子但有右孩子,违反①
                cm＝False
        else：                               ♯p 结点有左孩子
            if bj==True：                     ♯迄今为止,所有结点均有左、右孩子
                qu.append(p.lchild)          ♯左孩子进队
                if p.rchild==None：           ♯p 有左孩子但没有右孩子,则 bj＝False
                    bj＝False
                else：                       ♯p 有右孩子,右孩子进队
                    qu.append(p.rchild)
            else：                           ♯bj 为 False,表示已有结点缺左或右孩子
                cm＝False                    ♯此时 p 结点有左孩子,违反②
    return cm
```

1.7 第7章 图

1.7.1 练习题

1. 图 G 是一个非连通无向图,共有 28 条边,则该图至少有多少个顶点?

2. 图的两种遍历算法 DFS 和 BFS 对无向图和有向图都适用吗?

3. 图的广度优先遍历类似于树的层次遍历,需要使用何种辅助结构?

4. 如图 1.7 所示的无向图采用邻接表表示(假设每个边结点单链表中按顶点编号递增排列),给出从顶点 0 出发进行深度优先遍历的深度优先生成树,以及从顶点 0 出发进行广度优先遍历的广度优先生成树。

5. 采用 Prim 算法从顶点 1 出发构造出如图 1.8 所示的图 G 的一棵最小生成树。

6. 采用 Kruskal 算法构造出如图 1.8 所示的图 G 的一棵最小生成树。

图 1.7 一个无向图

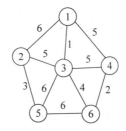

图 1.8 一个无向图

7. 对于如图 1.9 所示的带权有向图,采用狄克斯特拉算法求出从顶点 0 到其他各顶点的最短路径及其长度。

8. 设图 1.10 中的顶点表示村庄,有向边代表交通路线,若要建立一家医院,试问建在哪一个村庄能使各村庄的总体交通代价最小。

图 1.9 一个带权有向图

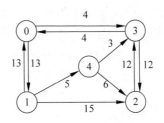

图 1.10 一个有向图

9. 可以对一个不带权有向图的所有顶点重新编号,把所有表示边的非 0 元素集中到邻接矩阵的上三角部分,根据什么顺序对顶点进行编号?

10. 已知有 6 个顶点(顶点编号为 0~5)的有向带权图 G,其邻接矩阵 A 为上三角矩阵,按行为主序(行优先)保存在如下的一维数组中。

4	6	∞	∞	∞	5	∞	∞	∞	4	3	∞	∞	3	3

要求：

（1）写出图 G 的邻接矩阵 A。

（2）画出有向带权图 G。

（3）求图 G 的关键路径，并计算该关键路径的长度。

11. 给定一个带权有向图的邻接矩阵存储结构 g，创建对应的邻接表存储结构 G。

12. 给定一个带权有向图的邻接表存储结构 G，创建对应的邻接矩阵存储结构 g。

13. 假设无向图 G 采用邻接表存储，设计一个算法求出连通分量个数。

14. 一个图 G 采用邻接矩阵作为存储结构，设计一个算法采用广度优先遍历判断顶点 i 到顶点 j 是否有路径（假设顶点 i 和 j 都是 G 中的顶点）。

15. 假设一棵二叉树采用二叉链存储，设计一个算法输出从根结点到每个结点的路径。

16. 假设无向连通图采用邻接表存储，设计一个算法输出图 G 的一棵深度优先生成树。

17. 假设有向图采用邻接表表示，设计一个算法判断有向图中是否存在回路。

18. 假设一个带权图 G 采用邻接矩阵存储，设计一个算法采用狄克斯特拉算法思路求顶点 s 到顶点 t 的最短路径长度（假设顶点 s 和 t 都是 G 中的顶点）。

1.7.2　练习题参考答案

1. 答：由于 G 是一个非连通无向图，在边数固定时，顶点数最少的情况是该图由两个连通子图构成，且其中之一只含一个顶点，另一个为完全图。其中，只含一个顶点的子图没有边，另一个完全图的边数为 $n(n-1)/2$，即 $n(n-1)/2=28$，得 $n=8$，所以该图至少有 $1+8=9$ 个顶点。

2. 答：图的遍历对无向图和有向图都适用，但如果无向图不是连通的，或有向图从起始点出发不能访问全部顶点，调用一次遍历算法只能访问无向图中的一个连通分量或者有向图中的部分顶点，在这种情况下需要多次调用遍历算法。

3. 答：图的广度优先遍历类似于树的层次遍历，需要使用队列辅助结构。树的层次遍历在从队列中退出一个结点并访问后，将它的所有孩子结点入队；图的广度优先遍历在从队列中退出一个顶点并访问后，将它的所有未访问过的相邻顶点进队。

4. 答：从顶点 0 出发进行深度优先遍历的序列是 0,1,2,3,4，对应的深度优先生成树如图 1.11 所示；从顶点 0 出发进行广度优先遍历的序列是 0,1,2,4,3，对应的广度优先生成树如图 1.12 所示。

图 1.11　一棵深度优先生成树

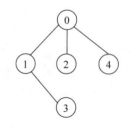

图 1.12　一棵广度优先生成树

5. 答：采用 Prim 算法构造最小生成树的过程如图 1.13 所示。

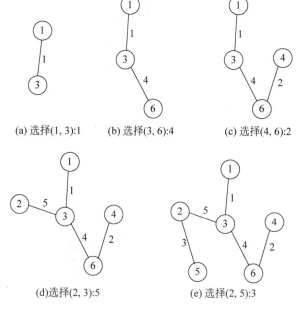

(a) 选择(1, 3):1　　(b) 选择(3, 6):4　　(c) 选择(4, 6):2

(d)选择(2, 3):5　　　(e) 选择(2, 5):3

图 1.13　Prim 算法构造最小生成树的过程

6. 答：采用 Kruskal 算法构造最小生成树的过程如图 1.14 所示。

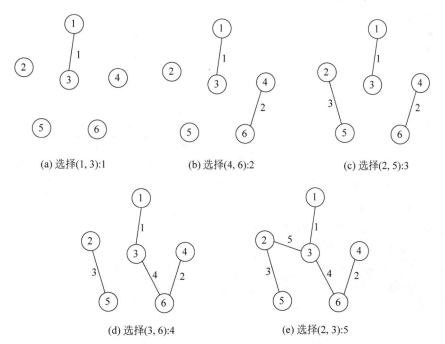

(a) 选择(1, 3):1　　　(b) 选择(4, 6):2　　　(c) 选择(2, 5):3

(d) 选择(3, 6):4　　　(e) 选择(2, 3):5

图 1.14　Kruskal 算法构造最小生成树的过程

7. 答：采用狄克斯特拉算法求出从顶点 0 到其他各顶点的最短路径及其长度如下。

从 0 到 1 的最短路径长度为 1，最短路径为 0→1。

数据结构教程（Python语言描述）学习与上机实验指导

从 0 到 2 的最短路径长度为 4，最短路径为 0→1→2。

从 0 到 3 的最短路径长度为 2，最短路径为 0→3。

从 0 到 4 的最短路径长度为 8，最短路径为 0→1→4。

从 0 到 5 的最短路径长度为 10，最短路径为 0→3→5。

8. 答：采用 Floyd 算法求出两顶点之间的最短路径长度。其邻接矩阵如下：

$$\boldsymbol{A} = \begin{bmatrix} 0 & 13 & \infty & 4 & \infty \\ 13 & 0 & 15 & \infty & 5 \\ \infty & \infty & 0 & 12 & \infty \\ 4 & \infty & 12 & 0 & \infty \\ \infty & \infty & 6 & 3 & 0 \end{bmatrix}$$

最后求得：

$$\boldsymbol{A}_4 = \begin{bmatrix} 0 & 13 & 16 & 4 & 18 \\ 12 & 0 & 11 & 8 & 5 \\ 16 & 29 & 0 & 12 & 34 \\ 4 & 17 & 12 & 0 & 22 \\ 7 & 20 & 6 & 3 & 0 \end{bmatrix}$$

从 $\boldsymbol{A}_4$ 中求得每对村庄之间的最少交通代价。假设医院建在 i 村庄时其他各村庄往返总的交通代价如表 1.2 所示，显然把医院建在村庄 3 时总体交通代价最少。

表 1.2 交通代价表

医院建在的村庄	各村庄往返总的交通代价
0	12＋16＋4＋7＋13＋16＋4＋18＝90
1	13＋29＋17＋20＋12＋11＋8＋5＝115
2	16＋11＋12＋6＋16＋29＋12＋34＝136
3	4＋8＋12＋3＋4＋17＋12＋22＝82
4	18＋5＋34＋22＋7＋20＋6＋3＋0＝115

9. 答：首先对有向图进行拓扑排序，把所有顶点排在一个拓扑序列中，然后按该序列对所有顶点重新编号，使得每条有向边的起点编号小于终点编号，这样就可以把所有边集中到邻接矩阵的上三角部分。

10. 答：(1) 图 G 的邻接矩阵 $\boldsymbol{A}$ 如图 1.15 所示。

(2) 有向带权图 G 如图 1.16 所示。

(3) 图 1.17 中粗线所标识的 4 个活动组成图 G 的关键路径。

$$\boldsymbol{A} = \begin{bmatrix} 0 & 4 & 6 & \infty & \infty & \infty \\ \infty & 0 & 5 & \infty & \infty & \infty \\ \infty & \infty & 0 & 4 & 3 & \infty \\ \infty & \infty & \infty & 0 & \infty & 3 \\ \infty & \infty & \infty & \infty & 0 & 3 \\ \infty & \infty & \infty & \infty & \infty & 0 \end{bmatrix}$$

图 1.15 邻接矩阵 $\boldsymbol{A}$

图 1.16　图 G

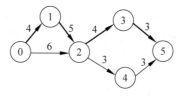

图 1.17　图 G 中的关键路径

11. **解**：采用类似于由二维边数组 a 创建邻接表的方式由邻接矩阵 g 创建邻接表 G。对应的算法如下：

```
def MatToAdj(g):              ♯由邻接矩阵 g 创建邻接表 G
    G=AdjGraph()              ♯创建邻接表 G
    G.n,G.e=g.n,g.e
    for i in range(G.n):      ♯检查邻接矩阵中的每个元素
        adi=[]                ♯存放顶点 i 的邻接点
        for j in range(G.n):
            if g.edges[i][j]!=0 and g.edges[i][j]!=INF:
                p=ArcNode(j,a[i][j])    ♯创建<j,a[i][j]>出边的结点 p
                adi.append(p)           ♯将结点 p 添加到 adi 中
        G.adjlist.append(adi)
    return G
```

12. **解**：先将邻接矩阵 g 的元素初始化(g.edges[i][i]=0,其他置为∞),然后遍历邻接表 G 的每个单链表,修改 g 中 edges 数组的相应元素。对应的算法如下：

```
def AdjToMat(G):              ♯由邻接表 G 创建邻接矩阵 G
    g=MatGraph()              ♯创建邻接矩阵
    g.n,g.e=G.n,G.e
    g.edges=[[0]*g.n for i in range(g.n)]
    for i in range(g.n):      ♯初始化
        for j in range(g.n):
            if i!=j: g.edges[i][j]=INF
            else: g.edges[i][j]=0
    for i in range(G.n):      ♯处理顶点 i
        for j in range(len(G.adjlist[i])):  ♯处理顶点 i 的所有出边
            w=G.adjlist[i][j].adjvex        ♯取顶点 i 的第 j 个邻接点 w
            g.edges[i][w]=G.adjlist[i][j].weight
    return g
```

13. **解**：采用遍历方式求无向图 G 的连通分量个数 cnt(初始为 0)。先将 visited 数组的元素均置初值 0,然后 i 从 0 到 $n-1$ 循环,若顶点 i 没有访问过,从它开始遍历该图(深度优先和广度优先均可),每调用一次,cnt 增 1,最后返回 cnt。采用深度优先遍历的算法如下：

```
def DFS1(G,v):                ♯在邻接表 G 中从顶点 v 出发深度优先遍历
    visited[v]=1              ♯置已访问标记
    for j in range(len(G.adjlist[v])):  ♯处理顶点 v 的所有出边顶点 j
        w=G.adjlist[v][j].adjvex        ♯取顶点 v 的一个邻接点 w
        if visited[w]==0:
```

```
        DFS1(G,w)                    # 若 w 顶点未访问,递归访问它

def Count(G):                        # 返回图 G 的连通分量个数
    cnt=0
    for i in range(G.n):
        if visited[i]==0:
            cnt+=1                   # 连通分量个数增 1
            DFS1(G,i)
    return cnt
```

14. 解:先置 visited 数组的所有元素为 0,从顶点 i 出发进行广度优先遍历,遍历完毕后若 visited[j]为 1,则顶点 i 到顶点 j 有路径,否则没有路径。对应的算法如下:

```
visited=[0] * MAXV
def BFS2(g,v):                       # 从顶点 v 出发广度优先遍历
    qu=deque()                       # 将双端队列作为普通队列 qu
    visited[v]=1                     # 置已访问标记
    qu.append(v)                     # v 进队
    while len(qu)>0:                 # 队不空时循环
        v=qu.popleft()               # 出队顶点 v
        for w in range(g.n):
            if g.edges[v][w]!=0 and g.edges[v][w]!=INF:
                if visited[w]==0:    # 存在边<v,w>并且 w 未访问
                    visited[w]=1     # 置已访问标记
                    qu.append(w)     # w 进队

def Pathij(g,i,j):                   # 求解算法
    BFS2(g,i);
    if visited[j]==1:
        return True
    else:
        return False
```

15. 解:采用回溯法求解。对应的算法如下:

```
def Allpath(bt):                     # 求解算法
    r=bt.b                           # 根结点为 r
    if r!=None:
        path=[r.data]                # 将根结点 u 添加到 path 中
        Allpath1(r,path)
def Allpath1(t,path):                # 被 Allpath() 函数调用
    if t!=None:
        print(" 根—>"+t.data+": ",path)
        if t.lchild!=None:           # 结点 t 存在左孩子结点
            path.append(t.lchild.data) # 将左孩子结点值添加到 path
            Allpath1(t.lchild,path)  # 从左孩子出发搜索
            path.pop()               # 从左孩子回退到 t
        if t.rchild!=None:           # 结点 t 存在右孩子结点
            path.append(t.rchild.data) # 将右孩子结点值添加到 path
            Allpath1(t.rchild,path)  # 从右孩子出发搜索
            path.pop()               # 从右孩子回退到 t
```

16. 解：采用深度优先遍历方式，对于顶点 v，若找到一个未访问过的邻接点 w，输出生成树的一条边 (v,w)，然后递归调用 DFSTree(G,w)。对应的算法如下：

```
def DFSTree(G,v):            # 求从顶点 v 出发的深度优先生成树
    visited[v]=1             # 置已访问标记
    for j in range(len(G.adjlist[v])):   # 处理顶点 v 的所有出边顶点 j
        w=G.adjlist[v][j].adjvex         # 取顶点 v 的一个邻接点 w
        if visited[w]==0:
            print("(%d,%d)" %(v,w),end=' ')
            DFSTree(G,w)                 # 若 w 顶点未访问,递归访问它
```

17. 解：若一个有向图拓扑排序不成功，则一定存在回路；反之，若拓扑排序成功，则一定不存在回路。用 cnt 累计拓扑序列中的顶点个数，当拓扑排序结束时，若 cnt!$=G.n$，表示拓扑排序不成功，返回 True，否则返回 False。对应的算法如下：

```
def Cycle(G):                # 判断有向图中是否存在回路
    cnt=0                    # 累计拓扑序列的顶点个数
    ind=[0]*MAXV             # 记录每个顶点的入度
    for i in range(G.n):     # 求顶点 i 的入度
        for j in range(len(G.adjlist[i])):   # 处理顶点 i 的所有出边
            w=G.adjlist[i][j].adjvex          # 取顶点 i 的第 j 个出边邻接点 w
            ind[w]+=1                         # 有边<i,w>,顶点 w 的入度增 1
    st=deque()               # 用双端队列实现栈
    for i in range(G.n):     # 所有入度为 0 的顶点进栈
        if ind[i]==0:st.append(i)
    while len(st)>0:         # 栈不为空时循环
        i=st.pop()          # 出栈一个顶点 i
        cnt+=1              # 输出顶点 i,改为 cnt 递增
        for j in range(len(G.adjlist[i])):   # 处理顶点 i 的所有出边
            w=G.adjlist[i][j].adjvex          # 取顶点 i 的第 j 个出边邻接点 w
            ind[w]-=1                         # 顶点 w 的入度减 1
            if ind[w]==0:st.append(w)         # 入度为 0 的邻接点进栈
    if cnt==G.n:
        return False
    else:
        return True
```

18. 解：采用基本的狄克斯特拉算法思路，以顶点 s 为源点，当找到的顶点 u 恰好为 t 时返回 dist$[t]$，没有找到顶点 t 返回 ∞ 表示没有路径。对应的算法如下：

```
def Dijkstra(g,s,t):         # 求从 s 到 t 的最短路径长度
    dist=[-1]*MAXV           # 建立 dist 数组
    S=[0]*MAXV               # 建立 S 数组
    for i in range(n):
        dist[i]=g.edges[s][i]    # 最短路径长度初始化
    S[s]=1                   # 将源点 s 放入 S 中
    u=-1
    for i in range(n-1):     # 循环向 S 中添加 n-1 个顶点
        mindis=INF           # mindis 置最小长度初值
        for j in range(n):   # 选取不在 S 中且具有最小距离的顶点 u
            if S[j]==0 and dist[j]<mindis:
```

```
                    u=j
                    mindis=dist[j]
          if u==t:return dist[t]                    #找到 t 后返回
          S[u]=1                                    #顶点 u 加入 S 中
          for j in range(n):                        #修改不在 S 中的顶点的距离
              if S[j]==0:                            #仅修改 S 中的顶点 j
                  if g.edges[u][j]< INF and dist[u]+g.edges[u][j]< dist[j]:
                      dist[j]=dist[u]+g.edges[u][j]
      return INF
```

1.8 第8章 查找

1.8.1 练习题

1. 有一个含 n 个元素的递增有序数组 a，以下算法利用有序性进行顺序查找：

```
def Find(a,n,k):
    i=0
    while i < n:
        if a[i]==k:
            return i
        elif a[i]< k:
            i+=1
        else:
            return −1
```

假设查找各元素的概率相同，分别分析该算法在成功和不成功情况下的平均查找长度。和一般的顺序查找相比，哪个查找效率更高？

2. 设有 5 个关键字 do、for、if、repeat、while，它们存放在一个有序顺序表中，其查找概率分别是 $p_1=0.2,p_2=0.15,p_3=0.1,p_4=0.03,p_5=0.01$，而查找各关键字不存在的概率分别为 $q_0=0.2,q_1=0.15,q_2=0.1,q_3=0.03,q_4=0.02,q_5=0.01$，如图 1.18 所示。

do	for	if	repeat	while

q_0　　p_1　　q_1　　p_2　q_2　　p_3　q_3　　p_4　q_4　　p_5　q_5

图 1.18　一个有序顺序表

（1）试画出对该有序顺序表分别采用顺序查找和折半查找时的判定树。

（2）分别计算顺序查找时查找成功和不成功的平均查找长度。

（3）分别计算折半查找时查找成功和不成功的平均查找长度。

3. 对于有序顺序表 $A[0..10]$，在采用折半查找法时，求成功和不成功时的平均查找长度。对于有序顺序表 $(12,18,24,35,47,50,62,83,90,92,95)$，当用折半查找法查找 90 时需进行多少次比较可确定成功？查找 47 时需进行多少次比较可确定成功？查找 60 时需进行多少次比较才能确定不成功？给出各个查找序列。

4. 设待查关键字为 47，且已存入变量 k 中，如果在查找过程中和 k 进行比较的元素依次是 47、32、46、25、47，则所采用的查找方法可能是顺序查找、折半查找或者分块查找中的哪一种?

5. 假设一棵二叉排序树的关键字为单个字母,其后序遍历序列为 ACDBFIJHGE,回答以下问题:

(1) 画出该二叉排序树。

(2) 求在等概率下的查找成功的平均查找长度。

(3) 求在等概率下的查找不成功的平均查找长度。

6. 将整数序列(4,5,7,2,1,3,6)中的整数依次插入一棵空的平衡二叉树中,试构造相应的平衡二叉树。

7. 给定一组关键字序列(20,30,50,52,60,68,70),创建一棵 3 阶 B 树,回答以下问题:

(1) 给出建立 3 阶 B 树的过程。

(2) 分别给出删除关键字 50 和 68 之后的结果。

8. 设有一组关键字为(19,1,23,14,55,20,84,27,68,11,10,77),其哈希函数为 $h(\text{key}) = \text{key} \% 13$,采用开放地址法的线性探测法解决冲突,试在 $0 \sim 18$ 的哈希表中对该关键字序列构造哈希表,并求在成功和不成功情况下的平均查找长度。

9. 有一个含 n 个互不相同元素的整数数组 a,设计一个尽可能高效的算法求最大元素和最小元素。

10. 一个长度为 $L(L \geq 1)$ 的升序序列 S,处在第 $\lceil L/2 \rceil$ 个位置的数称为 S 的中位数。例如,若序列 $S_1 = (11,13,15,17,19)$,则 S_1 的中位数是 15。两个序列的中位数是含它们所有元素的升序序列的中位数。例如,若 $S_2 = (2,4,6,8,20)$,则 S_1 和 S_2 的中位数是 11。现有两个等长升序序列 A 和 B,试设计一个在时间和空间两方面都尽可能高效的算法,找出两个序列 A 和 B 的中位数,并说明所设计算法的时间复杂度和空间复杂度。

11. 设计一个算法,递减有序输出一棵关键字为整数的二叉排序树中所有结点的关键字。

12. 设计一个算法,判断给定的一棵二叉树是否为二叉排序树,假设二叉树中的所有关键字均为正整数并且不相同。

13. 设计一个算法,输出在一棵二叉排序树中查找某个关键字 k 经过的查找路径。

14. 设计一个算法,在给定的二叉排序树 bt 上找出任意两个不同结点 x 和 y 的最近公共祖先(LCA),其中结点 x 是指关键字为 x 的结点(假设 x 和 y 结点均在二叉排序树中)。

15. 在 HashTable1 类(采用除留余数法和线性探测法的哈希表类)中添加求成功情况下平均查找长度的算法。

1.8.2 练习题参考答案

1. 答:这是有序表上的顺序查找算法。设 a 为 $(a_0, a_1, \cdots, a_i, \cdots, a_{n-1})$,在成功查找情况下,找到 a_i 元素需要和 $a_0, a_1, \cdots, a_i$ 的元素进行比较,即比较 $i+1$ 次,所以:

$$\text{ASL}_{\text{成功}} = \sum_{i=0}^{n-1} p_i c_i = \frac{1}{n} \sum_{i=0}^{n-1} (i+1) = \frac{n+1}{2}$$

在不成功查找情况下有 $n+1$ 种情况,以 $n=5$,a 为(12,14,16,18,20)为例的查找判定树如图 1.19 所示,则:

图 1.19　有序表上顺序查找的判定树

$$\text{ASL}_{\text{不成功}}=\frac{1+2+\cdots+n+n}{n+1}=\frac{n}{2}+\frac{n}{n+1}<n$$

一般顺序查找成功情况下的平均查找长度为 $(n+1)/2$，不成功情况下的平均查找长度为 n，所以两者在成功情况下的平均查找长度相同，但上述算法在不成功情况下的平均查找长度小于一般的顺序查找，此时查找效率更高一些。

2. 答：（1）对该有序顺序表分别采用顺序查找和折半查找时的判定树如图 1.20 和图 1.21 所示。

（2）对于顺序查找：

$\text{ASL}_{\text{成功}}=(1p_1+2p_2+3p_3+4p_4+5p_5)=0.97$。

$\text{ASL}_{\text{不成功}}=(1q_0+2q_1+3q_2+4q_3+5q_4+5q_5)=1.07$。

（3）对于折半查找：

$\text{ASL}_{\text{成功}}=(1p_3+2(p_1+p_4)+3(p_2+p_5))=1.04$。

$\text{ASL}_{\text{不成功}}=(2q_0+3q_1+3q_2+2q_3+3q_4+3q_5)=1.3$。

图 1.20　有序顺序表上顺序查找的判定树

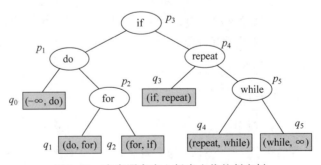

图 1.21　有序顺序表上折半查找的判定树

3. 答：对于有序顺序表 $A[0..10]$ 构造的判定树如图 1.22(a)所示（图中结点的数字表示序号）。因此有：

$$\mathrm{ASL}_{成功} = \frac{1 \times 1 + 2 \times 2 + 4 \times 3 + 4 \times 4}{11} = 3$$

$$\mathrm{ASL}_{不成功} = \frac{4 \times 3 + 8 \times 4}{12} = 3.67$$

对于有序顺序表(12,18,24,35,47,50,62,83,90,92,95),构造的判定树如图1.22(b)所示(图中结点的数字表示关键字)。

当用折半查找法查找90时需进行两次比较可确定成功,查找序列是(50,90);查找47时需进行4次比较可确定成功,查找序列是(50,24,35,47);查找60时需进行3次比较才能确定不成功,查找序列是(50,90,62)。

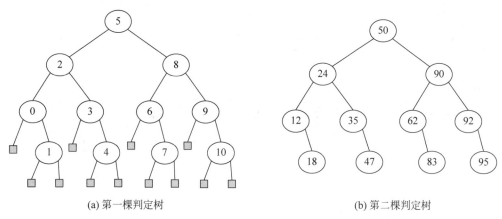

(a) 第一棵判定树   (b) 第二棵判定树

图1.22 两棵判定树

4. 答:如果是顺序查找或折半查找,第一次比较成功时就会结束。这里可能是分块查找,假设索引表是对块中的最大元素进行索引,先和索引表中的47比较找到相应块,然后到相应块(32、46、25、47)中查找。

5. 答:(1) 该二叉排序树的后序遍历序列为 ACDBFIJHGE,则中序遍历序列为ABCDEFGHIJ,由后序序列和中序序列构造的二叉排序树如图1.23所示。

(2) $\mathrm{ASL}_{成功} = (1 \times 1 + 2 \times 2 + 4 \times 3 + 2 \times 4 + 1 \times 5)/10 = 3$。

(3) $\mathrm{ASL}_{不成功} = (6 \times 3 + 3 \times 4 + 2 \times 5)/11 = 3.64$。

6. 答:建立平衡二叉树的过程如图1.24所示。

7. 答:(1) $m=3$,则除根结点外的结点的关键字个数为 $1 \sim 2$,建立3阶B树的过程如图1.25所示。

(2) 删除关键字50后的结果如图1.26(a)所示,删除关键字68后的结果如图1.26(b)所示。

8. 答:依题意,$n=12$,$m=19$。利用线性探测法计算下一地址的计算公式为:

$$d_0 = h(\mathrm{key})$$

$$d_{j+1} = (d_j + 1)\%m \quad j = 0,1,\cdots$$

图1.23 一棵二叉排序树

图 1.24　构造平衡二叉树的过程

图 1.25　创建一棵 3 阶 B 树的过程

(a) 删除50后　　　　　　　　(b) 删除68后

图 1.26　删除两个关键字后的结果

计算各关键字存储地址的过程如下：

$h(19)=19 \% 13=6$

$h(1)=1 \% 13=1$

$h(23)=23 \% 13=10$

$h(14)=14 \% 13=1$　　　　　　　　冲突

　　　$d_0=1, d_1=(1+1) \% 19=2$

$h(55)=55 \% 13=3$

$h(20)=20 \% 13=7$

$h(84)=84 \% 13=6$　　　　　　　　冲突

　　　$d_0=6, d_1=(6+1) \% 19=7$　　　仍冲突

　　　$d_2=(7+1) \% 19=8$

$h(27)=27 \% 13=1$　　　　　　　　冲突

　　　$d_0=1, d_1=(1+1) \% 19=2$　　　仍冲突

　　　$d_2=(2+1) \% 19=3$　　　　　仍冲突

　　　$d_3=(3+1) \% 19=4$

$h(68)=68 \% 13=3$　　　　　　　　冲突

　　　$d_0=3, d_1=(3+1) \% 19=4$　　　仍冲突

　　　$d_2=(4+1) \% 19=5$

$h(11)=11 \% 13=11$

$h(10)=10 \% 13=10$　　　　　　　冲突

　　　$d_0=10, d_1=(10+1) \% 19=11$　仍冲突

　　　$d_2=(11+1) \% 19=12$

$h(77)=77 \% 13=12$　　　　　　　冲突

　　　$d_0=12, d_1=(12+1) \% 19=13$

因此，构建的哈希表如表 1.3 所示。

表 1.3　哈希表

下标	0	1	2	3	4	5	6	7	8	9	10	11	12	13	14	15	16	17	18
k		1	14	55	27	68	19	20	84		23	11	10	77					
探测次数		1	2	1	4	3	1	1	3		1	1	3	2					

表 1.3 中的探测次数即为相应关键字成功查找时所需比较关键字的次数，因此：

$$\mathrm{ASL}_{成功}=(1+2+1+4+3+1+1+3+1+1+3+2)/12=1.92$$

查找不成功表示在表中未找到指定关键字的记录。以哈希地址是 0 的关键字为例，由于此处关键字为空，只需比较一次便可确定本次查找不成功；以哈希地址是 1 的关键字为例，若该关键字不在哈希表中，需要将它与 1～9 地址的关键字相比较，由于地址 9 的关键字为空，所以不再向后比较，共比较 9 次，其他的以此类推，所以得到如表 1.4 所示的结果。

表 1.4　不成功查找的探测次数

下标	0	1	2	3	4	5	6	7	8	9	10	11	12	13	14	15	16	17	18
k		1	14	55	27	68	19	20	84		23	11	10	77					
探测次数	1	9	8	7	6	5	4	3	2	1	5	4	3	2	1	1	1	1	1

哈希函数为 $h(\text{key})=\text{key} \% 13$，所以只需考虑 $h(\text{key})=0\sim12$ 的情况，即：

$$\text{ASL}_{\text{不成功}}=(1+9+8+7+6+5+4+3+2+1+5+4+3)/13=58/13=4.46$$

9. 解：通过一趟遍历并比较可以找出最大元素和最小元素。对应的算法如下：

```
def MaxMin(a):                      # 求解算法
    min=max=a[0]
    for i in range(len(a)):
        if a[i]<min:
        min=a[i]
        elif a[i]>max:
            max=a[i]
    return [min,max]
```

10. 解：两个升序序列分别采用 int 数组 A 和 B 存放。先求出两个升序序列 A、B 的中位数，设为 a 和 b。若 $a=b$，则 a 或 b 即为所求的中位数；否则，舍弃 a、b 中的较小者所在序列之较小一半，同时舍弃较大者所在序列之较大一半，要求两次舍弃的元素个数相同。在保留的两个升序序列中重复上述过程，直到两个序列中均只含一个元素时为止，则较小者即为所求的中位数。对应的算法如下：

```
def FindMedian(A,B,n):                    # 求解算法
    start1,end1=0,n-1
    start2,end2=0,n-1
    while start1!=end1 or start2!=end2:
        mid1=(start1+end1)//2
        mid2=(start2+end2)//2
        if A[mid1]==B[mid2]:
            return A[mid1]
        if A[mid1]<B[mid2]:
            if (start1+end1)%2==0:        # 若元素个数为奇数
                start1=mid1               # 舍弃 A 中间点以前的部分且保留中间点
                end2=mid2                 # 舍弃 B 中间点以后的部分且保留中间点
            else:                         # 若元素个数为偶数
                start1=mid1+1             # 舍弃 A 的前半部分
                end2=mid2                 # 舍弃 B 的后半部分
        else:
            if (start1+end1)%2==0:        # 若元素个数为奇数
                end1=mid1                 # 舍弃 A 中间点以后的部分且保留中间点
                start2=mid2               # 舍弃 B 中间点以前的部分且保留中间点
            else:                         # 若元素个数为偶数
                end1=mid1                 # 舍弃 A 的后半部分
                start2=mid2+1             # 舍弃 B 的前半部分
    return A[start1] if A[start1]<B[start2] else B[start2]
```

上述算法的时间复杂度为 $O(\log_2 n)$，空间复杂度为 $O(1)$。

11. 解：对二叉排序树 bt 先遍历右子树，访问根结点，再遍历左子树。因为右子树中所有结点的关键字大于根结点关键字，而根结点关键字大于左子树中所有结点的关键字，对应的算法如下：

```
def ReOrder(bt):                     ♯求解算法
    _ReOrder(bt.r)

def _ReOrder(t):                     ♯被 ReOrder()方法调用
    if t!=None:
        _ReOrder(t.rchild);
        print(t.key,end=' ')
        _ReOrder(t.lchild)
```

12. 解：可以证明，若一棵二叉树的中序序列是一个有序序列，则该二叉树一定是一棵二叉排序树。因此，对给定的二叉树进行中序遍历，如果始终能保持当前访问结点值大于前驱结点值，则说明该二叉树是一棵二叉排序树。对应的算法如下：

```
def JudgeBST(bt):                    ♯求解算法
    global predt
    predt=-1
    return _JudgeBST(bt.r)

def _JudgeBST(t):                    ♯被 JudgeBST()调用
    global predt
    if t==None:                      ♯空树是一棵二叉排序树
        return True
    else:
        b1=_JudgeBST(t.lchild)       ♯判断左子树
        if b1==False:
            return False             ♯若左子树不是 BST,则返回 False
        if predt>=t.key:
            return False             ♯若当前结点值小于或等于中序前驱结点值，则返回 False
        predt=t.key                  ♯保存当前结点的关键字
        b2=_JudgeBST(t.rchild)       ♯判断右子树
        return b2
```

13. 解：使用 path 列表存储经过的结点关键字，当找到关键字为 k 的结点时，向 path 中添加 k 并返回；否则将当前结点 t 的关键字添加到 path，再根据比较结果在左或者右子树中递归查找。对应的算法如下：

```
def SearchPath(bt,k):                ♯求解算法
    path=[]
    _SearchPath(bt.r,k,path)
    return path

def _SearchPath(t,k,path):           ♯被 SearchPath()调用
    if t==None: return
    elif k==t.key:
        path.append(k)               ♯将 k 添加到路径中
        return
```

数据结构教程（**Python** 语言描述）学习与上机实验指导

```
else:
    path.append(t.key)              #将当前结点的关键字添加到路径中
    if k < t.key:
        _SearchPath(t.lchild, k, path)    #在左子树中递归查找
    else:
        _SearchPath(t.rchild, k, path)    #在右子树中递归查找
```

14. 解：首先在二叉排序树 bt 中查找确定是否存在 x 或者 y 结点。当两者都存在时，求 LCA 的过程如下：

① 若 x 和 y 均小于根结点关键字，则在左子树中查找它们的 LCA。

② 若 x 和 y 均大于根结点关键字，则在右子树中查找它们的 LCA。

③ 否则，根结点就是 x 和 y 结点的 LCA。

对应的算法如下：

```
def getLCA(bt, x, y):                   #求解算法
    return _getLCA(bt.r, x, y)

def _getLCA(t, x, y):                    #被 getLCA() 调用存在 x 和 y 结点时求 LCA
    if t == None:                        #空树返回 None
        return None
    if x < t.key and y < t.key:          #如果 x 和 y 均小于 t.key，则 LCA 位于左子树中
        return _getLCA(t.lchild, x, y)
    if x > t.key and y > t.key:          #如果 x 和 y 均大于 t.key，则 LCA 位于右子树中
        return _getLCA(t.rchild, x, y)
    return t
```

15. 解：遍历其中的 ha 列表，对于每个存在的关键字 k，求出找到该关键字的比较次数 sum1，累计查找所有关键字的比较次数 sum，返回 sum/n 即可。对应的算法如下：

```
def ASL(self):                          #求成功情况下的平均查找长度
    sum = 0
    for i in range(self.m):
        if self.ha[i] != NULLKEY:
            sum1 = 0
            k = self.ha[i][0]
            d = k % self.p              #求哈希函数值
            sum1 += 1                   #累计比较次数
            while self.ha[d] != NULLKEY and self.ha[d][0] != k:
                d = (d+1) % self.m      #用线性探测法查找下一个位置
                    sum1 += 1
            sum += sum1
    return sum/self.n
```

1.9　第 9 章　排序

1.9.1　练习题

1. 直接插入排序算法在含有 n 个元素的初始数据正序、反序和数据全部相等时的时间复杂度各是多少？

2. 折半插入排序和直接插入排序的平均时间复杂度都是 $O(n^2)$,为什么一般情况下折半插入排序要好于直接插入排序?

3. 希尔排序算法每一趟都对各个组采用直接插入排序算法,为什么希尔排序算法比直接插入排序算法的效率更高,试举例说明之。

4. 采用什么方法可以改善快速排序算法最坏情况下的时间性能?

5. 简述堆和二叉排序树的区别。

6. 请回答下列关于堆排序中堆的两个问题:

(1) 堆的存储表示是顺序的还是链式的?

(2) 设有一个小根堆,即堆中任意结点的关键字均小于它的左孩子和右孩子的关键字。其中具有最大关键字的结点可能在什么地方?

7. 在基数排序过程中用队列暂存排序的元素,是否可以用栈来代替队列?为什么?

8. 什么是多路平衡归并?多路平衡归并的目的是什么?

9. 设有 11 个长度(即包含的元素个数)不同的初始归并段,它们所包含的元素个数依次为 25、40、16、38、77、64、53、88、9、48 和 98。试根据它们做 4 路归并,要求:

(1) 指出采用 4 路平衡归并时总的归并趟数。

(2) 构造最佳归并树。

(3) 根据最佳归并树计算总的读/写元素次数(假设一个页块含一个元素)。

10. 设计一个算法,判断一个整数序列 a 是否构成一个大根堆。

11. 有一个整数序列 $a[0..n-1]$,设计以下快速排序的非递归算法:

(1) 用栈实现非递归,对于每次划分的两个子表,先将左子表进栈,再将右子表进栈。

(2) 用栈实现非递归,对于每次划分的两个子表,先将右子表进栈,再将左子表进栈。

(3) 用队列实现非递归,对于每次划分的两个子表,先将左子表进队,再将右子表进队。

12. 有一个含 $n(n<100)$ 个整数的无序序列 a,设计一个算法,按从小到大的顺序求前 $k(1 \leqslant k \leqslant n)$ 个最大的元素。

1.9.2 练习题参考答案

1. 答:含有 n 个元素的初始数据正序时,直接插入排序算法的时间复杂度为 $O(n)$;含有 n 个元素的初始数据反序时,直接插入排序算法的时间复杂度为 $O(n^2)$;含有 n 个元素的初始数据全部相等时,直接插入排序算法的时间复杂度为 $O(n)$。

2. 答:折半插入排序和直接插入排序的移动元素次数相同,但一般情况下两者的关键字比较次数不同。折半插入排序的关键字比较次数 $= \sum_{i=1}^{n-1} (\log_2(n+1)-1) \approx n\log_2 n$,而直接插入排序的关键字比较次数为 $O(n^2)$,所以一般情况下折半插入排序要好于直接插入排序。

3. 答:希尔排序利用了直接插入排序的以下特性。

① 直接插入排序的平均时间复杂度为 $O(n^2)$,当希尔排序中某一趟分为 d 组时,每一组约为 n/d 个元素,执行时间为 $d \times O((n/d)^2) = O(n^2)/d$。当 d 比较大时,一趟希尔排序的时间远小于直接插入排序的时间。希尔排序总共有 $\log_2 n$ 趟,总时间小于 $O(n^2)$。

数据结构教程(Python 语言描述)学习与上机实验指导

② 直接插入排序算法在数据正序或接近正序时效率很高。在希尔排序中当 d 越来越小时,数据序列越来越接近正序,当 $d=1$ 时数据序列几乎为正序,此时执行时间为 $O(n)$。

假设有 $n=10$ 个元素排序,若用直接插入排序算法,时间大致为 $O(n^2)=100$。若采用希尔排序算法,各趟如下。

$d=5$:每组两个元素,所花时间为 $5\times 2^2=20$。

$d=2$:每组 5 个元素,所花时间为 $2\times 5^2=50$。

$d=1$:此时数据基本有序,所花时间为 $O(n)=10$。

这样希尔排序算法的总时间为 80,优于直接插入排序算法的总时间 100。

4. 答:改善快速排序算法最坏情况下的时间性能是从划分的基准元素的选择上实现的,主要有以下两种方法。

一种方法是采用"三者取中"方法,将当前区段首、尾和中间位置上的关键字进行比较,取三者之中值所对应的元素作为基准元素。

另一种方法是随机选取当前区段中的一个元素作为基准元素,相当于使当前区段中的元素随机分布。

5. 答:以小根堆为例,堆的特点是双亲结点的关键字必然小于或等于孩子结点的关键字,而两个孩子结点的关键字没有次序规定。在二叉排序树中,每个双亲结点的关键字均大于左子树结点的关键字,每个双亲结点的关键字均小于右子树结点的关键字,也就是说每个双亲结点的左、右孩子的关键字有次序关系。

6. 答:(1) 通常,堆的存储表示是顺序的。因为堆排序将待排序序列看成是一棵完全二叉树,然后将其调整成一个堆,而完全二叉树特别适合于采用顺序存储结构,所以堆的存储表示采用顺序方式最合适。

(2) 小根堆中具有最大关键字的结点只可能出现在叶子结点中,因为最小堆的最小关键字的结点必是根结点,而最大关键字的结点由偏序关系可知,只有叶子结点可能是最大关键字的结点。

7. 答:在基数排序中不能用栈来代替队列。基数排序是一趟一趟进行的,从第 2 趟开始必须采用稳定的排序方法,否则排序结果可能不正确,若用栈代替队列,这样会使排序过程变得不稳定。

8. 答:归并过程可以用一棵归并树来表示。在多路平衡归并对应的归并树中,每个结点都是平衡的。k 路平衡归并的过程是,第 1 趟归并将 m 个初始归并段归并为 $\lceil m/k \rceil$ 个归并段,以后每一趟归并将 l 个初始归并段归并为 $\lceil l/k \rceil$ 个归并段(不够的段用长度为 0 的虚段表示),直到最后形成一个大的归并段为止。

m 个归并段采用 k 路平衡归并,其归并趟数 $s=\lceil \log_k m \rceil$,该趟数是所有归并方案中最少的,所以多路平衡归并的目的是减少归并趟数。

9. 答:(1) 采用 4 路平衡归并时总的归并趟数 $=\lceil \log_4 11 \rceil=2$。

(2) $m=11,k=4,(m-1)\%(k-1)=1\neq 0$,需要附加 $k-1-(m-1)\%(k-1)=2$ 个长度为 0 的虚归并段,最佳归并树如图 1.27 所示。

(3) 根据最佳归并树计算出 WPL $=(9+16)\times 3+(25+38+40+48+53+64+77)\times 2+(88+98)\times 1=951$,假设一个页块含一个元素,总的读/写元素次数 $=2$WPL$=1902$。

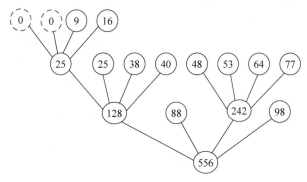

图 1.27 4 路归并的最佳归并树

10. 解：当元素个数 n 为偶数时，最后一个分支结点(编号为 $(n-1)/2$)只有左孩子(编号为 $n-1$)，其余分支结点均为双分支结点；当 n 为奇数时，所有分支结点均为双分支结点。对每个分支结点进行判断，只有一个分支结点不满足大根堆的定义，返回 False；如果所有分支结点均满足大根堆的定义，返回 True。对应的算法如下：

```
def IsHeap(a):                           ♯判断 a 是否为大根堆
    n=len(a)
    if n%2==0:                           ♯n 为偶数时，判断最后一个分支结点
        if a[n−1]>a[(n−1)//2]:
            return False                 ♯孩子较大时返回 False
        for i in range(0,(n−1)//2):      ♯判断所有双分支结点
            if a[2*i+1]>a[i] or a[2*i+2]>a[i]:
                return False             ♯孩子较大时返回 False
    else:                               ♯n 为奇数时，所有分支结点均为双分支结点
        for i in range(0,(n−1)//2):      ♯判断所有双分支结点
            if a[2*i+1]>a[i] or a[2*i+2]>a[i]:
                return False             ♯孩子较大时返回 False
    return True
```

11. 解：栈或者队列中的每个元素表示表或者子表序列。其类型如下：

```
class DNode:                             ♯栈/队列元素类型
    def __init__(self,l,h):              ♯构造函数
        self.low=l                       ♯下界
        self.high=h                      ♯上界
```

对于(1)的算法 QSort1，先将 $[0,n-1]$ 进栈，在栈不空时循环：出栈一个子序列 $a[low..high]$，对其按首元素 $a[low]$ 进行划分，分为两个子序列 $a[low..i-1]$ 和 $a[i+1..high]$，将 $[low,i-1]$ 和 $[i+1,high]$ 进栈。(2)的算法 QSort2 和(3)的算法 QSort3 类似。3 个快速排序的非递归算法如下：

```
def QSort1(a):                           ♯非递归快速排序 1
    n=len(a)
    st=deque()                           ♯定义一个栈
    e=DNode(0,n-1)
    st.append(e)                         ♯[0,n−1]进栈
    while st:                            ♯栈不空时循环
```

```
            e=st.pop()                    #出栈一个元素
            low=e.low
            high=e.high
            if low<high:                   #当 a[low..high]中有一个以上元素时
                i=Partition(a,low,high)     #调用划分算法
                e1=DNode(low,i-1)          #[low,i-1]进栈
                st.append(e1)
                e2=DNode(i+1,high)         #[i+1,high]进栈
                st.append(e2)

def QSort2(a):                            #非递归快速排序 2
    n=len(a)
    st=deque()                            #定义一个栈
    e=DNode(0,n-1)
    st.append(e)                          #[0,n-1]进栈
    while st:                             #栈不空时循环
        e=st.pop()                         #出栈一个元素
        low=e.low
        high=e.high
        if low<high:                       #当 a[low..high]中有一个以上元素时
            i=Partition(a,low,high)         #调用划分算法
            e2=DNode(i+1,high)             #[i+1,high]进栈
            st.append(e2)
            e1=DNode(low,i-1)              #[low,i-1]进栈
            st.append(e1)

def QSort3(a):                            #非递归快速排序 3
    n=len(a)
    qu=deque()                            #定义一个队列
    e=DNode(0,n-1)
    qu.append(e)                          #[0,n-1]进队
    while qu:                             #队不空时循环
        e=qu.popleft()                     #出队一个元素
        low=e.low
        high=e.high
        if low<high:                       #当 a[low..high]中有一个以上元素时
            i=Partition(a,low,high)         #调用划分算法
            e1=DNode(low,i-1)              #[low,i-1]进队
            qu.append(e1)
            e2=DNode(i+1,high)             #[i+1,high]进队
            qu.append(e2)
```

上述算法调用的 Partition()可以是《教程》9.3.2 节中的任意一种划分算法。

12. 解法 1：先建立含 a 中全部 n 个元素的初始大根堆，i 从 $n-1$ 到 $n-k$ 做 k 趟排序，将较大的 k 个元素归位，最后取 $a[n-k..n-1]$（即按从小到大的顺序）得到前 k 个最大的元素。对应的算法如下：

```
def siftDown(R,low,high):                 #对 R[low..high]进行筛选（大根堆）
    i=low
    j=2*i+1                               #R[j]是 R[i]的左孩子
```

```
    tmp＝R[i]                              ＃tmp 临时保存根结点
    while j <=high:                        ＃只对 R[low..high]的元素进行筛选
        if j < high and R[j]< R[j＋1]:
            j＋＝1                          ＃若右孩子较大,把 j 指向右孩子
        if tmp < R[j]:                      ＃tmp 的孩子较大
            R[i]＝R[j]                       ＃将 R[j]调整到双亲位置上
            i,j＝j,2 * i＋1                  ＃修改 i 和 j 值,以便继续向下筛选
        else: break                        ＃若孩子较小,则筛选结束
    R[i]＝tmp                              ＃原根结点放入最终位置

def Getkmin1(R,k):                         ＃解法 1:递增输出 k 个最大的元素
    n＝len(R)
    for i in range(n//2－1,－1,－1):        ＃从最后一个分支结点开始循环建立初始堆
        siftDown(R,i,n－1)                  ＃对 R[i..n－1]进行筛选
    for i in range(n－1,n－k－1,－1):        ＃k 趟排序,每一趟排序后无序区元素个数减 1
        R[0],R[i]＝R[i],R[0]               ＃无序区尾元素与 R[0]交换,有序区为 R[i..n－1]
        siftDown(R,0,i－1)                  ＃对无序区 R[0..i－1]继续筛选
    res＝[]                                ＃存放前 k 个最大元素
    for j in range(n－k,n):
        res.append(a[j])
    return res
```

解法 2:采用小根堆 pq 求解。先由 *a* 的前 *k* 个元素构建一个小根堆,再用 *i* 依次遍历 *a* 的其余元素,若 *a*[*i*]大于堆顶元素,出队堆顶元素,再将 *a*[*i*]进队;若 *a*[*i*]小于或等于堆顶元素,忽略它。当 *a* 遍历完毕后,pq 中恰好有 *k* 个最大的元素,再依次出队所有元素(即按从小到大的顺序)得到前 *k* 个最大的元素。对应的算法如下:

```
from Heap import Heap                      ＃引用 Heap.py 中的 Heap 类
class MinHeap(Heap):                       ＃创建小根堆类
    def cmp(self,x,y):                     ＃比较方法(小根堆)
        return x > y

def Getkmin2(a,k):                         ＃解法 2:输出 k 个最大的元素
    n＝len(a)
    pq＝MinHeap()                          ＃创建小根堆
    for i in range(k):                     ＃前 k 个元素进队
        pq.append(a[i])
    for i in range(k＋1,n):                 ＃遍历其他元素
        if a[i]> pq.gettop():              ＃将较大元素替代根
            pq.pop()
            pq.append(a[i])
    res＝[]                                ＃存放前 k 个最大元素
    while not pq.empty():
        res.append(pq.pop())
    return res
```

上机实验题及参考答案 第二部分

2.1 第1章 绪论

说明：本节所有上机实验题的程序文件位于 ch1 文件夹中。

2.1.1 上机实验题

1. 编写一个 Python 程序，求一元二次方程 $ax^2+bx+c=0$ 的根，并采用相关数据测试。

2. 求 $1+(1+2)+(1+2+3)+\cdots(1+2+3+\cdots+n)$ 之和有以下 3 种解法。

解法 1：采用两重迭代，依次求出 $(1+2+\cdots+i)(1\leqslant i\leqslant n)$ 后累加。

解法 2：采用一重迭代，利用 $i(i+1)/2(1\leqslant i\leqslant n)$ 求和后再累加。

解法 3：直接利用 $n(n+1)(n+2)/6$ 公式求和。

编写一个 Python 程序，利用上述 3 种解法求 $n=50\,000$ 时的结果，并且给出各种解法的执行时间。

2.1.2 上机实验题参考答案

1. **解**：设计 Exp1 类，它包含 a、b、c 和 ans 属性，其中 ans 列表存放求解结果；另外设计 solve() 方法求方程的根，设计 disp() 方法输出结果。对应的实验程序 Exp1.py 如下。

```
import math
class Exp1:
    def __init__(self,a1,b1,c1):          #构造方法
        self.a=a1
        self.b=b1
        self.c=c1
        self.ans=[]
    def solve(self):                       #求方程的根
```

```
        d=self.b * self.b－4 * self.a * self.c;
        if math.fabs(d)<=0.0001:                           #等于0
            x1=(－self.b＋math.sqrt(d))/(2 * self.a)
            self.ans.append(x1)
        elif (d>0):
            x1=(－self.b＋math.sqrt(d))/(2 * self.a)
            self.ans.append(x1)
            x2=(－self.b－math.sqrt(d))/(2 * self.a)
            self.ans.append(x2)
    def disp(self):                                        #输出结果
        if len(self.ans)==0:
            print("无根")
        elif len(self.ans)==1:
            print("一个根为%.1f" %(self.ans[0]))
        else:
            print("两个根为%.1f 和%.1f" %(self.ans[0],self.ans[1]))


#主程序
print("\n 测试 1")
a,b,c=2,－3,4
s＝Exp1(a,b,c)
s.solve()
print("  a=%.1f,b=%.1f,c=%.1f " %(a,b,c),end=': ')
s.disp()


print("\n 测试 2")
a,b,c=1,－2,1
s＝Exp1(a,b,c)
s.solve()
print("  a=%.1f,b=%.1f,c=%.1f " %(a,b,c),end=': ')
s.disp()


print("\n 测试 3")
a,b,c=2,－1,－1
s＝Exp1(a,b,c)
s.solve()
print("  a=%.1f,b=%.1f,c=%.1f " %(a,b,c),end=': ')
s.disp()
```

上述程序的执行结果如图 2.1 所示。

图 2.1 第 1 章实验题 1 的执行结果

2. 解：对应的实验程序 Exp2.py 如下。

```
import time
class Exp2:
    def solve1(self,n):                              # 解法 1
        sum=0
        for i in range(1,n+1):
            for j in range(1,i+1):
                sum+=j;
        return sum
    def solve2(self,n):                              # 解法 2
        sum,sum1=0,0
        for i in range(1,n+1):
            sum1+=i
            sum+=sum1
        return sum
    def solve3(self,n):                              # 解法 3
        sum=n*(n+1)*(n+2)//6
        return sum


# 主程序
n=50000
s=Exp2()
print("\n n=%d\n" %(n))
t1 = time.time()                                     # 获取开始时间
print(" 解法 1 sum1=%d" %(s.solve1(n)))
t2 = time.time()                                     # 获取结束时间
print(" 运行时间：%ds" %(t2-t1))
t1 = time.time()                                     # 获取开始时间
print(" 解法 2 sum2=%d" %(s.solve2(n)))
t2 = time.time()                                     # 获取结束时间
print(" 运行时间：%ds" %(t2-t1))
t1 = time.time()                                     # 获取开始时间
print(" 解法 3 sum3=%d" %(s.solve3(n)))
t2 = time.time()                                     # 获取结束时间
print(" 运行时间：%ds" %(t2-t1))
```

上述程序的执行结果如图 2.2 所示。解法 1 的时间复杂度为 $O(n^2)$，解法 2 的时间复杂度为 $O(n)$，解法 3 的时间复杂度为 $O(1)$。

图 2.2　第 1 章实验题 2 的执行结果

2.2　第 2 章　线性表

说明：本节所有上机实验题的程序文件位于 ch2 文件夹中。

2.2.1　基础实验题

1. 设计整数顺序表的基本运算程序，并用相关数据进行测试。

2. 设计整数单链表的基本运算程序，并用相关数据进行测试。

3. 设计整数双链表的基本运算程序,并用相关数据进行测试。

4. 设计整数循环单链表的基本运算程序,并用相关数据进行测试。

5. 设计整数循环双链表的基本运算程序,并用相关数据进行测试。

2.2.2　基础实验题参考答案

1. 解:顺序表的基本运算算法的设计原理参见《教程》的 2.2.2 节。包含顺序表基本运算算法类 SqList 以及测试主程序的 Exp1-1.py 文件如下:

```
class SqList:                                    # 顺序表类
    def __init__(self):                          # 构造函数
        self.initcapacity=5;                     # 初始容量设置为 5
        self.capacity=self.initcapacity          # 容量设置为初始容量
        self.data=[None] * self.capacity         # 设置顺序表的空间
        self.size=0                              # 长度设置为 0

    def resize(self, newcapacity):               # 改变顺序表的容量为 newcapacity
        assert newcapacity>=0                    # 检测参数正确性的断言
        olddata=self.data
        self.data=[None] * newcapacity
        self.capacity=newcapacity
        for i in range(self.size):
            self.data[i]=olddata[i]

    def CreateList(self, a):                      # 由数组 a 中的元素整体建立顺序表
        for i in range(0, len(a)):
            if self.size==self.capacity:          # 出现上溢出时
                self.resize(2 * self.size);       # 扩大容量
            self.data[self.size]=a[i]
            self.size+=1                          # 添加后元素个数增加 1

    def Add(self, e):                             # 在线性表的末尾添加一个元素 e
        if self.size==self.capacity:
            self.resize(2 * self.size)            # 顺序表空间满时倍增容量
        self.data[self.size]=e                    # 添加元素 e
        self.size+=1                              # 长度增 1

    def getsize(self):                            # 返回长度
        return self.size

    def __getitem__(self, i):                     # 求序号为 i 的元素
        assert 0<=i< self.size                    # 检测参数 i 正确性的断言
        return self.data[i]

    def __setitem__(self, i, x):                  # 设置序号为 i 的元素
        assert 0<=i< self.size                    # 检测参数 i 正确性的断言
        self.data[i]=x

    def GetNo(self, e):                           # 查找第一个为 e 的元素的序号
        i=0
```

```
        while i < self.size and self.data[i] != e:          ＃查找元素 e
            i += 1
        if (i >= self.size):
            return -1;                                      ＃未找到时返回-1
        else:
            return i;                                       ＃找到后返回其序号

    def Insert(self, i, e):                                 ＃在线性表中序号为 i 的位置插入元素 e
        assert 0 <= i <= self.size                          ＃检测参数 i 正确性的断言
        if self.size == self.capacity:
            self.resize(2 * self.size)                      ＃满时倍增容量
        for j in range(self.size, i-1, -1):                 ＃将 data[i] 及后面的元素后移一个位置
            self.data[j] = self.data[j-1]
        self.data[i] = e                                    ＃插入元素 e
        self.size += 1                                      ＃长度增 1

    def Delete(self, i):                                    ＃在线性表中删除序号为 i 的元素
        assert 0 <= i <= self.size-1                        ＃检测参数 i 正确性的断言
        for j in range(i, self.size-1):
            self.data[j] = self.data[j+1]                   ＃将 data[j] 之后的元素前移一个位置
        self.size -= 1                                      ＃长度减 1
        if self.capacity > self.initcapacity and self.size <= self.capacity/4:
            self.resize(self.capacity//2)                   ＃满足要求时容量减半

    def display(self):                                      ＃输出顺序表
        for i in range(0, self.size):
            print(self.data[i], end=' ')
        print()

if __name__ == '__main__':
    L = SqList()
    print()
    print("建立空顺序表 L,其容量=%d" %(L.capacity))
    a = [1,2,3,4,5,6]
    print("  1~6 创建 L")
    L.CreateList(a)
    print("  L[容量=%d,长度=%d]: " %(L.capacity, L.getsize()), end=''), L.display()
    print("  插入 6~10")
    for i in range(6,11):
        L.Add(i)
    print("  L[容量=%d,长度=%d]: " %(L.capacity, L.getsize()), end=''), L.display()
    print("  序号为 2 的元素=%d" %(L[2]))
    print("  设置序号为 2 的元素为 20")
    L[2] = 20
    print("  L[容量=%d,长度=%d]: " %(L.capacity, L.getsize()), end=''), L.display()
    x = 6
    print("  第一个值为%d 的元素序号=%d" %(x, L.GetNo(x)))
    n = L.getsize()
    for i in range(n-2):
        print("  删除首元素")
        L.Delete(0)
```

print(" L[容量＝%d,长度＝%d]: " %(L.capacity,L.getsize()),end=''),L.display()

上述程序的一次执行结果如图 2.3 所示。

图 2.3 第 2 章基础实验题 1 的执行结果

2. 解：单链表的基本运算算法的设计原理参见《教程》的 2.3.2 节。包含单链表基本运算算法类 LinkList 以及测试主程序的 Exp1-2.py 文件如下：

```
class LinkNode:                              # 单链表结点类
    def __init__(self,data=None):            # 构造函数
        self.data=data                       # data 属性
        self.next=None                       # next 属性


class LinkList:                              # 单链表类
    def __init__(self):                      # 构造函数
        self.head=LinkNode()                 # 头结点 head
        self.head.next=None


    def CreateListF(self,a):                 # 头插法:由数组 a 整体建立单链表
        for i in range(0,len(a)):            # 循环建立数据结点 s
            s=LinkNode(a[i])                 # 新建存放 a[i]元素的结点 s
            s.next=self.head.next            # 将 s 结点插入开始结点之前、头结点之后
            self.head.next=s


    def CreateListR(self,a):                 # 尾插法:由数组 a 整体建立单链表
        t=self.head                          # t 始终指向尾结点,开始时指向头结点
        for i in range(0,len(a)):            # 循环建立数据结点 s
            s=LinkNode(a[i]);                # 新建存放 a[i]元素的结点 s
            t.next=s                         # 将 s 结点插入 t 结点之后
            t=s
        t.next=None                          # 将尾结点的 next 成员置为 None


    def geti(self,i):                        # 返回序号为 i 的结点
```

```python
        p=self.head
        j=-1
        while (j < i and p is not None):
            j+=1
            p=p.next
        return p

    def Add(self,e):                      # 在线性表的末尾添加一个元素 e
        s=LinkNode(e)                     # 新建结点 s
        p=self.head
        while p.next is not None:         # 查找尾结点 p
            p=p.next
        p.next=s;                         # 在尾结点之后插入结点 s

    def getsize(self):                    # 返回长度
        p=self.head
        cnt=0
        while p.next is not None:         # 找到尾结点为止
            cnt+=1
            p=p.next
        return cnt

    def __getitem__(self,i):              # 求序号为 i 的元素
        assert i>=0                       # 检测参数 i 正确性的断言
        p=self.geti(i)
        assert p is not None              # p 不为空的检测
        return p.data

    def __setitem__(self,i,x):            # 设置序号为 i 的元素
        assert i>=0                       # 检测参数 i 正确性的断言
        p=self.geti(i)
        assert p is not None              # p 不为空的检测
        p.data=x

    def GetNo(self,e):                    # 查找第一个为 e 的元素的序号
        j=0
        p=self.head.next
        while p is not None and p.data!=e:
            j+=1                          # 查找元素 e
            p=p.next
        if p is None:
            return -1                     # 未找到时返回-1
        else:
            return j                      # 找到后返回其序号

    def Insert(self,i,e):                 # 在线性表中序号为 i 的位置插入元素 e
        assert i>=0                       # 检测参数 i 正确性的断言
        s=LinkNode(e)                     # 建立新结点 s
        p=self.geti(i-1)                  # 找到序号为 i-1 的结点 p
        assert p is not None              # p 不为空的检测
        s.next=p.next                     # 在 p 结点的后面插入 s 结点
```

```
                    p.next＝s

    def Delete(self,i):          ♯在线性表中删除序号为 i 的位置的元素
        assert i>=0              ♯检测参数 i 正确性的断言
        p＝self.geti(i－1)        ♯找到序号为 i－1 的结点 p
        assert p.next is not None ♯p.next 不为空的检测
        p.next＝p.next.next;     ♯删除 p 结点的后继结点

    def display(self):           ♯输出线性表
        p＝self.head.next
        while p is not None:
            print(p.data,end＝' ')
            p＝p.next;
        print()

if __name__ == '__main__':
    L＝LinkList()
    print()
    print("  建立空单链表 L")
    a＝[1,2,3,4,5,6]
    print("  1～6 创建 L")
    L.CreateListR(a)
    print("  L[长度＝%d]: " %(L.getsize()),end＝''),L.display()
    print("  插入 6～10")
    for i in range(6,11):
        L.Add(i)
    print("  L[长度＝%d]: " %(L.getsize()),end＝''),L.display()
    print("  序号为 2 的元素＝%d" %(L[2]))
    print("  设置序号为 2 的元素为 20")
    L[2]＝20
    print("  L[长度＝%d]: " %(L.getsize()),end＝''),L.display()
    x＝6
    print("  第一个值为%d 的元素序号＝%d" %(x,L.GetNo(x)))
    n＝L.getsize()
    for i in range(n－2):
        print("  删除首元素")
        L.Delete(0)
        print("  L[长度＝%d]: " %(L.getsize()),end＝''),L.display()
```

上述程序的一次执行结果如图 2.4 所示。

3. 解：双链表的基本运算算法的设计原理参见《教程》的 2.3.4 节。包含双链表基本运算算法类 DLinkList 以及测试主程序的 Exp1-3.py 文件如下：

```
class DLinkNode:               ♯双链表结点类
    def __init__(self,data＝None): ♯构造函数
        self.data＝data          ♯data 属性
```

图 2.4　第 2 章基础实验题 2 的执行结果

数据结构教程(Python 语言描述)学习与上机实验指导

```python
        self.next=None                          # next 属性
        self.prior=None                         # prior 属性

class DLinkList:                                 # 双链表类
    def __init__(self):                         # 构造函数
        self.dhead=DLinkNode()                  # 头结点 dhead
        self.dhead.next=None
        self.dhead.prior=None

    def CreateListF(self,a):                    # 头插法:由数组 a 整体建立双链表
        for i in range(0,len(a)):               # 循环建立数据结点 s
            s=DLinkNode(a[i])                   # 新建存放 a[i]元素的结点 s,将其插入表头
            s.next=self.dhead.next              # 修改 s 结点的 next 成员
            if self.dhead.next!=None:           # 修改头结点的非空后继结点的 prior
                self.dhead.next.prior=s
            self.dhead.next=s                   # 修改头结点的 next
            s.prior=self.dhead                  # 修改 s 结点的 prior

    def CreateListR(self,a):                    # 尾插法:由数组 a 整体建立双链表
        t=self.dhead                            # t 始终指向尾结点,开始时指向头结点
        for i in range(0,len(a)):               # 循环建立数据结点 s
            s=DLinkNode(a[i])                   # 新建存放 a[i]元素的结点 s
            t.next=s                            # 将 s 结点插入 t 结点之后
            s.prior=t
            t=s
        t.next=None                             # 将尾结点的 next 成员置为 None

    def geti(self,i):                           # 返回序号为 i 的结点
        p=self.dhead
        j=-1
        while (j<i and p is not None):
            j+=1
            p=p.next
        return p

    def Add(self,e):                            # 在线性表的末尾添加一个元素 e
        s=DLinkNode(e)                          # 新建结点 s
        p=self.dhead
        while p.next is not None:               # 查找尾结点 p
            p=p.next
        p.next=s;                               # 在尾结点之后插入结点 s
        s.prior=p

    def getsize(self):                          # 返回长度
        p=self.dhead
        cnt=0
        while p.next is not None:               # 找到尾结点为止
            cnt+=1
            p=p.next
        return cnt
```

```python
    def __getitem__(self,i):          # 求序号为 i 的元素
        assert i>=0                   # 检测参数 i 正确性的断言
        p=self.geti(i)
        assert p is not None          # p 不为空的检测
        return p.data

    def __setitem__(self,i,x):        # 设置序号为 i 的元素
        assert i>=0                   # 检测参数 i 正确性的断言
        p=self.geti(i)
        assert p is not None          # p 不为空的检测
        p.data=x

    def GetNo(self,e):                # 查找第一个为 e 的元素的序号
        j=0
        p=self.dhead.next
        while p is not None and p.data!=e:
            j+=1                      # 查找元素 e
            p=p.next
        if p is None:
            return -1                 # 未找到时返回-1
        else:
            return j                  # 找到后返回其序号

    def Insert(self,i,e):             # 在线性表中序号为 i 的位置插入元素 e
        assert i>=0                   # 检测参数 i 正确性的断言
        s=DLinkNode(e)                # 建立新结点 s
        p=self.geti(i-1)              # 找到序号为 i-1 的结点 p
        assert p is not None          # p 不为空的检测
        s.next=p.next                 # 修改 s 结点的 next
        if p.next!=None:              # 修改 p 结点的非空后继结点的 prior
            p.next.prior=s
        p.next=s                      # 修改 p 结点的 next
        s.prior=p                     # 修改 s 结点的 prior

    def Delete(self,i):               # 在线性表中删除序号为 i 的位置的元素
        assert i>=0                   # 检测参数 i 正确性的断言
        p=self.geti(i)                # 找到序号为 i 的结点 p
        assert p is not None          # p 不为空的检测
        p.prior.next=p.next           # 修改 p 结点的前驱结点的 next
        if p.next!=None:              # 修改 p 结点的非空后继结点的 prior
            p.next.prior=p.prior

    def display(self):                # 输出线性表
        p=self.dhead.next
        while p is not None:
            print(p.data,end=' ')
            p=p.next;
        print()

if __name__ == '__main__':
    L=DLinkList()
```

```
print()
print("  建立空双链表 L")
a=[1,2,3,4,5,6]
print("  1～6 创建 L")
L.CreateListR(a)
print("  L[长度=%d]: " %(L.getsize()),end=''),L.display()
print("  插入 6～10")
for i in range(6,11):
    L.Add(i)
print("  L[长度=%d]: " %(L.getsize()),end=''),L.display()
print("  序号为 2 的元素=%d" %(L[2]))
print("  设置序号为 2 的元素为 20")
L[2]=20
print("  L[长度=%d]: " %(L.getsize()),end=''),L.display()
x=6
print("  第一个值为%d 的元素序号=%d" %(x,L.GetNo(x)))
n=L.getsize()
for i in range(n-2):
    print("  删除首元素")
    L.Delete(0)
    print("  L[长度=%d]: " %(L.getsize()),end=''),L.display()
```

上述程序的一次执行结果如图 2.5 所示。

图 2.5 第 2 章基础实验题 3 的执行结果

4. 解：循环单链表的基本运算算法的设计原理参见《教程》的 2.3.6 节。包含循环单链表基本运算算法类 CLinkList 以及测试主程序的 Exp1-4.py 文件如下：

```
class LinkNode:                          # 循环单链表结点类
    def __init__(self,data=None):        # 构造函数
        self.data=data                   # data 属性
        self.next=None                   # next 属性
```

```
class CLinkList:                              ♯循环单链表类
    def __init__(self):                       ♯构造函数
        self.head=LinkNode()                  ♯头结点 head
        self.head.next=self.head              ♯构成循环

    def CreateListF(self,a):                  ♯头插法:由数组 a 整体建立循环单链表
        for i in range(0,len(a)):             ♯循环建立数据结点 s
            s=LinkNode(a[i])                  ♯新建存放 a[i]元素的结点 s
            s.next=self.head.next             ♯将 s 结点插入开始结点之前、头结点之后
            self.head.next=s

    def CreateListR(self,a):                  ♯尾插法:由数组 a 整体建立循环单链表
        t=self.head                           ♯t 始终指向尾结点,开始时指向头结点
        for i in range(0,len(a)):             ♯循环建立数据结点 s
            s=LinkNode(a[i]);                 ♯新建存放 a[i]元素的结点 s
            t.next=s                          ♯将 s 结点插入 t 结点之后
            t=s
        t.next=self.head                      ♯将尾结点的 next 改为指向头结点

    def geti(self,i):                         ♯返回序号为 i 的结点
        p=self.head                           ♯首先 p 指向头结点
        j=-1
        while (j<i):
            j+=1
            p=p.next
            if p==self.head: break
        return p

    def Add(self,e):                          ♯在线性表的末尾添加一个元素 e
        s=LinkNode(e)                         ♯新建结点 s
        p=self.head
        while p.next!=self.head:               ♯查找尾结点 p
            p=p.next
        p.next=s;                             ♯在尾结点之后插入结点 s
        s.next=self.head

    def getsize(self):                        ♯返回长度
        p=self.head
        cnt=0
        while p.next!=self.head:               ♯找到尾结点为止
            cnt+=1
            p=p.next
        return cnt

    def __getitem__(self,i):                  ♯求序号为 i 的元素
        assert i>=0                           ♯检测参数 i 正确性的断言
        p=self.geti(i)
        assert p!=self.head                   ♯p 不为头结点的检测
        return p.data

    def __setitem__(self,i,x):                ♯设置序号为 i 的元素
```

数据结构教程(**Python** 语言描述)学习与上机实验指导

```
            assert i>=0                        #检测参数 i 正确性的断言
            p=self.geti(i)
            assert p!=self.head                #p 不为头结点的检测
            p.data=x

        def GetNo(self,e):                     #查找第一个为 e 的元素的序号
            j=0
            p=self.head.next                   #首先 p 指向首结点
            while p!=self.head and p.data!=e:
                j+=1                            #查找元素 e
                p=p.next
            if p==self.head:
                return -1                      #未找到时返回-1
            else:
                return j                        #找到后返回其序号

        def Insert(self,i,e):                  #在线性表中序号为 i 的位置插入元素 e
            assert i>=0                         #检测参数 i 正确性的断言
            s=LinkNode(e)                      #建立新结点 s
            if (i==0):                          #插入作为首结点
                s.next=self.head.next
                self.head.next=s
            else:
                p=self.geti(i-1)               #找到序号为 i-1 的结点 p
                assert p!=self.head            #p 不为头结点的检测
                s.next=p.next                   #在 p 结点后面插入 s 结点
                p.next=s

        def Delete(self,i):                    #在线性表中删除序号为 i 的位置的元素
            assert i>=0                         #检测参数 i 正确性的断言
            p=self.geti(i-1)                   #找到序号为 i-1 的结点 p
            assert p.next!=self.head           #p.next 不为头结点的检测
            p.next=p.next.next;                #删除 p 结点的后继结点

        def display(self):                     #输出线性表
            p=self.head.next                   #首先 p 指向首结点
            while p!=self.head:
                print(p.data,end=' ')
                p=p.next
            print()

if __name__ == '__main__':
    L=CLinkList()
    print()
    print("  建立循环单链表 L")
    a=[1,2,3,4,5,6]
    print("  1~6 创建 L")
    L.CreateListR(a)
    print("  L[长度=%d]: " %(L.getsize()),end=''),L.display()
    print("  插入 6~10")
    for i in range(6,11):
```

```
        L.Add(i)
    print("  L[长度=%d]: " %(L.getsize()),end=''),L.display()
    print("  序号为2的元素=%d" %(L[2]))
    print("  设置序号为2的元素为20")
    L[2]=20
    print("  L[长度=%d]: " %(L.getsize()),end=''),L.display()
    x=6
    print("  第一个值为%d的元素序号=%d" %(x,L.GetNo(x)))
    n=L.getsize()
    for i in range(n-2):
        print("  删除首元素")
        L.Delete(0)
        print("  L[长度=%d]: " %(L.getsize()),end=''),L.display()
```

上述程序的一次执行结果如图 2.6 所示。

图 2.6　第 2 章基础实验题 4 的执行结果

5. **解**：循环双链表的基本运算算法的设计原理参见《教程》的 2.3.6 节。包含循环双链表基本运算算法类 CDLinkList 以及测试主程序的 Exp1-5.py 文件如下：

```
class DLinkNode:                          # 循环双链表结点类
    def __init__(self,data=None):         # 构造函数
        self.data=data                    # data 属性
        self.next=None                    # next 属性
        self.prior=None                   # prior 属性


class CDLinkList:                          # 循环双链表类
    def __init__(self):                    # 构造函数
        self.dhead=DLinkNode()             # 头结点 dhead
        self.dhead.next=self.dhead
        self.dhead.prior=self.dhead

    def CreateListF(self,a):              # 头插法：由数组 a 整体建立循环双链表
```

```
        for i in range(0, len(a)):               # 循环建立数据结点 s
            s＝DLinkNode(a[i])                    # 新建存放 a[i]元素的结点 s,将其插入表头
            s.next＝self.dhead.next               # 修改 s 结点的 next 成员
            self.dhead.next.prior＝s              # 修改头结点的后继结点的 prior
            self.dhead.next＝s                    # 修改头结点的 next
            s.prior＝self.dhead                   # 修改 s 结点的 prior

    def CreateListR(self, a):                     # 尾插法:由数组 a 整体建立循环双链表
        t＝self.dhead                             # t 始终指向尾结点,开始时指向头结点
        for i in range(0, len(a)):               # 循环建立数据结点 s
            s＝DLinkNode(a[i])                    # 新建存放 a[i]元素的结点 s
            t.next＝s                             # 将 s 结点插入 t 结点之后
            s.prior＝t
            t＝s
        t.next＝self.dhead                        # 将尾结点的 next 改为指向头结点
        self.dhead.prior＝t                       # 将头结点的 prior 置为 t

    def geti(self, i):                            # 返回序号为 i 的结点
        p＝self.dhead                             # 首先 p 指向头结点
        j＝－1
        while (j < i):
            j＋＝1
            p＝p.next
            if p＝＝self.dhead: break
        return p

    def Add(self, e):                             # 在线性表的末尾添加一个元素 e
        s＝DLinkNode(e)                           # 新建结点 s
        p＝self.dhead
        while p.next!＝self.dhead:                # 查找尾结点 p
            p＝p.next
        p.next＝s;                                # 在尾结点 p 之后插入结点 s
        s.prior＝p
        s.next＝self.dhead
        self.dhead.prior＝s

    def getsize(self):                            # 返回长度
        p＝self.dhead
        cnt＝0
        while p.next!＝self.dhead:                # 找到尾结点为止
            cnt＋＝1
            p＝p.next
        return cnt

    def __getitem__(self, i):                     # 求序号为 i 的元素
        assert i >＝0                             # 检测参数 i 正确性的断言
        p＝self.geti(i)
        assert p!＝self.dhead                      # p 不为头结点的检测
        return p.data

    def __setitem__(self, i, x):                  # 设置序号为 i 的元素
```

```
            assert i>=0                         #检测参数 i 正确性的断言
            p=self.geti(i)
            assert p!=self.dhead                #p 不为头结点的检测
            p.data=x

    def GetNo(self,e):                          #查找第一个为 e 的元素的序号
        j=0
        p=self.dhead.next                       #首先 p 指向首结点
        while p!=self.dhead and p.data!=e:
            j+=1                                #查找元素 e
            p=p.next
        if p==self.dhead:
            return -1                           #未找到时返回-1
        else:
            return j                            #找到后返回其序号

    def Insert(self,i,e):                       #在线性表中序号为 i 的位置插入元素 e
        assert i>=0                             #检测参数 i 正确性的断言
        s=DLinkNode(e)                          #建立新结点 s
        if (i==0):                              #插入作为首结点
            p=self.dhead
        else:
            p=self.geti(i-1)                    #找到序号为 i-1 的结点 p
            assert p!=self.dhead                #p 不为头结点的检测
        s.next=p.next                           #在 p 结点之后插入 s 结点
        p.next.prior=s
        p.next=s
        s.prior=p

    def Delete(self,i):                         #在线性表中删除序号为 i 的位置的元素
        assert i>=0                             #检测参数 i 正确性的断言
        p=self.geti(i-1)                        #找到序号为 i-1 的结点 p
        assert p.next!=self.head                #p.next 不为头结点的检测
        p.next=p.next.next;                     #删除 p 结点的后继结点

    def Delete(self,i):                         #在线性表中删除序号为 i 的位置的元素
        assert i>=0                             #检测参数 i 正确性的断言
        p=self.geti(i)                          #找到序号为 i 的结点 p
        assert p!=self.dhead                    #p 不为头结点的检测
        p.prior.next=p.next                     #删除 p 结点
        p.next.prior=p.prior

    def display(self):                          #输出线性表
        p=self.dhead.next
        while p!=self.dhead:
            print(p.data,end=' ')
            p=p.next;
        print()

if __name__ == '__main__':
    L=CDLinkList()
```

```
print()
print("  建立循环双链表 L")
a=[1,2,3,4,5,6]
print("  1～6 创建 L")
L.CreateListR(a)
print("  L[长度=%d]: " %(L.getsize()),end=''),L.display()
print("  插入 6～10")
for i in range(6,11):
    L.Add(i)
print("  L[长度=%d]: " %(L.getsize()),end=''),L.display()
print("  序号为 2 的元素=%d" %(L[2]))
print("  设置序号为 2 的元素为 20")
L[2]=20
print("  L[长度=%d]: " %(L.getsize()),end=''),L.display()
x=6
print("  第一个值为%d 的元素序号=%d" %(x,L.GetNo(x)))
n=L.getsize()
for i in range(n-2):
    print("  删除首元素")
    L.Delete(0)
    print("  L[长度=%d]: " %(L.getsize()),end=''),L.display()
```

上述程序的一次执行结果如图 2.7 所示。

图 2.7　第 2 章基础实验题 5 的执行结果

2.2.3　应用实验题

1. 编写一个简单的学生成绩管理程序,每个学生记录包含学号、姓名、课程和分数成员,采用顺序表存储,完成以下功能:

① 屏幕显示所有学生记录。

② 输入一个学生记录。

③ 按学号和课程删除一个学生记录。

④ 按学号排序并输出所有学生记录。

⑤ 按课程排序,对于一门课程,学生按分数递减排序。

2. 编写一个实验程序实现以下功能:

① 从文本文件 xyz.in 中读取 3 行整数,每行的整数递增排列,两个整数之间用一个空格分隔,全部整数的个数为 n,这 n 个整数均不相同。

② 求这 n 个整数中第 $k(1 \leqslant k \leqslant n)$ 小的整数。

3. 编写一个实验程序实现以下功能:

① 输入一个偶数 $n(n>2)$,建立不带头结点的整数单链表 L,$L=(a_1,a_2,\cdots,a_{n/2},\cdots,a_n)$,其中 $a_i=i$。

② 重新排列单链表 L 的结点顺序,改变为 $L=(a_1,a_n,a_2,a_{n-1},\cdots,a_{n/2},a_1)$。例如,给定 L 为 $(1,2,3,4)$,重新排列后为 $(1,4,2,3)$。

4. 编写一个实验程序实现以下功能:

① 输入一个正整数 $n(n>2)$,建立带头结点的整数双链表 L,$L=(a_1,a_2,\cdots,a_n)$,其中 $a_i=i$。在该双链表中每个结点除了有 prior、data 和 next 这 3 个属性外,还有一个访问频度属性 freq,初始时该值为 0。

② 可以多次按整数 $x(1 \leqslant x \leqslant n)$ 查找,每次查找 x 时令元素值为 x 的结点的 freq 属性值加 1,并调整表中结点的次序,使其按访问频度的递减顺序排列,以便使频繁访问的结点总是靠近表头。

5. 由 $1 \sim n$(例如 $n=10\,000\,000$)的 n 个整数建立顺序表 a(采用列表表示)和带头结点的单链表 h,编写一个实验程序输出分别将所有元素逆置的时间。

6. 有一个学生成绩文本文件 exp1.txt,第一行为整数 n,接下来为 n 行学生基本信息,包括学号、姓名和班号;然后为整数 m,接下来为 m 行课程信息,包括课程编号和课程名;再然后为整数 k,接下来为 k 行成绩信息,包括学号、课程编号和分数。例如,$n=5$、$m=3$、$k=15$ 时的 exp1.txt 文件实例如下:

```
5
1 陈斌 101
3 王辉 102
5 李君 101
4 鲁明 101
2 张昂 102
3
2 数据结构
1 C 程序设计
3 计算机导论
15
1 1 82
4 1 78
5 1 85
2 1 90
3 1 62
1 2 77
```

```
4 2 86
5 2 84
2 2 88
3 2 80
1 3 60
4 3 79
5 3 88
2 3 86
3 3 90
```

编写一个程序按班号递增排序输出所有学生的成绩,相同班号按学号递增排序,同一个学生按课程编号递增排序,相邻的班号和学生信息不重复输出。例如,上述 exp1.txt 文件对应的输出如下:

输出结果

```
=============班号:101=============
1    陈斌        C 程序设计          82
               数据结构            77
               计算机导论          60
4    鲁明        C 程序设计          78
               数据结构            86
               计算机导论          79
5    李君        C 程序设计          85
               数据结构            84
               计算机导论          88


=============班号:102=============
2    张昂        C 程序设计          90
               数据结构            88
               计算机导论          86
3    王辉        C 程序设计          62
               数据结构            80
               计算机导论          90
```

说明:可以采用 3 个列表存放学生基本信息、课程信息和成绩信息,通过 sort() 方法排序,在连接时采用二路归并思路提高效率。

7. 有 3 个递增有序列表 $L0$、$L1$、$L2$,其中元素均为整数,最大元素不超过 1000。编写一个实验程序采用三路归并得到递增有序列表 L,L 包含全部元素。

8. 定义三元组 (a,b,c)(a、b 和 c 均为正数)的距离 $D=|a-b|+|b-c|+|c-a|$,给定 3 个非空整数集合 $S1$、$S2$ 和 $S3$,按升序分别存储在 3 个数组中。请设计一个尽可能高效的算法,计算并输出所有可能的三元组 (a,b,c)($a \in S1,b \in S2,c \in S3$)中的最小距离。例如 $S1=\{-1,0,9\}$,$S2=\{-25,-10,10,11\}$,$S3=\{2,9,17,30,41\}$,则最小距离为 2,相应的三元组为 $(9,10,9)$。

2.2.4 应用实验题参考答案

1. 解:设计学生顺序表类 StudList,用列表 data 存放所有学生记录,其中每个元素是一个子表，包含学号、姓名、课程和分数 4 个成员。在 StudList 类中含构造方法和相关的基本运算方法。对应的实验程序 Exp2-1. py 如下：

```
from operator import itemgetter          # 导入 itemgetter 模型
class StudList:
    def __init__(self):                  # 构造函数
        self.data=[]                      # 存放学生记录的列表

    def Addstud(self):                    # 输入一个学生记录
        print("  输入一个学生记录");
        no1=int(input("  学号："))
        name1=input("  姓名：");
        course1=input("  课程：");
        fraction1=int(input("  分数："))
        self.data.append([no1,name1,course1,fraction1])

    def Dispstud(self):                   # 输出所有学生记录
        if len(self.data)>0:
        print("\t 学号\t\t 姓名\t\t 课程\t\t 分数")
        for i in range(len(self.data)):
            print("\t%d\t\t%s\t\t%s\t\t%d" %(self.data[i][0],self.data[i][1],
                self.data[i][2],self.data[i][3]))
        else:
            print("  ** 没有任何学生记录")

    def Delstud(self):                    # 删除指定学号的学生记录
        no1=int(input("  删除的学号："))
        course1=input("  删除的课程：")
        find=False
        for i in range(len(self.data)):
            if self.data[i][0]==no1 and self.data[i][2]==course1:
                find=True
                break
        if find:
            st.data.remove(self.data[i])
            print("  ** 成功删除学号为%d 的学生记录" %(no1))
        else:
            print("  ** 没有找到学号为%d 的学生记录" %(no1))

    def Sort1(self):                      # 按学号递增排序
        self.data=sorted(self.data,key=itemgetter(0))
        self.Dispstud()

    def Sort2(self):                      # 按课程、分数递减排序
        self.data.sort(key=lambda s:(s[2],-s[3]))
        self.Dispstud()

# 主程序
st=StudList()
while True:
```

```
print("1.显示全部记录 2.输入 3.删除 4.学号排序 5.课程排序 其他退出 请选择:",end='')
sel＝int(input())
if sel==1: st.Dispstud()
elif sel==2: st.Addstud()
elif sel==3: st.Delstud()
elif sel==4: st.Sort1()
elif sel==5: st.Sort2()
else: break
```

上述程序的一次执行结果如图 2.8 所示。

图 2.8　第 2 章应用实验题 1 的执行结果

2. 解：设计求解类 Solution，用列表属性 L 存放 3 个递增整数序列，即 $L[0]\sim L[2]$，3 个递增整数序列的段号为 0～2。CreateList() 方法用于从文本文件 xyz.in 读取数据建立 L，topk() 方法采用三路归并求第 $k(1\leqslant k\leqslant n)$ 小的整数。

topk() 方法的思路是用 $i[0]\sim i[2]$ 整数变量分别遍历 $L[0]\sim L[2]$，初始值均为 0。一维数组 x 存放各个有序段当前遍历的整数，即 $x[0]$ 存放 $L[0][i[0]]$，$x[1]$ 存放 $L[1][i[1]]$，$x[2]$ 存放 $L[2][i[2]]$。私有方法 min3() 求 x 中最小整数的段号，首先在 x 中取各个段的第一个整数，然后这样循环，调用 min3() 求最小元素的段号 mini，累加调用 min3() 的次数 cnt，若 cnt＝k，则 $x[\text{mini}]$ 便是第 k 小的整数，退出循环并返回该整数，否则后移一次 $i[\text{mini}]$，重置 $x[\text{mini}]$ 值（对应段没有遍历尾，取 $x[\text{mini}]=L[\text{mini}][i[\text{mini}]]$，否则取 $x[\text{mini}]=\text{MAX}$）。

对应的实验程序 Exp2-2.py 如下：

```
class Solution:                        # 有序顺序表类
    MAX＝1000                          # 所有整数的上限
    def __init__(self):                # 构造函数
        self.L＝[[],[],[]]             # 存放 3 个有序整数段
```

```
    def CreateList(self, fname):            # 从 fname 文件中读取 3 个有序整数序列
        fin = open(fname, "r")
        for i in range(0, 3):
            p = fin.readline().strip().split()
            for q in p:
                self.L[i].append(int(q))
        fin.close()


    def __min3(self, x):                    # 私有方法:返回最小元素的段号
        mini = 0
        for i in range(1, 3):
            if (x[i] < x[mini]): mini = i
        return mini


    def topk(self, k):                      # 返回第 k 小的元素
        assert k >= 1 and k <= len(self.L[0]) + len(self.L[1]) + len(self.L[2])
        i = [0, 0, 0]
        x = [None] * 3
        x[0], x[1], x[2] = self.L[0][0], self.L[1][0], self.L[2][0]
        cnt = 0
        while True:
            mini = self.__min3(x)
            cnt += 1
            if cnt == k: return x[mini]
            i[mini] += 1
            if i[mini] < len(self.L[mini]):
                x[mini] = self.L[mini][i[mini]]
            else:
                x[mini] = Solution.MAX
# 主程序
s = Solution()
s.CreateList("xyz.in")
print("第 1 个有序整数序列:", end=' ')
print(s.L[0])
print("第 2 个有序整数序列:", end=' ')
print(s.L[1])
print("第 3 个有序整数序列:", end=' ')
print(s.L[2])
print("求解结果")
sum = len(s.L[0]) + len(s.L[1]) + len(s.L[2])
for i in range(1, sum+1):
    d = s.topk(i)
    print("   第%d 小的整数 = %d" %(i, d))
```

假设 xyz.in 文件如下:

1 5 8
2 4 7 10 12 15
3 6 9 11 13 14

上述程序的执行结果如图 2.9 所示。

图 2.9 第 2 章应用实验题 2 的执行结果

3. 解：设计单链表结点类 LinkNode，它包含 data 和 next 两个属性。设计单链表类 LinkList，它包含头结点 head(初始为 None)属性，以及建表方法 CreateList()和输出方法 display()，CreateList()采用尾插法建立形如{1,2,…,n}的不带头结点的整数单链表。

设计 reorderList(head)方法实现实验题的功能，其过程如下。

① 断开：通过快慢指针 slow 和 fast 找到中间结点，从中间结点断开，即置 head1= slow.next 构成后半部分的不带头结点的单链表 head1，置 slow.next=null 构成前半部分的不带头结点的单链表 head。

② 逆置：采用头插法将 head1 逆置。注意这里逆置不带头结点的单链表与逆置带头结点的单链表稍有不同。

③ 合并：采用尾插法，head 为头结点，$p=$head.next，$q=$head1，t 指向 head 结点，在 p 或 q 不空的循环，即先将 q 结点链接到 t 结点的后面，再将 p 结点链接到 t 结点的后面。最后置 t.next 为空。

对应的实验程序 Exp2-3.py 如下：

```
class LinkNode:                              #单链表结点类
    def __init__(self,data=None):            #构造函数
        self.data=data                       #data 属性
        self.next=None                       #next 属性
class LinkList:                              #单链表类
    def __init__(self):                      #构造函数
        self.head=None                       #设置为空表

    def CreateList(self,n):                  #尾插法:由 1～n 建立不带头结点的单链表
        self.head=LinkNode(1)
        t=self.head                          #t 始终指向尾结点,开始时指向头结点
        for i in range(2,n+1):               #循环建立数据结点 s
            s=LinkNode(i)                    #新建存放 i 元素的结点 s
            t.next=s
            t=s
        t.next=None
```

```
    def display(self):                          ♯输出单链表
        p=self.head
        while p is not None:
            print(p.data,end=' ')
            p=p.next;
        print()


def reorderList(head):                          ♯重组算法
    assert head!=None and head.next!=None and head.next.next!=None
    slow=head
    fast=head
    while fast.next!=None and fast.next.next!=None:
        slow=slow.next                          ♯找中间结点 slow
        fast=fast.next.next
    head1=slow.next                             ♯head1 为后半部分单链表的头结点
    slow.next=None                              ♯断开
    p=head1                                     ♯将 head1 单链表逆置
    head1=None
    while p!=None:
        q=p.next
        p.next=head1
        head1=p
        p=q;
    ♯合并操作
    p=head.next                                 ♯p 遍历 head 的其他结点
    q=head1                                     ♯q 遍历 head1
    t=head
    while p!=None or q!=None:
        if q!=None:
            t.next=q
            t=q
            q=q.next
        if p!=None:
            t.next=p
            t=p
            p=p.next
    t.next=None


♯主程序
L=LinkList()
L.CreateList(6);
print()
print("  L: ",end=' ')
L.display()
reorderList(L.head)
print("  重排 L")
print("  L: ",end=' ')
L.display()
```

上述程序的执行结果如图 2.10 所示。

```
L:  1 2 3 4 5 6
重排L
L:  1 6 2 5 3 4
```

图 2.10　第 2 章应用实验题 3
的执行结果

数据结构教程(Python 语言描述)学习与上机实验指导

4. 解：设计双链表结点类 DLinkNode，它包含 data、prior、next 和 freq 属性(访问频度)。设计双链表类 DLinkList，它包含双链表头结点属性 dhead，以及建表方法 CreateListR()和输出方法 display()，CreateListR()采用尾插法建立形如{1,2,…,n}的带头结点的整数双链表，每个结点的 freq 属性均置为 0。

设计 LocateElem(L, x)函数，先查找值为 x 的结点 p，在找到后将 p 结点的 freq 属性增 1，然后依次和前驱结点 pre 的 freq 属性比较，若 pre 的 freq 属性较小，将 pre 结点和 p 结点的 data、freq 属性进行交换。

对应的实验程序 Exp2-4.py 如下：

```
class DLinkNode:                                    ＃双链表结点类
    def __init__(self,data=None):                   ＃构造函数
        self.data=data                              ＃data 域
        self.freq=0                                 ＃结点访问频度
        self.next=None                              ＃next 域
        self.prior=None                             ＃prior 域
class DLinkList:                                     ＃双链表类
    def __init__(self):                             ＃构造函数
        self.dhead=DLinkNode()                      ＃头结点 dhead
        self.dhead.next=None
        self.dhead.prior=None

    def CreateListR(self,n):                         ＃尾插法:由 1～n 建立双链表
        t=self.dhead                                ＃t 始终指向尾结点,开始时指向头结点
        for i in range(1,n+1):                      ＃循环建立数据结点 s
            s=DLinkNode(i)
            t.next=s                                ＃将 s 结点插入 t 结点之后
            s.prior=t
            t=s
        t.next=None                                 ＃将尾结点的 next 置为 None

    def display(self):                              ＃输出双链表
        p=self.dhead.next
        while p!=None:
            print("%d[%d]" %(p.data,p.freq),end=' ')
            p=p.next
        print()
＃实现实验题功能的函数
def LocateElem(L,x):                                ＃查找值为 x 的结点
    p=L.dhead.next                                  ＃p 指向开始结点
    while p!=None and p.data!=x:
        p=p.next
    assert p!=None
    p.freq+=1                                       ＃找到值为 x 的结点 p
    pre=p.prior
    while pre!=L.dhead and pre.freq<p.freq:         ＃若 p 结点的 freq 比前驱大,两者的值交换
        p.data,pre.data=pre.data,p.data             ＃p 和 pre 结点值交换
        p.freq,pre.freq=pre.freq,p.freq
        p=pre
        pre=p.prior                                 ＃p、pre 同步前移
```

```
def Find(L,x):                          #输出查找结果
    LocateElem(L,x)
    print("  查找%d后的结果:"%(x),end=' ')
    L.display()

#主程序
L=DLinkList()
L.CreateListR(5);
print()
print("  L:",end=' '),L.display()
Find(L,5);
Find(L,1);
Find(L,4);
Find(L,5);
Find(L,2);
Find(L,4);
Find(L,5);
```

上述程序的执行结果如图 2.11 所示。

图 2.11　第 2 章应用实验题 4 的执行结果

5. 解：首先由 n 建立顺序表 a 和采用尾插法建立单链表 h，设计 reverse1() 和 reverse2() 函数分别逆置 a 和 h，返回所花的时间。对应的实验程序 Exp2-5.py 如下：

```
import time
class LinkNode:                         #单链表结点类
    def __init__(self,data=None):       #构造方法
        self.data=data                  #data属性
        self.next=None                  #next属性

def reverse1(a):                        #求顺序表逆置的时间
    t1=time.time()                      #获取开始时间
    i,j=0,len(a)-1
    while i<j:
        a[i],a[j]=a[j],a[i]
        i,j=i+1,j-1
    t2=time.time()                      #获取结束时间
    return t2-t1

def reverse2(h):                        #求单链表逆置的时间
    t1=time.time()                      #获取开始时间
    p=h.next
    h.next=None
    while p!=None:
```

```
            q＝p.next
            p.next＝h.next
            h.next＝p
            p＝q
        t2＝time.time()                          ♯获取结束时间
        return t2－t1


    def create1(n):                             ♯建立顺序表
        a＝[]
        for i in range(1,n＋1):
            a.append(i)
        return a


    def create2(n):                             ♯用尾插法建立单链表
        h＝LinkNode()                            ♯建立头结点
        t＝h                                     ♯t指向尾结点,开始时指向头结点
        for i in range(1,n＋1):                  ♯循环建立数据结点 s
            s＝LinkNode(i)                        ♯新建结点 s
            t.next＝s                            ♯将 s 结点插入 t 结点之后
            t＝s
        t.next＝None                             ♯将尾结点的 next 置为空
        return h


    ♯主程序
    n＝10000000
    a＝create1(n)
    h＝create2(n)
    print()
    print("   求解结果")
    print("   顺序表逆置时间: %.2f" %(reverse1(a)))
    print("   单链表逆置时间: %.2f" %(reverse2(h)))
    print()
```

上述程序的执行结果如图 2.12 所示。从中看出,单链表逆置花费的时间较多。

图 2.12   第 2 章应用实验题 5 的执行结果

6. 解:设计 readdata()函数从 exp1.txt 文件中读取数据,stud 列表存放学生基本信息(元素为[学号,姓名,班号]),cour 列表存放课程信息(元素为[课程编号,课程名]),frac 列表存放成绩信息(元素为[学号,课程编号,分数])。

设计 solve()函数输出题目要求的结果,其过程是将 stud 和 frac 列表分别按学号递增排序,采用二路归并产生 frac 列表中每个元素的姓名和班号(frac 的元素变为[学号,课程编号,分数,姓名,班号]),再将 cour 和 frac 分别按课程编号递增排序,采用二路归并产生 frac 列表中每个元素的课程名(frac 的元素变为[学号,课程编号,分数,姓名,班号,课程名])。最后将 frac 列表按班号＋学号递增排序,此时 frac 列表如下:

```
['1','1',82,'陈斌','101','C 程序设计']
['1','2',77,'陈斌','101','数据结构']
['1','3',60,'陈斌','101','计算机导论']
['4','1',78,'鲁明','101','C 程序设计']
['4','2',86,'鲁明','101','数据结构']
['4','3',79,'鲁明','101','计算机导论']
['5','1',85,'李君','101','C 程序设计']
['5','2',84,'李君','101','数据结构']
['5','3',88,'李君','101','计算机导论']
['2','1',90,'张昂','102','C 程序设计']
['2','2',88,'张昂','102','数据结构']
['2','3',86,'张昂','102','计算机导论']
['3','1',62,'王辉','102','C 程序设计']
['3','2',80,'王辉','102','数据结构']
['3','3',90,'王辉','102','计算机导论']
```

输出结果，在输出中判断相邻的班号和学生信息不重复输出。对应的实验程序 Exp2-6. py 如下：

```
from operator import itemgetter, attrgetter
stud=[]                                        #学生
cour=[]                                        #课程
frac=[]                                        #分数
def readdata( ):                               #读取数据
    fin=open("exp1.txt","r")
    n=int(fin.readline( ).strip( ))
    for i in range(n):                         #读取学生信息(学号、姓名、班号)
        st=fin.readline( ).strip( ).split( )
        stud.append([st[0],st[1],st[2]])
    m=int(fin.readline( ).strip( ))
    for i in range(m):                         #读取成绩信息(课程编号、课程名)
        cr=fin.readline( ).strip( ).split( )
        cour.append([cr[0],cr[1]])
    k=int(fin.readline( ).strip( ))
    for i in range(k):                         #读取成绩信息(学号、课程编号、分数)
        fr=fin.readline( ).strip( ).split( )
        frac.append([fr[0],fr[1],int(fr[2])])
    fin.close( )

def solve( ):                                  #求解算法
    stud.sort(key=itemgetter(0))               #stud 按学号递增排序
    frac.sort(key=itemgetter(0))               #frac 按学号递增排序
    i,j=0,0
    while i < len(stud) and j < len(frac):     #stud 和 frac 按学号二路归并求姓名和班号
        if stud[i][0]< frac[j][0]:
            i+=1
        elif stud[i][0]> frac[j][0]:
            j+=1
        else:                                  #stud[i][0]==frac[j][1]
            frac[j].append(stud[i][1])         #在 frac[j]中添加姓名
            frac[j].append(stud[i][2])         #在 frac[j]中添加班号
```

```
            j+=1
    cour.sort(key=itemgetter(0))                    # cour 按课程编号递增排序
    frac.sort(key=itemgetter(1))                    # frac 按课程编号递增排序
    i,j=0,0
    while i<len(cour) and j<len(frac):              # cour 和 frac 按课程编号二路归并求课程名
        if cour[i][0]<frac[j][1]:
            i+=1
        elif cour[i][0]>frac[j][1]:
            j+=1
        else:                                       # cour[i][0]==frac[j][1]
            frac[j].append(cour[i][1])              # 在 frac[j]中添加课程名
            j+=1
    frac.sort(key=itemgetter(4,0))                  # frac 按班号+学号递增排序
    print("\n    输出结果\n")                        # frac:学号,课程编号,分数,姓名,班号,课程名
    bh=frac[0][4]
    xh=frac[0][0]
    print("    ===========班号：%s============" %(bh))
    for i in range(len(frac)):
        if frac[i][4]!=bh:
            bh=frac[i][4]
            print()
            print("    ===========班号：%s============" %(bh))
        if i==0 or frac[i][0]!=xh:
            xh=frac[i][0]
            print("  %s\t%s\t%s\t%s" %(frac[i][0],frac[i][3],frac[i][5],frac[i][2]))
        else: print("    \t\t%s\t%s" %(frac[i][5],frac[i][2]))
```

#主程序
```
readdata()
solve()
```

上述程序的执行结果如图 2.13 所示。

图 2.13　第 2 章应用实验题 6 的执行结果

7. 解：题目中的所有元素均为整数，用 INF 表示最大整数（1000），L 列表存放结果。设 $L0$、$L1$、$L2$ 的段号分别为 0、1、2，用 i、j、k 作为遍历指针分别遍历 3 个递增有序列表的

元素,将它们指向的元素值存放在数组 x 中,$x[i]$ 存放段号为 i 的列表当前结点值,当段号为 i 的列表遍历完,$x[i]$ 取值为 INF。

采用三路归并方法,先求出 x 中的最小元素的段号 mind,当最小元素 $x[\text{mind}]$ 为 INF 时表示所有元素归并完毕,置 mind＝－1,此时退出三路归并返回 L。否则将 $x[\text{mind}]$ 添加到 L 中,将 mind 段的遍历指针后移一个元素,$x[\text{mind}]$ 置为该指针指向的元素。

对应的实验程序 Exp2-7.py 如下:

```
INF＝100                            #定义最大元素
def Min(x):                         #返回 x 数组中最小值的下标
    mind＝0
    for d in range(1,3):
        if x[d]< x[mind]:
            mind＝d
    if x[mind]＝＝INF:               #最小值为 INF
        return －1                   #返回－1
    else:
        return mind                 #否则返回 mind


def Merge3(L0,L1,L2):               #三路归并
    len0,len1,len2＝len(L0),len(L1),len(L2)
    i,j,k＝0,0,0
    L＝[]                           #存放归并的结果
    x＝[None] * 3                   #定义含 3 个元素的列表
    x[0]＝L0[i] if i < len0 else INF
    x[1]＝L1[j] if j < len1 else INF
    x[2]＝L2[k] if k < len2 else INF
    while True:
        mind＝Min(x)
        if mind＝＝－1: return L      #3 个段遍历完时返回 L
        L.append(x[mind])
        if mind＝＝0:
            i＋＝1
            x[0]＝L0[i] if i < len0 else INF
        elif mind＝＝1:
            j＋＝1
            x[1]＝L1[j] if j < len1 else INF
        else:
            k＋＝1
            x[2]＝L2[k] if k < len2 else INF

#主程序
L0＝[－1,0,9]
L1＝[－25,－10,10,11]
L2＝[2,9,17,30,41]
print()
print("  L0:",L0)
print("  L1:",L1)
print("  L2:",L2)
print("  L0,L1,L2－>L")
```

数据结构教程（Python 语言描述）学习与上机实验指导

```
L＝Merge3(L0,L1,L2)
print("  L:",L)
```

上述程序的执行结果如图 2.14 所示。

```
L0: [-1, 0, 9]
L1: [-25, -10, 10, 11]
L2: [2, 9, 17, 30, 41]
L0,L1,L2->L
L: [-25, -10, -1, 0, 2, 9, 9, 10, 11, 17, 30, 41]
```

图 2.14　第 2 章应用实验题 7 的执行结果

8. 解：假设 $S1$、$S2$ 和 $S3$（称为 3 个段，段号分别为 $0 \sim 2$）的最小距离 D 的元素是 (a,b,c)（$a \in S1,b \in S2,c \in S3$），将 3 个段按升序归并的结果是 $e_0,e_1,\cdots,a,\cdots,b,\cdots,c,\cdots$，显然 a、b、c 越靠近对应的 D 越小，采用三路归并求解，每次在归并的三个元素中求 D，最后返回最小的 D。

三路归并过程与前一个实验题相同，这里取 INF 为一个非常大的整数（$0x3f3f3f3f$），当三个段遍历完时结束，否则若两个段遍历完，求 D 时的 |INF－元素| 一定是 INF，不可能得到更小的 D。

对应的实验程序 Exp2-8.py 如下：

```
INF＝0x3f3f3f3f                              ♯定义∞
def Min(x):                                  ♯返回 x 数组中最小值的下标
    global ans
    mind＝0
    for d in range(1,3):
        if x[d]< x[mind]:
            mind＝d
    if x[mind]＝＝INF:                        ♯3 个段遍历完毕返回－1
        return －1
    else:
        tmp＝abs(x[0]－x[1])＋abs(x[1]－x[2])＋abs(x[2]－x[0])
        if tmp < ans: ans＝tmp               ♯求最小 D
        return mind                          ♯返回最小元素的段号

def Merge3(L0,L1,L2):                        ♯三路归并
    len0,len1,len2＝len(L0),len(L1),len(L2)
    i,j,k＝0,0,0
    x＝[None] * 3                            ♯定义含 3 个元素的列表
    x[0]＝L0[i] if i < len0 else INF
    x[1]＝L1[j] if j < len1 else INF
    x[2]＝L2[k] if k < len2 else INF
    while True:
        mind＝Min(x)
        if mind＝＝－1: return ans            ♯3 个段遍历完时返回 ans
        if mind＝＝0:
            i＋＝1
            x[0]＝L0[i] if i < len0 else INF
        elif mind＝＝1:
            j＋＝1
```

```
                x[1]=L1[j] if j<len1 else INF
        else:
            k+=1
            x[2]=L2[k] if k<len2 else INF
```

```
♯主程序
S1=[-1,0,9]
S2=[-25,-10,10,11]
S3=[2,9,17,30,41]
print()
print("  S1:",S1)
print("  S2:",S2)
print("  S3:",S3)
print("  求最小结点 D")
ans=INF                                          ♯最小距离
print("  D: %d" %(Merge3(S1,S2,S3)))
```

上述程序的执行结果如图 2.15 所示。

```
S1: [-1, 0, 9]
S2: [-25, -10, 10, 11]
S3: [2, 9, 17, 30, 41]
求最小结点 D
D: 2
```

图 2.15　第 2 章应用实验题 8 的执行结果

2.3　第 3 章　栈和队列

说明：本节所有上机实验题的程序文件位于 ch3 文件夹中。

2.3.1　基础实验题

1. 设计整数顺序栈的基本运算程序,并用相关数据进行测试。
2. 设计整数链栈的基本运算程序,并用相关数据进行测试。
3. 设计整数循环队列的基本运算程序,并用相关数据进行测试。
4. 设计整数链队的基本运算程序,并用相关数据进行测试。

2.3.2　基础实验题参考答案

1. 解：顺序栈的基本运算算法的设计原理参见《教程》的 3.1.2 节。包含顺序栈基本运算算法类 SqStack 以及测试主程序的 Exp1-1.py 文件如下：

```
class SqStack:                              ♯顺序栈类
    def __init__(self):                     ♯构造函数
        self.data=[]                        ♯存放栈中的元素,初始为空

    def empty(self):                        ♯判断栈是否为空
        if len(self.data)==0:
            return True
```

```
                return False

        def push(self,e):                    # 元素 e 进栈
            self.data.append(e)

        def pop(self):                       # 元素出栈
            assert not self.empty()          # 检测栈为空
            return self.data.pop()

        def gettop(self):                    # 取栈顶元素
            assert not self.empty()          # 检测栈为空
            return self.data[len(self.data)-1]

if __name__ == '__main__':
    print()
    print("  创建空顺序栈 st")
    st=SqStack()
    print("  st:","空" if st.empty() else "不空")
    print("  进栈 1-4")
    st.push(1)
    st.push(2)
    st.push(3)
    st.push(4)
    print("  st:","空" if st.empty() else "不空")
    print("  出栈顺序:",end='')
    while not st.empty():
        print(st.pop(),end='')
    print()
    print("  st:","空" if st.empty() else "不空")
    print()
```

上述程序的一次执行结果如图 2.16 所示。

图 2.16　第 3 章基础实验题 1 的执行结果

2. 解：链栈的基本运算算法的设计原理参见《教程》的 3.1.4 节。包含链栈基本运算算法类 LinkStack 以及测试主程序的 Exp1-2.py 文件如下：

```
class LinkNode:                          # 单链表结点类
    def __init__(self,data=None):        # 构造方法
        self.data=data                   # data 属性
        self.next=None                   # next 属性

class LinkStack:                         # 链栈类
    def __init__(self):                  # 构造方法
```

```
            self.head＝LinkNode()                    #头结点 head
            self.head.next＝None

        def empty(self):                             #判断栈是否为空
            if self.head.next==None:
                return True
            return False

        def push(self,e):                            #元素 e 进栈
            p＝LinkNode(e)
            p.next＝self.head.next
            self.head.next＝p

        def pop(self):                               #元素出栈
            assert self.head.next!＝None              #检测空栈的异常
            p＝self.head.next;
            self.head.next＝p.next
            return p.data

        def gettop(self):                            #取栈顶元素
            assert self.head.next!＝None              #检测空栈的异常
            return self.head.next.data

if __name__ == '__main__':
    print()
    print("  创建空链栈 st")
    st＝LinkStack()
    print("  st:","空" if st.empty() else "不空")
    print("  进栈 1-4")
    st.push(1)
    st.push(2)
    st.push(3)
    st.push(4)
    print("  st:","空" if st.empty() else "不空")
    print("  出栈顺序:",end='')
    while not st.empty():
        print(st.pop(),end='')
    print()
    print("  st:","空" if st.empty() else "不空")
    print()
```

上述程序的一次执行结果如图 2.17 所示。

图 2.17　第 3 章基础实验题 2 的执行结果

3. 解：循环队列的基本运算算法的设计原理参见《教程》的 3.2.2 节。包含循环队列基本运算算法类 CSqQueue 以及测试主程序的 Exp1-3. py 文件如下：

```
MaxSize＝100                                    ♯全局变量,假设容量为100
class CSqQueue:                                ♯循环队列类
    def __init__(self):                        ♯构造方法
        self.data＝[None] * MaxSize             ♯存放队列中的元素
        self.front＝0                          ♯队头指针
        self.rear＝0                           ♯队尾指针

    def empty(self):                           ♯判断队列是否为空
        return self.front＝＝self.rear

    def push(self,e):                          ♯元素 e 进队
        assert (self.rear＋1)％MaxSize!＝self.front  ♯检测队满
        self.rear＝(self.rear＋1)％MaxSize
        self.data[self.rear]＝e

    def pop(self):                             ♯出队元素
        assert not self.empty()                ♯检测队空
        self.front＝(self.front＋1)％MaxSize
        return self.data[self.front]

    def gethead(self):                         ♯取队头元素
        assert not self.empty()                ♯检测队空
        head＝(self.front＋1)％MaxSize          ♯求队头元素的位置
        return self.data[head]

if __name__ == '__main__':
    print()
    print("  创建空循环队列 qu")
    qu＝CSqQueue()
    print("  qu:","空" if qu.empty() else "不空")
    print("  进队 1－4")
    qu.push(1)
    qu.push(2)
    qu.push(3)
    qu.push(4)
    print("  qu:","空" if qu.empty() else "不空")
    print("  出队顺序:",end=' ')
    while not qu.empty():
        print(qu.pop(),end=' ')
    print()
    print("  qu:","空" if qu.empty() else "不空")
    print()
```

上述程序的一次执行结果如图 2.18 所示。

4. 解：链队的基本运算算法的设计原理参见《教程》的 3.2.4 节。包含链队基本运算算法类 LinkQueue 以及测试主程序的 Exp1-4. py 文件如下：

图 2.18　第 3 章基础实验题 3 的执行结果

```python
class LinkNode:                              # 链队结点类
    def __init__(self, data=None):          # 构造方法
        self.data = data                    # data 属性
        self.next = None                    # next 属性

class LinkQueue:                            # 链队类
    def __init__(self):                     # 构造方法
        self.front = None                   # 队头指针
        self.rear = None                    # 队尾指针

    def empty(self):                        # 判断链队是否为空
        return self.front == None

    def push(self, e):                      # 元素 e 进队
        s = LinkNode(e)                     # 新建结点 s
        if self.empty():                    # 原链队为空
            self.front = self.rear = s
        else:                               # 原链队不空
            self.rear.next = s              # 将 s 结点链接到 rear 结点的后面
            self.rear = s

    def pop(self):                          # 出队操作
        assert not self.empty()            # 检测空链队
        if self.front == self.rear:        # 原链队只有一个结点
            e = self.front.data            # 取首结点值
            self.front = self.rear = None  # 置为空队
        else:                               # 原链队有多个结点
            e = self.front.data            # 取首结点值
            self.front = self.front.next   # front 指向下一个结点
        return e

    def gethead(self):                      # 取队顶元素操作
        assert not self.empty()            # 检测空链队
        e = self.front.data                # 取首结点值
        return e

if __name__ == '__main__':
    print()
    print("  创建空链队 qu")
    qu = LinkQueue()
    print("  qu:", "空" if qu.empty() else "不空")
    print("  进队 1-4")
    qu.push(1)
    qu.push(2)
    qu.push(3)
    qu.push(4)
    print("  qu:", "空" if qu.empty() else "不空")
    print("  出队顺序:", end=' ')
    while not qu.empty():
        print(qu.pop(), end=' ')
    print()
    print("  qu:", "空" if qu.empty() else "不空")
    print()
```

上述程序的一次执行结果如图 2.19 所示。

图 2.19　第 3 章基础实验题 4 的执行结果

2.3.3　应用实验题

1. 一个 b 序列的长度为 n，其元素恰好是 $1 \sim n$ 的某个排列，编写一个实验程序判断 b 序列是否为以 $1,2,\cdots,n$ 为进栈序列的出栈序列。如果不是，输出相应的提示信息；如果是，输出由该进栈序列通过一个栈得到 b 序列的过程。

2. 改进用栈求解迷宫问题的算法，累计如图 2.20 所示的迷宫的路径条数，并输出所有迷宫路径。

3. 括号匹配问题：在某个字符串（长度不超过 100）中有左括号、右括号和大/小写字母，规定（与常见的算术表达式一样）任何一个左括号都从内到外与它右边距离最近的右括号匹配。编写一个实验程序，找到无法匹配的左括号和右括号，输出原来的字符串，并在下一行标出不能匹配的括号，不能匹配的左括号用"＄"标注，不能匹配的右括号用"?"标注。例如，输出样例如下：

```
((ABCD(x)
$$
)(rttyy())sss) (
?            ? $
```

4. 修改《教程》3.2 节中的循环队列算法，使其容量可以动态扩展。当进队时，若容量满按两倍扩大容量；当出队时，若当前容量大于初始容量并且元素的个数只有当前容量的 1/4，缩小当前容量为一半。通过测试数据说明队列容量变化的情况。

5. 采用不带头结点只有一个尾结点指针 rear 的循环单链表存储队列，设计出这种链队的进队、出队、判队空和求队中元素个数的算法。

6. 对于如图 2.21 所示的迷宫图，编写一个实验程序，先采用队列求一条最短迷宫路径长度 minlen（路径中经过的方块个数），再采用栈求所有长度为 minlen 的最短迷宫路径。在搜索所有路径时进行这样的优化操作：当前路径尚未到达出口但长度超过 minlen，便结束该路径的搜索。

图 2.20　一个迷宫的示意图

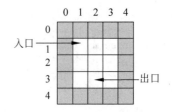

图 2.21　一个迷宫的示意图

2.3.4 应用实验题参考答案

1. 解：判断 b 序列是否为以 $1,2,\cdots,n$ 为进栈序列的出栈序列的过程参见《教程》第 3 章中的例 3.9。对应的实验程序 Exp2-1.py 如下：

```
from SqStack import SqStack
def isSerial(b):                          #判断算法
    n=len(b)
    ops=""
    st=SqStack()                          #建立一个顺序栈
    i,j=1,0
    while i<=n:                           #遍历1,2,…,n序列
        st.push(i)
        ops+="    "+str(i)+"进栈\n"
        i+=1                              #i后移
        while not st.empty() and st.gettop()==b[j]:
            e=st.pop()                    #出栈
            ops+="    "+str(e)+"出栈\n"
            j+=1                          #j后移
    if st.empty():                        #栈空返回ops
        return ops
    else:
        return ""

#主程序
print()
print("测试1")
b=[1,3,4,2]
ret=isSerial(b)
if ret=="":
    print(+" ",b,end='  ')
    print("不是合法出栈序列")
else:
    print(" ",b,end=' ')
    print("是合法出栈序列,操作如下:")
    print(ret)
print("测试2")
b=[4,2,1,3]
ret=isSerial(b)
if ret=="":
    print(" ",b,end='')
    print("不是合法出栈序列")
else:
    print(" ",b,end='')
    print("是合法出栈序列,操作如下:")
    print(ret)
```

数据结构教程(**Python** 语言描述)学习与上机实验指导

上述程序的执行结果如图 2.22 所示。

图 2.22　第 3 章应用实验题 1 的执行结果

2. 解：修改《教程》中 3.1.6 节用栈求解迷宫问题的 mgpath()算法，用 cnt 累计找到的迷宫路径条数(初始为 0)。在找到一条路径后并不返回，而是将 cnt 增加 1，输出该迷宫路径，然后出栈栈顶方块 *b* 并将该方块的 mg 值恢复为 0，继续前面的过程，直到栈空为止，最后返回 cnt。对应的实验程序 Exp2-2.py 如下：

```
from SqStack import SqStack
cnt＝0                                    #累计迷宫路径条数
class Box:                                #方块类
    def __init__(self,i1,j1,di1):          #构造方法
        self.i＝i1                          #方块的行号
        self.j＝j1                          #方块的列号
        self.di＝di1                        #di 是下一可走相邻方块的方位号

def mgpath(xi,yi,xe,ye):                    #求一条从(xi,yi)到(xe,ye)的迷宫路径
    global mg                              #迷宫数组为全局变量
    global cnt
    st＝SqStack()                          #定义一个顺序栈
    dx＝[-1,0,1,0]                         #x 方向的偏移量
    dy＝[0,1,0,-1]                         #y 方向的偏移量
    e＝Box(xi,yi,-1)                       #建立入口方块对象
    st.push(e)                            #入口方块进栈
    mg[xi][yi]＝-1                         #为避免来回找相邻方块,将进栈方块置为-1
    while not st.empty():                  #栈不空时循环
        b＝st.gettop()                     #取栈顶方块,称为当前方块
        if b.i＝＝xe and b.j＝＝ye:          #找到了出口,输出栈中所有方块构成一条路径
            cnt＋＝1
            print("  迷宫路径"＋str(cnt)＋": ",end='');
            for k in range(len(st.data)):   #输出一条迷宫路径
                print("["＋str(st.data[k].i)＋','＋str(st.data[k].j)＋"]",end=' ')
            print()
            b＝st.pop()                     #退栈
            mg[b.i][b.j]＝0                #让该位置变为其他路径可走方块
        else:
            find＝False                    #继续找路径
            di＝b.di
            while di＜3 and find＝＝False:    #找 b 的一个相邻可走方块
```

```
            di+=1                          #找下一个方位的相邻方块
            i,j=b.i+dx[di],b.j+dy[di]      #找 b 的 di 方位的相邻方块(i,j)
            if mg[i][j]==0:                #(i,j)方块可走
                find=True
        if find:                           #找到了一个相邻可走方块(i,j)
            b.di=di                        #修改栈顶方块的 di 为新值
            b1=Box(i,j,-1)                 #建立相邻可走方块(i,j)的对象 b1
            st.push(b1)                    #b1 进栈
            mg[i][j]=-1                    #为避免来回找相邻方块,将进栈的方块置为-1
        else:                              #没有路径可走,则退栈
            mg[b.i][b.j]=0                 #恢复当前方块的迷宫值
            st.pop()                       #将栈顶方块退栈
    return cnt                             #没有找到迷宫路径,返回 False
```

#主程序
```
mg=[[1,1,1,1,1,1],[1,0,1,0,0,1],[1,0,0,1,1,1],[1,0,1,0,0,1],[1,0,0,0,0,1],[1,1,1,1,1,1]]
xi,yi=1,1
xe,ye=4,4
print()
cnt=mgpath(xi,yi,xe,ye)                    #(1,1)->(4,4)
if cnt==0:
    print("  不存在迷宫路径")
else:
    print("  共计"+str(cnt)+"条迷宫路径")
```

上述程序的执行结果如图 2.23 所示。

图 2.23　第 3 章应用实验题 2 的执行结果

3. 解：对于字符串 s,设对应的输出字符串为 mark,采用栈 st 来产生 mark。遍历字符 $s[i]$,当遇到'('时将其下标 i 进栈,当遇到')'时,若栈中存在匹配的'(',置 mark$[i]$=' ',否则置 mark$[i]$='?'。当 s 遍历完毕时,若 st 栈不空,则 st 栈中的所有左括号都是没有右括号匹配的,将相应位置 j 的 mark 值置为'\$'。对应的实验程序 Exp2-3.py 如下：

```
from collections import deque
def solve(s):                             #求解算法
    n=len(s)
    mark=[None]*n                         #输出字符串
    st=deque()                            #用双端队列作为栈
    for i in range(n):
        if s[i]=='(':                     #遇到'('则入栈
            st.append(i)                  #将'('的下标暂存到栈中
            mark[i]=' '                   #对应输出字符串暂且为' '
        elif s[i]==')':                   #遇到')'
            if not st:                     #栈空,即没有'('相匹配
                mark[i]='?'               #对应输出字符串改为'?'
            else:                          #有'('相匹配
```

```
            mark[i]=''                    ♯对应输出字符串改为''
            st.pop()                      ♯栈顶位置左括号与其匹配,弹出已经匹配的左括号
        else:                             ♯其他字符与括号无关
            mark[i]=''                    ♯对应输出字符串改为''
    while st:                             ♯若栈非空,则有没有匹配的左括号
        mark[st[-1]]='$'                  ♯对应输出字符串改为'$'
        st.pop()
    print("   表达式:",s)                  ♯输出结果
    print("   结  果:",''.join(mark))
```

♯主程序
```
print()
print("   测试1")
s="((ABCD(x)"
solve(s)
print("   测试2")
s=")(rttyy())sss)("
solve(s)
```

上述程序的执行结果如图 2.24 所示。

图 2.24　第 3 章应用实验题 3 的执行结果

4. 解：用全局变量 Initcap 存放初始容量，队列中增加 capacity 属性表示队列的当前容量，增加 updatecapacity(newcap)方法用于将当前容量改为 newcap。其过程如下：

① 当参数 newcap 正确时($newcap>n$)，建立长度为 newcap 的列表 tmp。

② 出队 data 中的所有元素并依次存放到 tmp 中（从 tmp[1]开始）。

③ 置 data 为 tmp，队头指针 front 为 0，队尾指针 rear 为 n，新容量为 newcap。

在进队中队满和出队中满足指定的条件时调用 updatecapacity(newcap)方法。对应的实验程序 Exp2-4.py 如下：

```
Initcap=3                               ♯全局变量,初始容量为3
class CSqQueue:                         ♯可扩展的循环队列类
    def __init__(self):                 ♯构造方法
        self.data=[None]*Initcap        ♯存放队列中的元素
        self.capacity=Initcap
        self.front=0                    ♯队头指针
        self.rear=0                     ♯队尾指针

    def size(self):                     ♯返回队中元素的个数
        return ((self.rear-self.front+self.capacity)%self.capacity)

    def getcap(self):                   ♯返回队的容量
        return self.capacity
```

```python
    def updatecapacity(self, newcap):          # 修改循环队列的容量为 newcap
        n = self.size()
        assert newcap > n                       # 检测 newcap 参数的错误
        print("原容量=%d,原元素个数=%d,修改容量=%d" %(self.capacity, n, newcap), end='')
        tmp = [None] * newcap                    # 新建存放队列元素的空间
        head = (self.front+1) % self.capacity
        for i in range(n):                       # 出队所有元素存放到 tmp 列表中
            tmp[i+1] = self.data[head]           # 从 tmp[1] 开始, tmp[0] 暂时不用
            head = (head+1) % self.capacity
        self.data = tmp                          # tmp 用作 data
        self.front = 0                           # 重置 front
        self.rear = n                            # 重置 rear
        self.capacity = newcap                   # 重置 capacity

    def empty(self):                            # 判断队列是否为空
        return self.front == self.rear

    def push(self, e):                          # 元素 e 进队
        print("    进队"+str(e), end=': ')
        if (self.rear+1) % self.capacity == self.front:
            self.updatecapacity(2 * self.capacity)      # 队满时倍增容量
        print()
        self.rear = (self.rear+1) % self.capacity
        self.data[self.rear] = e

    def pop(self):                              # 出队元素
        assert not self.empty()                 # 检测队空
        self.front = (self.front+1) % self.capacity
        x = self.data[self.front]               # 取队头元素
        print("    出队"+str(x), end=': ')
        n = self.size()
        if self.capacity > Initcap and n == self.capacity//4:
            self.updatecapacity(self.capacity//2)       # 满足要求则容量减半
        print()
        return x

    def gethead(self):                          # 取队头元素
        assert not self.empty()                 # 检测队空
        head = (self.front+1) % MaxSize
        return self.data[head]

# 主程序
print()
qu = CSqQueue()
print("  (1)进队 1,2")
qu.push(1)
qu.push(2)
print("  元素个数=%d,容量=%d" %(qu.size(), qu.getcap()))
print("  (2)进队 3-13:")
for i in range(3, 14):
    qu.push(i)
print("  元素个数=%d,容量=%d" %(qu.size(), qu.getcap()))
print("  (3)出队所有元素:")
while not qu.empty():
```

```
        qu.pop()
print("   (4)元素个数＝%d,容量＝%d" %(qu.size(),qu.getcap()))
```

上述程序的执行结果如图 2.25 所示。

```
<1>进队1,2
    进队1:
    进队2:
元素个数=2,容量=3
<2>进队3-13:
    进队3:  原容量=3,原元素个数=2,修改容量=6
    进队4:
    进队5:
    进队6:  原容量=6,原元素个数=5,修改容量=12
    进队7:
    进队8:
    进队9:
    进队10:
    进队11:  原容量=12,原元素个数=11,修改容量=24
    进队12:
    进队13:
元素个数=13,容量=24
<3>出队所有元素:
    出队1:
    出队2:
    出队3:
    出队4:
    出队5:
    出队6:
    出队7:  原容量=24,原元素个数=6,修改容量=12
    出队8:
    出队9:
    出队10:  原容量=12,原元素个数=3,修改容量=6
    出队11:
    出队12:  原容量=6,原元素个数=1,修改容量=3
    出队13:
<4>元素个数=0,容量=3
```

图 2.25   第 3 章应用实验题 4 的执行结果

5. 解：用只有尾结点指针 rear 的循环单链表作为队列存储结构，如图 2.26 所示，其中每个结点的类型为 LinkNode(同前面链队的结点类)。

在这样的链队中，队列为空时 rear＝None，进队在链表的表尾进行，出队在链表的表头进行。例如，在空链队中进队 a、b、c 元素的结果如图 2.27(a)所示，出队两个元素后的结果如图 2.27(b)所示。

图 2.26   用只有尾结点指针的循环单链表作为队列存储结构

(a)元素a、b、c进队   (b)出队两个元素

图 2.27   链队的进队和出队操作

对应的实验程序 Exp2-5.py 如下：

```
class LinkNode:                                    # 链队结点类
    def __init__(self, data=None):                 # 构造方法
        self.data = data                           # data 属性
        self.next = None                           # next 属性


class LinkQueue1:                                  # 本实验题的链队类
    def __init__(self):                            # 构造方法
        self.rear = None                           # 队尾指针

    def empty(self):                               # 判断链队是否为空
        return self.rear == None

    def push(self, e):                             # 元素 e 进队
        s = LinkNode(e)                            # 创建新结点 s
        if self.rear == None:                      # 原链队为空
            s.next = s                             # 构成循环单链表
            self.rear = s
        else:
            s.next = self.rear.next                # 将 s 结点插入 rear 结点之后
            self.rear.next = s
            self.rear = s                          # 让 rear 指向 s 结点

    def pop(self):                                 # 出队操作
        assert not self.empty()                    # 检测空链队
        if self.rear.next == self.rear:            # 原链队只有一个结点
            e = self.rear.data                     # 取该结点值
            self.rear = None                       # 置为空队
        else:                                      # 原链队有多个结点
            e = self.rear.next.data                # 取队头结点值
            self.rear.next = self.rear.next.next   # 删除队头结点
        return e

    def gethead(self):                             # 取队顶元素操作
        assert not self.empty()                    # 检测空链队
        if self.rear.next == self.rear:            # 原链队只有一个结点
            e = self.rear.data                     # 该结点也是头结点
        else:                                      # 原链队有多个结点
            e = self.rear.next.data                # rear.next 为头结点
        return e

# 主程序
print()
qu = LinkQueue1()
print("  (1)1-5 进队")
for i in range(1, 6):
    qu.push(i)
print("  (2)队头="+str(qu.gethead()))
print("  (3)出队 3 次:")
for i in range(3):
```

```
        print("    出队元素＝"+str(qu.pop()))
print("  (4)进队 6－8")
for i in range(6,9):
    qu.push(i)
print("  (5)出队所有元素")
while not qu.empty():
    print("    出队元素＝"+str(qu.pop()))
```

上述程序的执行结果如图 2.28 所示。

图 2.28 第 3 章应用实验题 5 的执行结果

6. 解：迷宫图用 mg 数组表示，先用队列求一条最短迷宫路径长度 minlen，再恢复 mg，用栈 st 求所有长度为 minlen 的最短迷宫路径并且输出，由于 st 中恰好存放路径中的所有方块，当求栈顶方块 b 扩展时，若 len(st)≥minlen，便恢复方块 b 的 mg 值并出栈，结束该路径的搜索，从而保证找到的路径一定是最短路径。队列和栈均采用双端队列 deque 实现。对应的实验程序 Exp2-6.py 如下：

```
from collections import deque
dx=[-1,0,1,0]                          # x 方向的偏移量
dy=[0,1,0,-1]                          # y 方向的偏移量


class Box1:                            # 方块类,用作队列元素类型
    def __init__(self,i1,j1):          # 构造方法
        self.i=i1                      # 方块的行号
        self.j=j1                      # 方块的列号
        self.pre=None                  # 前驱方块


def minpathlen(xi,yi,xe,ye):           # 求(xi,yi)到(xe,ye)的一条最短路径长度
    global mg                          # 迷宫数组为全局变量
    qu=deque()                         # 定义一个队列
    b=Box1(xi,yi)                      # 建立入口结点 b
    qu.appendleft(b)                   # 结点 b 进队
    mg[xi][yi]=-1                      # 进队方块的 mg 值置为-1
    while len(qu)!=0:                  # 队不空时循环
        b=qu.pop()                     # 出队一个方块 b
        if b.i==xe and b.j==ye:        # 找到了出口,输出路径
            p=b                        # 从 b 出发回推导出迷宫路径并输出
            apath=[]
            while p!=None:             # 找到入口为止
```

```
            apath.append("["+str(p.i)+","+str(p.j)+"]")
            p=p.pre
        return len(apath)                        # 返回找到的一条路径长度
        for di in range(4):                      # 循环扫描每个相邻方位的方块
            i,j=b.i+dx[di],b.j+dy[di]            # 找 b 的 di 方位的相邻方块(i,j)
            if mg[i][j]==0:                       # 找相邻可走方块
                b1=Box1(i,j)                      # 建立后继方块结点 b1
                b1.pre=b                          # 设置其前驱方块为 b
                qu.appendleft(b1)                 # b1 进队
                mg[i][j]=-1                       # 进队的方块置为-1
    return -1                                     # 未找到任何路径时返回-1


class Box2:                                       # 方块类,用作栈元素类型
    def __init__(self,i1,j1,di1=None):            # 构造方法
        self.i=i1                                 # 方块的行号
        self.j=j1                                 # 方块的列号
        self.di=di1                               # di 是下一可走相邻方位的方位号


def mgpath(xi,yi,xe,ye,minlen):                   # 求从(xi,yi)到(xe,ye)的所有最短迷宫路径
    global mg                                      # 迷宫数组为全局变量
    cnt=0                                          # 累计路径条数
    st=deque()                                     # 以双端队列作为栈
    e=Box2(xi,yi,-1)                               # 建立入口方块对象
    st.append(e)                                   # 入口方块进栈
    mg[xi][yi]=-1                                   # 为避免来回找相邻方块,将进栈的方块置为-1
    while len(st)>0:                               # 栈不空时循环
        b=st[-1]                                   # 取栈顶方块,称为当前方块
        if b.i==xe and b.j==ye:
            cnt+=1                                  # 找到一条最短路径
            st1=st.copy()                           # 由 st 复制产生 st1
            apath=[]
            b1=st1.pop()
            while True:                             # 出栈 st1 的所有方块得到 apath
                apath.append([b1.i,b1.j])
                if len(st1)==0: break
                b1=st1.pop()
            apath.reverse()                         # 逆置 apath 得到正向迷宫路径
            print("    路径%d" %(cnt),apath)
            b=st.pop()                              # 退栈
            mg[b.i][b.j]=0                          # 让该位置变为其他路径可走方块
        elif len(st)<minlen:                       # 不是出口且路径长度小于 minlen 时
            find=False                              # 否则继续找路径
            di=b.di
            while di<3 and find==False:            # 找 b 的一个相邻可走方块
                di+=1                               # 找下一个方位的相邻方块
                i,j=b.i+dx[di],b.j+dy[di]          # 找 b 的 di 方位的相邻方块(i,j)
                if mg[i][j]==0:                     # (i,j)方块可走
                    find=True
            if find:                                # 找到了一个相邻可走方块(i,j)
                b.di=di                             # 修改栈顶方块的 di 为新值
                b1=Box2(i,j,-1)                     # 建立相邻可走方块(i,j)的对象 b1
```

```
            st.append(b1)                        ♯b1 进栈
            mg[i][j]=-1                           ♯为避免来回找相邻方块,将进栈的方块置为-1
        else:                                     ♯没有路径可走,则退栈
            mg[b.i][b.j]=0                         ♯恢复当前方块的迷宫值
            st.pop()                              ♯将栈顶方块退栈
    else:
        mg[b.i][b.j]=0                             ♯恢复当前方块的迷宫值
        st.pop()                                  ♯将栈顶方块退栈
```

```
♯主程序
mg=[[1,1,1,1,1],[1,0,0,0,1],[1,0,0,0,1],[1,0,0,0,1],[1,1,1,1,1]]
xi,yi=1,1
xe,ye=3,2
minlen=minpathlen(xi,yi,xe,ye)
for i in range(len(mg)):                          ♯恢复迷宫数组
    for j in range(len(mg[i])):
        if mg[i][j]==-1: mg[i][j]=0
print()
print("    所有[%d,%d]到[%d,%d]的最短迷宫路径:" %(xi,yi,xe,ye))
mgpath(xi,yi,xe,ye,minlen)                        ♯(1,1)->(3,2)
```

上述程序的执行结果如图 2.29 所示。

图 2.29　第 3 章应用实验题 6 的执行结果

2.4　第4章　串和数组

说明：本节所有上机实验题的程序文件位于 ch4 文件夹中。

2.4.1　基础实验题

1. 设计顺序串的基本运算程序,并用相关数据进行测试。
2. 设计链串的基本运算程序,并用相关数据进行测试。
3. 设计字符串 s 和 t 匹配的 BF 和 KMP 算法,并用相关数据进行测试。

2.4.2　基础实验题参考答案

1. 解：顺序串的基本运算算法的设计原理参见《教程》的 4.1.2 节。包含顺序串基本运算算法类 SqString 以及测试主程序的 Exp1-1. py 文件如下：

```
MaxSize=100                                       ♯假设固定容量为 100
class SqString:                                   ♯顺序串类
    def __init__(self):                           ♯构造方法
        self.data=[None] * MaxSize                ♯存放串中的字符
        self.size=0                               ♯串中字符的个数
```

```
#串的基本运算算法
def StrAssign(self,cstr):                              #创建一个串
    for i in range(len(cstr)):
        self.data[i]=cstr[i]
    self.size=len(cstr)


def StrCopy(self):                                     #复制串
    s=SqString()
    for i in range(self.size):
        s.data[i]=self.data[i]
    s.size=self.size
    return s


def getsize(self):                                     #求串长
    return self.size


def __getitem__(self,i):                               #求序号为 i 的元素
    assert 0<=i<self.size                              #检测参数 i 正确性的断言
    return self.data[i]


def __setitem__(self,i,x):                             #设置序号为 i 的元素
    assert 0<=i<self.size                              #检测参数
    self.data[i]=x


def Concat(self,t):                                    #连接串
    s=SqString()                                       #新建一个空串
    s.size=self.size+t.getsize()
    for i in range(self.size):                         #将当前串 data[0..str.size−1]−>s
        s.data[i]=self.data[i]
    for i in range(t.getsize()):                       #将 t.data[0..t.size−1]−>s
        s.data[self.size+i]=t.data[i]
    return s                                           #返回新串 s


def SubStr(self,i,j):                                  #求子串
    s=SqString()                                       #新建一个空串
    assert i>=0 and i<self.size and j>0 and i+j<=self.size     #检测参数
    for k in range(i,i+j):                             #将 data[i..i+j−1]−>s
        s.data[k−i]=self.data[k]
    s.size=j
    return s                                           #返回新建的顺序串


def InsStr(self,i,t):                                  #插入串
    s=SqString()                                       #新建一个空串
    assert i>=0 and i<self.size                        #检测参数
    for j in range(i):                                 #将当前串 data[0..i−1]−>s
        s.data[j]=self.data[j]
    for j in range(t.getsize()):                       #将 t.data[0..t.size−1]−>s
        s.data[i+j]=t.data[j]
    for j in range(i,self.size):                       #将当前串 data[i..size−1]−>s
        s.data[t.size+j]=self.data[j]
```

数据结构教程(Python 语言描述)学习与上机实验指导

```
        s.size=self.size+t.getsize()
        return s                            #返回新建的顺序串

    def DelStr(self,i,j):                   #删除串
        s=SqString()                        #新建一个空串
        assert i>=0 and i<self.size and j>0 and i+j<=self.size    #检测参数
        for k in range(i):                  #将当前串 data[0..i-1]->s
            s.data[k]=self.data[k]
        for k in range(i+j,self.size):      #将当前串 data[i+j..size-1]->s
            s.data[k-j]=self.data[k]
        s.size=self.size-j
        return s                            #返回新建的顺序串

    def RepStr(self,i,j,t):                 #替换串
        s=SqString()                        #新建一个空串
        assert i>=0 and i<self.size and j>0 and i+j<=self.size    #检测参数
        for k in range(i):                  #将当前串 data[0..i-1]->s
            s.data[k]=self.data[k]
        for k in range(t.getsize()):        #将 s.data[0..t.size-1]→s
            s.data[i+k]=t.data[k]
        for k in range(i+j,self.size):      #将当前串 data[i+j..size-1]->s
            s.data[t.getsize()+k-j]=self.data[k]
        s.size=self.size-j+t.getsize()
        return s                            #返回新建的顺序串

    def DispStr(self):                      #输出串
        for i in range(self.size):
            print(self.data[i],end='')
        print()

if __name__ == '__main__':
    print()
    cstr1="abcd"
    cstr2="123"
    s1=SqString()
    s1.StrAssign(cstr1)
    print("  s1: ",end='');s1.DispStr()
    print("  s1 的长度: %d" %(s1.getsize()))
    s2=SqString()
    s2.StrAssign(cstr2)
    print("  s2: ",end='');s2.DispStr()
    print("  s2 的长度: %d" %(s2.getsize()))
    print("  s1=>s3")
    s3=s1.StrCopy()
    print("  s3: ",end='');s3.DispStr()
    print("  s1 和 s2 连接=>s4")
    s4=s1.Concat(s2)
    print("  s4: ",end='');s4.DispStr()
    print("  s4[2..5]=>s5")
    s5=s4.SubStr(2,5)
    print("  s5: ",end='');s5.DispStr()
```

```
print("  s4中序号2位置插入 s2=>s6")
s6=s4.InsStr(2,s2)
print("  s6: ",end='');s6.DispStr()
print("  s6中删除[2,3]=>s7")
s7=s6.DelStr(2,3)
print("  s7: ",end='');s7.DispStr()
print("  s6中[2,3]替换为 s1=>s8")
s8=s6.RepStr(2,3,s1)
print("  s8: ",end='');s8.DispStr()
```

上述程序的一次执行结果如图 2.30 所示。

图 2.30　第 4 章基础实验题 1 的执行结果

2. 解：链串的基本运算算法的设计原理参见《教程》的 4.1.2 节。包含链串基本运算算法类 LinkString 以及测试主程序的 Exp1-2.py 文件如下：

```
class LinkNode:                              #链串结点类型
    def __init__(self,d=None):               #构造方法
        self.data=d                          #存放一个字符
        self.next=None                       #指向下一个结点的指针


class LinkString:                            #链串类
    def __init__(self):                      #构造方法
        self.head=LinkNode()                 #建立头结点
        self.size=0

    #串的基本运算算法
    def StrAssign(self,cstr):                #创建一个串
        t=self.head                          #t 始终指向尾结点
        for i in range(len(cstr)):           #循环建立字符结点
            p=LinkNode(cstr[i])
            t.next=p; t=p                     #将 p 结点插入尾部
            self.size+=1
        t.next=None                           #尾结点的 next 置为空

    def StrCopy(self):                       #复制串
        s=LinkString()
        t=s.head                             #t 始终指向 s 链串的尾结点
```

数据结构教程(Python 语言描述)学习与上机实验指导

```
        p=self.head.next
        while p!=None:
            q=LinkNode(p.data)
            t.next=q;
            t=q;
            p=p.next
        t.next=None                     #尾结点的 next 置为空
        return s

    def getsize(self):                  #求串长
        return self.size

    def __getitem__(self,i):            #求序号为 i 的元素
        assert 0<=i<self.size           #检测参数 i 正确性的断言
        p=self.head
        j=-1
        while j<i:                      #查找序号为 i 的结点 p
            j+=1
            p=p.next
        return p.data                   #返回 p 结点值

    def __setitem__(self,i,x):          #设置序号为 i 的元素
        assert 0<=i<self.size           #检测参数
        p=self.head
        j=-1
        while j<i:                      #查找序号为 i 的结点 p
            j+=1
            p=p.next
        p.data=x                        #置 p 结点值为 x

    def Concat(self,t):                 #连接串
        s=LinkString()                  #新建一个空串
        p=self.head.next
        r=s.head
        while p!=None:                  #将当前链串的所有结点复制到 s
            q=LinkNode(p.data)
            r.next=q
            r=q                         #将 q 结点插入尾部
            p=p.next
        p=t.head.next
        while p!=None:                  #将链串 t 的所有结点复制到 s
            q=LinkNode(p.data)
            r.next=q
            r=q                         #将 q 结点插入尾部
            p=p.next
        s.size=self.size+t.size
        r.next=None                     #尾结点的 next 置为空
        return s                        #返回新串 s

    def SubStr(self,i,j):               #求子串
        s=LinkString()                  #新建一个空串
```

```
        assert i>=0 and i< self.size and j>0 and i+j<=self.size    #检测参数
        p=self.head.next
        t=s.head                          #t指向新建链表的尾结点
        for k in range(i):                #移动 i-1 个结点
            p=p.next
        for k in range(j):                #将从序号为 i 的结点开始的 j 个结点复制到 s
            q=LinkNode(p.data)
            t.next=q
            t=q                           #将 q 结点插入尾部
            p=p.next
        s.size=j
        t.next=None                       #尾结点的 next 置为空
        return s                          #返回新建的链串

    def InsStr(self,i,t):                 #插入串
        s=LinkString()                    #新建一个空串
        assert i>=0 and i< self.size      #检测参数
        p=self.head.next
        p1=t.head.next
        r=s.head                          #r 指向新建链表的尾结点
        for k in range(i):                #将当前链串的前 i 个结点复制到 s
            q=LinkNode(p.data)
            r.next=q
            r=q                           #将 q 结点插入尾部
            p=p.next
        while p1!=None:                   #将 t 中的所有结点复制到 s
            q=LinkNode(p1.data)
            r.next=q
            r=q                           #将 q 结点插入尾部
            p1=p1.next
        while p!=None:                    #将 p 及其后的结点复制到 s
            q=LinkNode(p.data)
            r.next=q
            r=q                           #将 q 结点插入尾部
            p=p.next
        s.size=self.size+t.size
        r.next=None                       #尾结点的 next 置为空
        return s                          #返回新建的链串

    def DelStr(self,i,j):                 #删除串
        s=LinkString()                    #新建一个空串
        assert i>=0 and i< self.size and j>0 and i+j<=self.size    #检测参数
        p=self.head.next
        t=s.head                          #t 指向新建链表的尾结点
        for k in range(i):                #将 s 的前 i 个结点复制到 s
            q=LinkNode(p.data)
            t.next=q
            t=q                           #将 q 结点插入尾部
            p=p.next
        for k in range(j):                #让 p 沿 next 跳 j 个结点
            p=p.next
```

```
        while p!=None:                          #将 p 及其后的结点复制到 s
            q=LinkNode(p.data)
            t.next=q
            t=q                                  #将 q 结点插入尾部
            p=p.next
        s.size=self.size−j
        t.next=None                              #尾结点的 next 置为空
        return s                                 #返回新建的链串

    def RepStr(self,i,j,t):                      #替换串
        s=LinkString()                           #新建一个空串
        assert i>=0 and i<self.size and j>0 and i+j<=self.size        #检测参数
        p=self.head.next
        p1=t.head.next
        r=s.head                                 #r 指向新建链表的尾结点
        for k in range(i):                       #将 s 的前 i 个结点复制到 s
            q=LinkNode(p.data)
            r.next=q
            r=q                                  #将 q 结点插入尾部
            p=p.next
        for k in range(j):                       #让 p 沿 next 跳 j 个结点
            p=p.next
        while p1!=None:                          #将 t 中的所有结点复制到 s
            q=LinkNode(p1.data)
            r.next=q
            r=q                                  #将 q 结点插入尾部
            p1=p1.next
        while p!=None:                           #将 p 及其后的结点复制到 s
            q=LinkNode(p.data)
            r.next=q
            r=q                                  #将 q 结点插入尾部
            p=p.next
        s.size=self.size−j+t.size
        r.next=None                              #尾结点的 next 置为空
        return s                                 #返回新建的链串

    def DispStr(self):                           #输出串
        p=self.head.next
        while p!=None:
            print(p.data,end='')
            p=p.next
        print()

if __name__ == '__main__':
    print()
    cstr1="abcd"
    cstr2="123"
    s1=LinkString()
    s1.StrAssign(cstr1)
    print("  s1: ",end='');s1.DispStr()
    print("  s1 的长度: %d" %(s1.getsize()))
```

```
s2＝LinkString()
s2. StrAssign(cstr2)
print(" s2: ",end='');s2. DispStr()
print(" s2 的长度: %d" %(s2. getsize()))
print(" s1＝>s3")
s3＝s1. StrCopy()
print(" s3: ",end='');s3. DispStr()
print(" s1 和 s2 连接＝>s4")
s4＝s1. Concat(s2)
print(" s4: ",end='');s4. DispStr()
print(" s4[2..5]＝>s5")
s5＝s4. SubStr(2,5)
print(" s5: ",end='');s5. DispStr()
print(" s4 中序号 2 位置插入 s2＝>s6")
s6＝s4. InsStr(2,s2)
print(" s6: ",end='');s6. DispStr()
print(" s6 中删除[2,3]＝>s7")
s7＝s6. DelStr(2,3)
print(" s7: ",end='');s7. DispStr()
print(" s6 中[2,3]替换为 s1＝>s8")
s8＝s6. RepStr(2,3,s1)
print(" s8: ",end='');s8. DispStr()
```

上述程序的一次执行结果同基础实验题 1,如图 2.30 所示。

3. 解:BF 和 KMP 算法的设计原理参见《教程》的 4.1.3 节。对应的字符串匹配算法的 Exp1-3. py 程序如下:

```
from SqString import SqString
MaxSize＝100
def BF(s,t):                              # BF 算法
    i,j＝0,0
    while i < s. getsize() and j < t. getsize():   # 两串未遍历完时循环
        if s[i]＝＝t[j]:                   # 继续匹配下一个字符
            i,j＝i+1,j+1                   # 目标串和模式串依次匹配下一个字符
        else:                            # 目标串、模式串指针回溯重新开始下一次匹配
            i,j＝i−j+1,0                   # 目标串从下一个位置开始匹配
    if j ＞＝t. getsize():
        return (i−t. getsize())           # 返回匹配的第一个字符的序号
    else:
        return (−1)                       # 模式匹配不成功

def GetNext(t,next):                      # 由模式串 t 求出 next 值
    j,k＝0,−1
    next[0]＝−1
    while j < t. getsize()−1:
        if k＝＝−1 or t[j]＝＝t[k]:          # j 遍历后缀,k 遍历前缀
            j,k＝j+1,k+1
            next[j]＝k
        else: k＝next[k]                   # k 置为 next[k]
```

```
    for j in range(t.getsize()):                        #输出 next 数组
        print("%5d" %(j),end='')
    print()
    for j in range(t.getsize()):
        print("%5c" %(t[j]),end='')
    print()
    for j in range(t.getsize()):
        print("%5d" %(next[j]),end='')
    print()


def KMP(s,t):                                           #KMP 算法
    next=[None] * MaxSize
    GetNext(t,next)                                     #求 next 数组
    i,j=0,0
    while i<s.getsize() and j<t.getsize():
        if j==-1 or s[i]==t[j]:
            i,j=i+1,j+1                                 #i,j 各增 1
            else: j=next[j]                             #i 不变,j 回退
    if j>=t.getsize():
        return(i-t.getsize())                           #返回起始序号
    else:
        return(-1)                                      #返回-1


if __name__ == '__main__':
    cstr1="aaaaaab"
    s=SqString()
    s.StrAssign(cstr1)
    print()
    print("   s: ",end='');s.DispStr()
    cstr2="aaaab"
    t=SqString()
    t.StrAssign(cstr2)
    print("   t: ",end='');t.DispStr()
    print("  (1)BF")
    print("     BF 求解结果： %d" %(BF(s,t)))
    print("  (2)KMP")
    print("     KMP 求解结果：%d" %(KMP(s,t)))
```

上述程序的一次执行结果如图 2.31 所示。

图 2.31　第 4 章基础实验题 3 的执行结果

2.4.3 应用实验题

1. 编写一个实验程序,假设串用 Python 字符串类型表示,求字符串 s 中出现的最长的可重叠的重复子串。例如, s = "abababba",输出结果为"ababab"。

2. 编写一个实验程序,假设串用 Python 字符串类型表示,给定两个字符串 s 和 t,求串 t 在串 s 中不重叠出现的次数,如果不是子串则返回 0。例如, s = "aaaab", t = "aa",则 t 在 s 中出现两次。

3. 编写一个实验程序,假设串用 Python 字符串类型表示,给定两个字符串 s 和 t,求串 t 在串 s 中不重叠出现的次数,如果不是子串则返回 0,注意在判断子串时是与大小写无关的。例如, s = "aAbAabaab", t = "aab",则 t 在 s 中出现 3 次。

4. 求马鞍点问题。如果矩阵 a 中存在一个元素 $a[i][j]$ 满足这样的条件: $a[i][j]$ 是第 i 行中值最小的元素,且又是第 j 列中值最大的元素,则称之为该矩阵的一个马鞍点。设计一个程序,计算出 $m \times n$ 的矩阵 a 的所有马鞍点。

5. 对称矩阵压缩存储的恢复。一个 n 阶对称矩阵 A 采用一维数组 a 压缩存储,压缩方式为按行优先顺序存放 A 的下三角和主对角线的各元素,完成以下功能:

① 由 A 产生压缩存储 a。

② 由 b 来恢复对称矩阵 C。

通过相关数据进行测试。

2.4.4 应用实验题参考答案

1. 解:采用简单匹配算法的思路,先给最长重复子串的下标 maxi 和长度 maxl 赋值为 0。设 s = " $a_0 \cdots a_{n-1}$", i 从头扫描 s,对于当前字符 a_i,判定其后是否有相同的字符, j 从 $i+1$ 开始遍历 s 后面的字符,若有 $a_i == a_j$,再判定 a_{i+1} 是否等于 a_{j+1}, a_{i+2} 是否等于 a_{j+2},…,直到找到一个不同的字符为止,即找到一个重复出现的子串,把其下标 i 与长度 l 记下来,将 l 与 maxl 相比较,保留较长的重复子串 maxi 和 maxl。再从 a_{j+1} 之后查找重复子串。最后的 maxi 与 maxl 即记录下最长可重叠重复子串的起始下标与长度,由其构造字符串 t 并返回。对应的实验程序 Exp2-1.py 如下:

```python
def maxsubstr(s):                        # 求 s 中出现的最长的可重叠的重复子串
    maxi, maxl = 0, 0
    i = 0
    while i < len(s):                    # i 遍历 s
        j = i + 1                        # 从 i+1 开始
        while j < len(s):                # 查找以 si 开头的相同重复子串
            if s[i] == s[j]:             # 遇到首字符相同
                l = 1
                while j + l < len(s) and s[i + l] == s[j + l]:
                    l += 1               # 找到重复串(i,l)
                if l > maxl:             # 存放较长子串(maxi,maxl)
                    maxi = i
                    maxl = l
                j += 1                   # j跳过一个字符继续在后面找子串
            else: j += 1                 # 首字符不相同,j递增
```

数据结构教程（Python 语言描述）学习与上机实验指导

```
        i+=1                                    #i后移
    t=""                                        #构造最长重复子串
    if maxl==0:
        t="None"
    else:
        for i in range(maxl):
            t+=s[maxi+i]
    return t
```

```
#主程序
print()
print(" 测试 1")
s="ababcabccabdce"
print(" s: "+s)
print(" s 中最长重复子串: "+maxsubstr(s))
print(" 测试 2")
s="abcd"
print(" s: "+s)
print(" s 中最长重复子串: "+maxsubstr(s))
print(" 测试 3")
s="abababab"
print(" s: "+s)
print(" s 中最长重复子串: "+maxsubstr(s))
```

上述程序的执行结果如图 2.32 所示。

图 2.32　第 4 章应用实验题 1 的执行结果

2. 解：采用两种解法。用 cnt 累计 t 在串 s 中不重叠出现的次数（初始值为 0）。

① 基于 BF 算法：在找到子串后不是退出，而是 cnt 增加 1，i 增加 t 的长度并继续查找，直到整个字符串查找完毕。

② 基于 KMP 算法：当匹配成功时，cnt 增加 1，并且置 j 为 0 重新开始比较。

对应的实验程序 Exp2-2.py 如下：

```
MaxSize=100
def StrCount1(s,t):                             #基于 BF 算法求解
    i,cnt=0,0
    while i<len(s)-len(t)+1:
        j,k=i,0
        while j<len(s) and k<len(t) and s[j]==t[k]:
            j,k=j+1,k+1
        if k==len(t):                           #找到一个子串
            cnt+=1                              #累加出现的次数
```

```
            i=j                              #i 从 j 开始
        else: i+=1                           #i 增加 1
    return cnt


def GetNext(t,next):                         # 由模式串 t 求出 next 值
    j,k=0,-1
    next[0]=-1
    while j<len(t)-1:
        if k==-1 or t[j]==t[k]:              #j 遍历后缀,k 遍历前缀
            j,k=j+1,k+1
            next[j]=k
        else:
            k=next[k]                         #k 置为 next[k]


def StrCount2(s,t):                          # 基于 KMP 算法求解
    i,j=0,0
    cnt=0
    next=[0] * MaxSize
    GetNext(t,next)                           #求 next 数组
    while i<len(s) and j<len(t):
        if j==-1 or s[i]==t[j]:
            i,j=i+1,j+1
        else:
            j=next[j]
        if j>=len(t):                         # 找到一个子串
            cnt+=1                            # 累加出现的次数
            j=0
    return cnt


#主程序
print()
print(" 测试 1")
s="aaaab"
t="aa"
print("    s: "+s+" t:"+t)
print("      BF: t 在 s 中出现次数=%d" %(StrCount1(s,t)))
print("      KMP: t 在 s 中出现次数=%d" %(StrCount2(s,t)))
print(" 测试 2")
s="abcabcdabcdeabcde"
t="abcd"
print("    s: "+s+" t:"+t)
print("      BF: t 在 s 中出现次数=%d" %(StrCount1(s,t)))
print("      KMP: t 在 s 中出现次数=%d" %(StrCount2(s,t)))
print(" 测试 3")
s="abcABCDabc"
t="abcd"
print("    s: "+s+" t:"+t)
print("      BF: t 在 s 中出现次数=%d" %(StrCount1(s,t)))
print("      KMP: t 在 s 中出现次数=%d" %(StrCount2(s,t)))
```

上述程序的执行结果如图 2.33 所示。

图 2.33　第 4 章应用实验题 2 的执行结果

3. 解：由于在判断子串时是大小写无关的，所以将 s 和 t 中两个字符是否相同的条件改为 $s[i].lower()==t[j].lower()$，用 cnt 累计 t 在串 s 中不重叠出现的次数(初始值为 0)。采用两种解法。

① 基于 BF 算法：在找到子串后不是退出，而是 cnt 增加 1，i 增加 t 的长度并继续查找，直到整个字符串查找完毕。

② 基于 KMP 算法：当匹配成功时，cnt 增加 1，并且置 j 为 0 重新开始比较。

对应的实验程序 Exp2-3.py 如下：

```python
MaxSize=100
def StrCount1(s,t):                              # 基于 BF 算法求解
    i,cnt=0,0
    while i<len(s)-len(t)+1:
        j,k=i,0
        while j<len(s) and k<len(t) and s[j].lower()==t[k].lower():
            j,k=j+1,k+1
        if k==len(t):                            # 找到一个子串
            cnt+=1                               # 累加出现的次数
            i=j                                  # i 从 j 开始
        else: i+=1                               # i 增加 1
    return cnt


def GetNext(t,next):                             # 由模式串 t 求出 next 值
    j,k=0,-1
    next[0]=-1
    while j<len(t)-1:
        if k==-1 or t[j].lower()==t[k].lower():
            j,k=j+1,k+1
            next[j]=k
        else:
            k=next[k]                            # k 置为 next[k]


def StrCount2(s,t):                              # 基于 KMP 算法求解
    i,j=0,0
    cnt=0
    next=[0] * MaxSize
    GetNext(t,next)                              # 求 next 数组
    while i<len(s) and j<len(t):
```

```
        if j==−1 or s[i].lower()==t[j].lower():
            i,j=i+1,j+1
        else:
            j=next[j]
        if j>=len(t):                              ♯找到一个子串
            cnt+=1                                  ♯累加出现的次数
            j=0
    return cnt
```

♯主程序
```
print()
print(" 测试 1")
s="aAbAabaab"
t="aab"
print("    s: "+s+" t:"+t)
print("      BF: t 在 s 中出现次数=%d" %(StrCount1(s,t)))
print("      KMP: t 在 s 中出现次数=%d" %(StrCount2(s,t)))
print(" 测试 2")
s="abcabcdabcdeabcde"
t="ABCD"
print("    s: "+s+" t:"+t)
print("      BF: t 在 s 中出现次数=%d" %(StrCount1(s,t)))
print("      KMP: t 在 s 中出现次数=%d" %(StrCount2(s,t)))
print(" 测试 3")
s="abcABCDabc"
t="abcd"
print("    s: "+s+" t:"+t)
print("      BF: t 在 s 中出现次数=%d" %(StrCount1(s,t)))
print("      KMP: t 在 s 中出现次数=%d" %(StrCount2(s,t)))
```

上述程序的执行结果如图 2.34 所示。

图 2.34　第 4 章应用实验题 3 的执行结果

4. **解**：对于二维数组 $a[m][n]$，先求出每行的最小值元素放入 min 数组中，再求出每列的最大值元素放入 max 数组中。若 $\min[i]=\max[j]$，则该元素 $a[i][j]$ 便是马鞍点，找出所有这样的元素并输出。

对应的实验程序 Exp2-4.py 如下：

```
def MinMax(a):                                     ♯求所有马鞍点
    m=len(a)                                        ♯行数
```

```
        n=len(a[0])                                     #列数
        min=[0] * m
        max=[0] * n
        for i in range(m):                              #计算每行的最小元素,放入 min[i]中
            min[i]=a[i][0]
            for j in range(1,n):
                if a[i][j]< min[i]:
                    min[i]=a[i][j]
        for j in range(n):                              #计算每列的最大元素,放入 max[j]中
            max[j]=a[0][j]
            for i in range(1,m):
                if a[i][j]> max[j]:
                    max[j]=a[i][j]
        res=[]                                          #存放马鞍点
        for i in range(m):                              #判断是否为马鞍点
            for j in range(n):
                if min[i]==max[j]:                      #找到一个马鞍点
                    res.append([i,j,a[i][j]])
        return res
def disp(a):                                            #输出二维数组
    for i in range(len(a)):
        for j in range(len(a[i])):
            print("%4d" %(a[i][j]),end=' ')
        print()

#主程序
a=[[1,3,2,4],[15,10,1,3],[4,5,3,6]]
print("\n a:");        disp(a)
print(" 所有马鞍点: ")
ans=MinMax(a)
for i in range(len(ans)):
    print("   (%d,%d): %d" %(ans[i][0],ans[i][1],ans[i][2]))
```

上述程序的执行结果如图 2.35 所示。

图 2.35　第 4 章应用实验题 4 的执行结果

5. 解：设 A 为 n 阶对称矩阵,若其压缩数组 a 中有 m 个元素,则有 $n(n+1)/2=m$,即 $n^2+n-2m=0$,求得 $n=(int)(-1+sqrt(1+8m))/2$。

A 的下三角或者主对角线 $A[i][j]$ $(i\geqslant j)$ 元素值存放在 $b[k]$ 中,则 $k=i(i+1)/2+j$,显然 $i(i+1)/2\leqslant k$,可以求出 $i\leqslant(-1+sqrt(1+8k))/2$,则 $i=int((-1+sqrt(1+8k))/2)$, $j=k-i(i+1)/2$。由此设计由 k 求出 i、j 下标的算法 getij(k)。

对应的实验程序 Exp2-5.py 如下：

```python
import math
def disp(A):                                    #输出二维数组 A
    for i in range(len(A)):
        for j in range(len(A[i])):
            print("%4d" %(A[i][j]),end=' ')
        print()
def compression(A,a):                           #将 A 压缩存储到 a 中
    for i in range(len(A)):
        for j in range(i+1):
            k=i*(i+1)//2+j
            a[k]=A[i][j]
def getij(k):                                   #由 k 求出 i、j 下标
    ans=[0,0]
    i=int((-1+math.sqrt(1+8*k))/2)
    j=k-i*(i+1)//2
    ans[0],ans[1]=i,j
    return ans
def Restore(b,C):                               #由 b 恢复成 C
    m=len(b)
    n=int((-1+math.sqrt(1+8*m))/2)
    for k in range(m):                          #求主对角线和下三角部分元素
        ans=getij(k)
        i=ans[0]
        j=ans[1]
        C[i][j]=b[k]
    for i in range(n):                          #求上三角部分元素
        for j in range(i+1,n):
            C[i][j]=C[j][i]

#主程序
print("\n ********* 测试 1 **********")
n=3
A=[[1,2,3],[2,4,5],[3,5,6]]
C=[[None]*n for i in range(n)]
a=[0]*(n*(n+1)//2)
print(" A:"); disp(A)
print(" A 压缩得到 a")
compression(A,a)
print(" a:")
for i in range(len(a)):
    print(" "+str(a[i]),end=' ')
print()
print(" 由 a 恢复得到 C")
Restore(a,C)
print(" C:"); disp(C)
print("\n *********** 测试 2 ************")
n=4
B=[[1,2,3,4],[2,5,6,7],[3,6,8,9],[4,7,9,10]]
D=[[None]*n for i in range(n)]
```

```
b=[0] * (n * (n+1)//2)
print(" B:"); disp(B)
print(" B压缩得到b")
compression(B,b)
print(" b:")
for i in range(len(a)):
    print(" "+str(a[i]),end=' ')
print()
print(" 由 b 恢复得到 D")
Restore(b,D)
print(" D:"); disp(D)
```

上述程序的执行结果如图 2.36 所示。

图 2.36　第 4 章应用实验题 5 的执行结果

2.5　第 5 章　递归

说明：本节所有上机实验题的程序文件位于 ch5 文件夹中。

2.5.1　基础实验题

1. 在求 $n!$ 的递归算法中增加若干输出语句，以显示求 $n!$ 时的分解和求值过程，并输出求 5! 的过程。

2. 采用递归算法求 Fibonacci 数列的第 n 项时存在重复计算，设计对应的非递归算法避免这些重复计算，并且输出递归和非递归算法的前 10 项结果。

2.5.2 基础实验题参考答案

1. 解：对应的实验程序 Exp1-1.py 如下。

```
def fun(n):                                    ♯求 n!
    if n==1:
        print("  递归出口:fun(1)=1")
        return 1
    else:
        print("  分解:fun(%d)=fun(%d) * %d" %(n,n-1,n))
        m=fun(n-1) * n
        print("  求值:fun(%d)=fun(%d) * %d=%d" %(n,n-1,n,m))
        return m

♯主程序
print()
f=fun(5)
print("  最后结果:fun(5)=%d" %(f))
```

上述程序的一次执行结果如图 2.37 所示。

图 2.37 第 5 章基础实验题 1 的执行结果

2. 解：对应的实验程序 Exp1-2.py 如下。

```
def Fib1(n):                    ♯求 Fibonacci 数列第 n 项的递归算法
    if n==1 or n==2:
        return 1
    else:
        return Fib1(n-1)+Fib1(n-2)


def Fib2(n):                    ♯求 Fibonacci 数列第 n 项的非递归算法
    if n==1 or n==2:
        return 1
    a,b=1,1
    for i in range(3,n+1):
        c=a+b
        a=b
        b=c
    return c
```

```
#主程序
print()
for n in range(1,11):
    print("    Fib1(%d)=%d" %(n,Fib1(n)),end='\t')
    print("    Fib2(%d)=%d" %(n,Fib2(n)))
```

上述程序的一次执行结果如图 2.38 所示。

图 2.38　第 5 章基础实验题 2 的执行结果

2.5.3　应用实验题

1. 求楼梯走法数问题。一个楼梯有 n 个台阶,上楼可以一步上一个台阶,也可以一步上两个台阶。编写一个实验程序,求上楼梯共有多少种不同的走法,并用相关数据进行测试。

2. 假设 L 是一个带头结点的非空单链表,设计以下递归算法:

(1) 逆置单链表 L。

(2) 求结点值为 x 的结点个数。

并用相关数据进行测试。

3. 输入一个正整数 $n(n>5)$,随机产生 n 个 1~99 的整数,采用递归算法求其中的最大整数和次大整数。

2.5.4　应用实验题参考答案

1. 解:设 $f(n)$ 表示上 n 个台阶的楼梯的走法数,显然 $f(1)=1,f(2)=2$(一种走法是一步上一个台阶、走两步,另外一种走法是一步上两个台阶)。

对于大于 2 的 n 个台阶的楼梯,一种走法是第一步上一个台阶,剩余 $n-1$ 个台阶的走法数是 $f(n-1)$;另外一种走法是第一步上两个台阶,剩余 $n-2$ 个台阶的走法数是 $f(n-2)$,所以有 $f(n)=f(n-1)+f(n-2)$。

对应的递归模型如下:

$f(1)=1$
$f(2)=2$
$f(n)=f(n-1)+f(n-2)$　　当 $n>2$ 时

采用 4 种解法的实验程序 Exp2-1. py 如下:

MAXN=100

```
dp＝[0] * MAXN
def solve1(n):                          ♯解法1
    if n==1: return 1
    if n==2: return 2
    return solve1(n−1)＋solve1(n−2)


def solve2(n):                          ♯解法2
    if dp[n]!=0:
        return dp[n]
    if n==1:
        dp[1]＝1
        return dp[1]
    if n==2:
        dp[2]＝2
        return dp[2]
    dp[n]＝solve2(n−1)＋solve2(n−2)
    return dp[n]


def solve3(n):                          ♯解法3
    dp[1]＝1
    dp[2]＝2
    for i in range(3,n+1):
        dp[i]＝dp[i−1]＋dp[i−2]
    return dp[n]


def solve4(n):                          ♯解法4
    a＝1                                 ♯对应 f(n−2)
    b＝2                                 ♯对应 f(n−1)
    c＝0                                 ♯对应 f(n)
    if n==1: return 1
    if n==2: return 2
    for i in range(3,n+1):
        c＝a＋b
        a＝b
        b＝c
    return c


♯主程序
n＝10
print("\n n＝%d" %(n))
print(" 解法1: %d" %(solve1(n)))
print(" 解法2: %d" %(solve2(n)))
print(" 解法3: %d" %(solve3(n)))
print(" 解法4: %d" %(solve4(n)))
```

上述程序的执行结果如图 2.39 所示。

图 2.39　第 5 章应用实验题 1 的执行结果

数据结构教程(Python 语言描述)学习与上机实验指导

2. 解：(1) 设 $f(t,h)$ 用于逆置以结点 t 为首结点(看成是不带头结点的单链表 t)的单链表，并且返回逆置后的单链表的首结点 h，这是大问题，小问题 $f(t.\text{next},h)$ 用于逆置以结点 $t.\text{next}$ 为首结点的单链表，并且返回该逆置后的单链表的首结点 h。对应的递归模型如下：

$$f(t,h) \equiv h = t \qquad\qquad\qquad\quad \text{当单链表 } t \text{ 只有一个结点时}$$
$$f(t,h) \equiv h = f(t.\text{next},h); \qquad\quad \text{其他情况}$$
$$\qquad\qquad 将结点 t 作为尾结点 t.\text{next} 的后继结点$$
$$\qquad\qquad 将结点 t 作为逆置后单链表的尾结点$$

(2) 设 $f(t,x)$ 用于求以结点 t 为首结点的单链表中值为 x 的结点个数。对应的递归模型如下：

$$f(t,x) = 0 \qquad\qquad\qquad\qquad \text{当单链表 } t \text{ 为空时}$$
$$f(t,h) = 1 + f(t.\text{next},x) \qquad\quad \text{当 } t.\text{data} = x \text{ 时}$$
$$f(t,h) = 1 + f(t.\text{next},x) \qquad\quad \text{当 } t.\text{data} \neq x \text{ 时}$$

对应的实验程序 Exp2-2. py 如下：

```python
from LinkList import LinkList,LinkNode    #引用《教程》第 2 章的单链表算法
def Reverse(L):                           #(1)的算法
    L.head.next=Reverse1(L.head.next,L.head.next)
    return L
def Reverse1(t,h):
    if t.next==None:                      #以 t 为首结点的单链表只有一个结点
        h=t
        return h
    else:
        h=Reverse1(t.next,h)              #逆置 t.next 单链表
        t.next.next=t                     #将 t 结点作为尾结点
        t.next=None                       #尾结点 next 置为空
        return h

def Countx(L,x):                          #(2)的算法
    return Countx1(L.head.next,x)
def Countx1(p,x):
    if p==None:
        return 0
    if p.data==x:
        return 1+Countx1(p.next,x)
    else:
        return Countx1(p.next,x)

#主程序
a=[1,2,3,2,2]
L=LinkList()
L.CreateListR(a)
print()
print("  L: ",end=''),L.display()
print("  递归逆置")
L=Reverse(L)
```

```
print("  L: ",end=''),L.display()
x=2
print("  值为%d 的结点个数:%d" %(x,Countx(L,x)))
```

上述程序的执行结果如图 2.40 所示。

图 2.40　第 5 章应用实验题 2 的执行结果

3. 解：设递归函数 $f(a,low,high)$ 返回 $[max1,max2]$，其中 max1 为最大整数，max2 为次大整数。对应的递归模型如下：

$f(a,low,high)=[a[low],-1]$　　　　当 a[low..high]仅含一个整数时
$f(a,low,high)=[max1,max2]$　　　　当 a[low..high]仅含两个整数时
　　　　　　　$max1=max(a[low],a[high])$
　　　　　　　$max2=min(a[low],a[high])$
$f(a,low,high)=[max1,max2]$　　　　其他情况
　　　　　　　$mid=(low+high)/2$
　　　　　　　$lres=f(a,low,mid)$
　　　　　　　$rres=f(a,mid+1,high)$
　　　　　　　max1 为 lres 中的最大整数，max2 为次大整数

对应的实验程序 Exp2-3.py 如下：

```
import random
def solve():                          # 求解函数
    print()
    n=int(input("  n: "))
    a=random.sample(range(0,100),n)
    print("  整数序列:",a)
    res=Max2(a,0,n-1)
    print("  最大整数:%d,次大整数:%d" %(res[0],res[1]))
    print()

def Max2(a,low,high):                  # 求解算法
    if low==high:
        return [a[low],-1]
    if low+1==high:
        max1=max(a[low],a[high])
        max2=min(a[low],a[high])
        return [max1,max2]
    mid=(low+high)//2
    lres=Max2(a,low,mid)
    rres=Max2(a,mid+1,high)
    if lres[0]>rres[0]:
        max1=lres[0]
        max2=max(lres[1],rres[0])
```

```
else:
    max1 = rres[0]
    max2 = max(rres[1], lres[0])
return [max1, max2]
```

♯主程序
solve()

上述程序的执行结果如图 2.41 所示。

图 2.41　第 5 章应用实验题 3 的执行结果

2.6　第 6 章　树和二叉树

说明：本节所有上机实验题的程序文件位于 ch6 文件夹中。

2.6.1　基础实验题

1. 假设二叉树采用二叉链存储，每个结点值为单个字符并且所有结点值不相同。编写一个实验程序，由二叉树的中序序列和后序序列构造二叉链，实现查找、求高度、先序遍历、中序遍历、后序遍历和层次遍历算法，用相关数据进行测试。

2. 假设二叉树采用顺序存储结构存储，每个结点值为单个字符并且所有结点值不相同。编写一个实验程序，由二叉树的中序序列和后序序列构造二叉链，实现查找、求高度、先序遍历、中序遍历、后序遍历和层次遍历算法，用相关数据进行测试。

2.6.2　基础实验题参考答案

1. 解：二叉树基本运算、遍历和构造的相关原理参见《教程》6.2～6.5 节。对应的实验程序 Exp1-1.py 如下：

```
from collections import deque          ♯引用 deque
class BTNode:                          ♯二叉链中的结点类
    def __init__(self, d=None):        ♯构造方法
        self.data = d                  ♯结点值
        self.lchild = None             ♯左孩子指针
        self.rchild = None             ♯右孩子指针


class BTree:                           ♯二叉树类(二叉链存储结构)
    def __init__(self, d=None):        ♯构造方法
        self.b = None                  ♯根结点指针

    def DispBTree(self):               ♯返回二叉链的括号表示串
        return self._DispBTree1(self.b)
```

```
    def _DispBTree1(self,t):                         # 被 DispBTree()方法调用
        if t==None:                                  # 空树返回空串
            return ""
        else:
            bstr=t.data                              # 输出根结点值
            if t.lchild!=None or t.rchild!=None:
                bstr+="("                            # 有孩子结点时输出"("
                bstr+=self._DispBTree1(t.lchild)     # 递归输出左子树
                if t.rchild!=None:
                    bstr+=","                        # 有右孩子结点时输出","
                bstr+=self._DispBTree1(t.rchild)     # 递归输出右子树
                bstr+=")"                            # 输出")"
            return bstr

    def FindNode(self,x):                            # 查找值为 x 的结点的算法
        return self._FindNode1(self.b,x)
    def _FindNode1(self,t,x):                        # 被 FindNode()方法调用
        if t==None:
            return None                              # t 为空时返回 null
        elif t.data==x:
            return t                                 # t 所指结点值为 x 时返回 t
        else:
            p=self._FindNode1(t.lchild,x)            # 在左子树中查找
            if p!=None:
                return p                             # 在左子树中找到 p 结点,返回 p
            else:
                return self._FindNode1(t.rchild,x)   # 返回在右子树中查找的结果

    def Height(self):                                # 求二叉树高度的算法
        return self._Height1(self.b)
    def _Height1(self,t):                            # 被 Height()方法调用
        if t==None:
            return 0                                 # 空树的高度为 0
        else:
            lh=self._Height1(t.lchild)               # 求左子树高度 lchildh
            rh=self._Height1(t.rchild)               # 求右子树高度 rchildh
            return max(lh,rh)+1

def PreOrder(bt):                                    # 先序遍历的递归算法
    _PreOrder(bt.b)
def _PreOrder(t):                                    # 被 PreOrder()函数调用
    if t!=None:
        print(t.data,end=' ')                        # 访问根结点
        _PreOrder(t.lchild)                          # 先序遍历左子树
        _PreOrder(t.rchild)                          # 先序遍历右子树

def InOrder(bt):                                     # 中序遍历的递归算法
    _InOrder(bt.b)
def _InOrder(t):                                     # 被 InOrder()函数调用
    if t!=None:
        _InOrder(t.lchild)                           # 中序遍历左子树
```

```
            print(t.data,end=' ')                    #访问根结点
            _InOrder(t.rchild)                        #中序遍历右子树

    def PostOrder(bt):                                #后序遍历的递归算法
        _PostOrder(bt.b)
    def _PostOrder(t):                                #被 PostOrder()函数调用
        if t!=None:
            _PostOrder(t.lchild)                      #后序遍历左子树
            _PostOrder(t.rchild)                      #后序遍历右子树
            print(t.data,end=' ')                     #访问根结点

    def LevelOrder(bt):                               #层次遍历的算法
        qu=deque()                                    #将双端队列作为普通队列 qu
        qu.append(bt.b)                               #根结点进队
        while len(qu)>0:                              #队不空时循环
            p=qu.popleft()                            #出队一个结点
            print(p.data,end=' ')                     #访问 p 结点
            if p.lchild!=None:                        #有左孩子时将其进队
                qu.append(p.lchild)
            if p.rchild!=None:                        #有右孩子时将其进队
                qu.append(p.rchild)

    def CreateBTree2(posts,ins):                      #由后序序列 posts 和中序序列 ins 构造二叉链
        bt=BTree()
        bt.b=_CreateBTree2(posts,0,ins,0,len(posts))
        return bt
    def _CreateBTree2(posts,i,ins,j,n):
        if n<=0: return None
        d=posts[i+n-1]                                #取后序序列的尾元素 d
        t=BTNode(d)                                   #创建根结点(结点值为 d)
        p=ins.index(d)                                #在 ins 中找到根结点的索引
        k=p-j                                         #确定左子树中的结点个数 k
        t.lchild=_CreateBTree2(posts,i,ins,j,k)       #递归构造左子树
        t.rchild=_CreateBTree2(posts,i+k,ins,p+1,n-k-1)   #递归构造右子树
        return t

#主程序
ins=['D','G','B','A','E','C','F']
posts=['G','D','B','E','F','C','A']
print()
print("  中序:",end=' '); print(ins)
print("  后序:",end=' '); print(posts)
print("  构造二叉树 bt")
bt=BTree()
bt=CreateBTree2(posts,ins)
print("  bt:",end=' '); print(bt.DispBTree())
x='X'
p=bt.FindNode(x)
if p!=None: print("  bt 中存在"+x)
else: print("  bt 中不存在"+x)
print("  bt 的高度=%d" %(bt.Height()))
```

```
print("  先序序列:",end=' ');PreOrder(bt);print()
print("  中序序列:",end=' ');InOrder(bt);print()
print("  后序序列:",end=' ');PostOrder(bt);print()
print("  层次序列:",end=' ');LevelOrder(bt);print()
```

上述程序的执行结果如图 2.42 所示。

图 2.42　第 6 章基础实验题 1 的执行结果

2. 解：二叉树顺序存储结构采用列表 sb 存储，根结点固定为 sb[0]，若结点 sb[t]有左孩子，则左孩子结点为 sb[2t+1]，若结点 sb[t]有右孩子，则右孩子结点为 sb[2t+2]，空结点用"#"表示。二叉树基本运算、遍历和构造的相关原理参见《教程》6.2～6.5 节。对应的实验程序 Exp1-2.py 如下：

```
from collections import deque
MaxSize=12                                    #sb 的最大长度
class BTree:                                   #二叉树类(顺序存储结构)
    def __init__(self):                        #构造方法
        self.sb=['#'] * MaxSize                #二叉树顺序存储结构数组

    def DispBTree(self):                       #输出二叉树的顺序存储结构
        print(self.sb)

    def FindNode(self,x):                      #查找值为 x 的结点的算法
        return self._FindNode(0,x)
    def _FindNode(self,t,x):                   #被 FindNode()方法调用
        if t>=MaxSize or self.sb[t]=='#':
            return -1                          #t 为空时返回-1
        elif self.sb[t]==x:
            return t                           #t 所指结点值为 x 时返回 t
        else:
            p=self._FindNode(2 * t+1,x)        #在左子树中查找
            if p!=-1:
                return p                       #在左子树中找到 p 结点,返回 p
            else:
                return self._FindNode(2 * t+2,x)  #返回在右子树中查找的结果

    def Height(self):                          #求二叉树高度的算法
        return self._Height(0)
    def _Height(self,t):                       #被 Height()方法调用
        if t>=MaxSize or self.sb[t]=='#':
```

```
            return 0                              #空树的高度为 0
        else:
            lh=self._Height(2*t+1)                #求左子树高度 lchildh
            rh=self._Height(2*t+2)                #求右子树高度 rchildh
            return max(lh,rh)+1

    def PreOrder(bt):                             #先序遍历的递归算法
        _PreOrder(bt.sb,0)
    def _PreOrder(sb,t):                          #被 PreOrder()函数调用
        if t<MaxSize and sb[t]!='#':
            print(sb[t],end=' ')                  #访问根结点
            _PreOrder(sb,2*t+1)                   #先序遍历左子树
            _PreOrder(sb,2*t+2)                   #先序遍历右子树

    def InOrder(bt):                              #中序遍历的递归算法
        _InOrder(bt.sb,0)
    def _InOrder(sb,t):                           #被 InOrder()的函数调用
        if t<MaxSize and sb[t]!='#':
            _InOrder(sb,2*t+1)                    #中序遍历左子树
            print(sb[t],end=' ')                  #访问根结点
            _InOrder(sb,2*t+2)                    #中序遍历右子树

    def PostOrder(bt):                            #后序遍历的递归算法
        _PostOrder(bt.sb,0)
    def _PostOrder(sb,t):                         #被 PostOrder()的函数调用
        if t<MaxSize and sb[t]!='#':
            _PostOrder(sb,2*t+1)                  #后序遍历左子树
            _PostOrder(sb,2*t+2)                  #后序遍历右子树
            print(sb[t],end=' ')                  #访问根结点

    def LevelOrder(bt):                           #层次遍历的算法
        _LevelOrder(bt.sb)
    def _LevelOrder(sb):                          #被 LevelOrder()的函数调用
        qu=deque()                                #将双端队列作为普通队列 qu
        qu.append(0)                              #根结点进队
        while len(qu)>0:                          #队不空时循环
            t=qu.popleft()                        #出队一个结点 t
            print(sb[t],end=' ')                  #访问 p 结点
            if 2*t+1<MaxSize and sb[2*t+1]!='#':
                qu.append(2*t+1)                  #有左孩子时将其进队
            if 2*t+2<MaxSize and sb[2*t+2]!='#':
                qu.append(2*t+2)                  #有右孩子时将其进队

    def CreateBTree2(posts,ins):                  #由后序序列 posts 和中序序列 ins 构造二叉链
        bt=BTree()
        _CreateBTree2(bt.sb,0,posts,0,ins,0,len(posts))
        return bt
    def _CreateBTree2(sb,t,posts,i,ins,j,n):
        if n<=0: return
        d=posts[i+n-1]                            #取后序序列的尾元素 d
        sb[t]=d                                   #创建根结点(结点值为 d)
```

```
        p＝ins.index(d)                     ♯在 ins 中找到根结点的索引
        k＝p－j                             ♯确定左子树中的结点个数 k
        _CreateBTree2(sb,2＊t＋1,posts,i,ins,j,k)                 ♯递归构造左子树
        _CreateBTree2(sb,2＊t＋2,posts,i＋k,ins,p＋1,n－k－1)      ♯递归构造右子树

♯主程序
ins＝['D','G','B','A','E','C','F']
posts＝['G','D','B','E','F','C','A']
print()
print("   中序:",end=' ');print(ins)
print("   后序:",end=' ');print(posts)
print("   构造二叉树 bt")
bt＝BTree()
bt＝CreateBTree2(posts,ins)
print("   bt:",end=' ');bt.DispBTree()
x＝'X'
p＝bt.FindNode(x)
if p!＝-1: print("   bt 中存在"＋x)
else: print("   bt 中不存在"＋x)
print("   bt 的高度＝%d "%(bt.Height()))
print("   先序序列:",end=' ');PreOrder(bt);print()
print("   中序序列:",end=' ');InOrder(bt);print()
print("   后序序列:",end=' ');PostOrder(bt);print()
print("   层次序列:",end=' ');LevelOrder(bt);print()
```

上述程序的执行结果如图 2.43 所示。

图 2.43　第 6 章基础实验题 2 的执行结果

2.6.3　应用实验题

1. 假设非空二叉树采用二叉链存储结构,所有结点值为单个字符且不相同。编写一个实验程序,将一棵二叉树 bt 的左、右子树进行交换,要求不破坏原二叉树,并且采用相关数据进行测试。

2. 假设二叉树采用二叉链存储结构,所有结点值为单个字符且不相同。编写一个实验程序,求 x 和 y 结点的最近公共祖先结点(LCA),假设二叉树中存在结点值为 x 和 y 的结点,并且采用相关数据进行测试。

3. 假设一棵非空二叉树中的结点值为整数,所有结点值均不相同。编写一个实验程序,给出该二叉树的先序序列 pres 和中序序列 ins,构造该二叉树的二叉链存储结构,再给

出其中两个不同的结点值 x 和 y，输出这两个结点的所有公共祖先结点，采用相关数据进行测试。

4. 假设二叉树采用二叉链存储结构，所有结点值为单个字符且不相同。编写一个实验程序，采用《教程》中例 6.16 的 3 种解法按层次顺序（从上到下、从左到右）输出一棵二叉树中的所有结点，并且利用相关数据进行测试。

5. 假设二叉树采用二叉链存储结构，所有结点值为单个字符且不相同。编写一个实验程序，采用先序遍历和层次遍历方式输出二叉树中从根结点到每个叶子结点的路径，并且利用相关数据进行测试。

6. 编写一个实验程序，利用例 6.20 的数据（为了方便，将该例中的所有权值扩大 100 倍）构造哈夫曼树和哈夫曼编码，要求输出建立的哈夫曼树和相关哈夫曼编码。

2.6.4　应用实验题参考答案

1. 解：题目要求不破坏原二叉树，只有通过交换二叉树 bt 的左、右子树产生新的二叉树 bt1。假设 bt 的根结点为 b，bt1 的根结点为 t，对应的递归模型如下：

$$f(b,t) \equiv t = \text{None} \qquad\qquad 若 b = \text{None}$$
$$f(b,t) \equiv 复制根结点 b 产生新结点 t; \qquad 其他情况$$
$$\qquad\qquad f(b.\text{lchild}, t1);\ f(b.\text{rchild}, t2);$$
$$\qquad\qquad t.\text{lchild} = t2;\ t.\text{rchild} = t1;$$

对应的实验程序 Exp2-1.py 如下：

```
from BTree import BTree,BTNode
def Swap(bt):                              #由 bt 交换左、右子树得到 bt1
    bt1=BTree()
    bt1.SetRoot(_Swap(bt.b))
    return bt1
def _Swap(b):
    if b==None:
        t=None
    else:
        t=BTNode(b.data)                   #复制根结点
        t1=_Swap(b.lchild)                 #交换左子树
        t2=_Swap(b.rchild)                 #交换右子树
        t.lchild=t2
        t.rchild=t1
    return t

#主程序
b=BTNode('A')                              #建立以 b 为根结点的二叉链
p1=BTNode('B')
p2=BTNode('C')
p3=BTNode('D')
p4=BTNode('E')
p5=BTNode('F')
p6=BTNode('G')
b.lchild=p1
```

```
b.rchild＝p2
p1.lchild＝p3
p3.rchild＝p6
p2.lchild＝p4
p2.rchild＝p5
bt＝BTree()
bt.SetRoot(b)
print()
print("  bt: ",end=''); print(bt.DispBTree())
print("  bt－> bt1")
bt1＝Swap(bt)
print("  bt1:",end=''); print(bt1.DispBTree())
```

上述程序的执行结果如图 2.44 所示。

图 2.44　第 6 章应用实验题 1 的执行结果

2. 解：由于二叉树中存在结点值为 x 和 y 的结点，则 LCA 一定是存在的。采用先序遍历求根到 x 结点的路径 pathx(根到 x 结点的正向路径)，根到 x 结点的路径 pathy，从头开始找到它们中最后一个相同的结点。类似地也可以采用后序非递归算法或者层次遍历，但这些方法要么需要遍历二叉树两次，要么回推路径比较麻烦。这里用先序遍历，一次遍历即可完成。

设计 _LCA(t,x,y)算法返回根结点为 t 的二叉树中 x 和 y 结点的 LCA：

① 若 t＝None，返回 None。

② 若找到 x 或者 y 结点，即 t.data＝＝x or t.data＝＝y，返回 t。

③ 递归调用 p＝_LCA(t.lchild,x,y)，在 t 的左子树中查找 x 或者 y 结点。

④ 递归调用 q＝_LCA(t.rchild,x,y)，在 t 的右子树中查找 x 或者 y 结点。

⑤ 只有 p！＝None 并且 q！＝None(即在 t 的子树中找到 x 和 y 结点)，即 t 结点就是 LCA 时，才返回 t。

⑥ 否则在找到 x 或者 y 结点的子树中继续查找另外一个结点。

⑦ 全部没有找到，返回 None。

对应的实验程序 Exp2-2.py 如下：

```
from BTree import BTree,BTNode
def LCA(bt,x,y):                        ♯求 x 和 y 结点的 LCA
    return _LCA(bt.b,x,y).data
def _LCA(t,x,y):
    if t!＝None:
        if t.data＝＝x or t.data＝＝y:     ♯找到 x 或者 y 结点返回 t
            return t
        p＝_LCA(t.lchild,x,y)            ♯在左子树中查找 x 或者 y 结点
```

```
        q＝_LCA(t.rchild,x,y)              ♯在右子树中查找 x 或者 y 结点
        if p!＝None and q!＝None:          ♯只有在 t 的子树中找到 x 和 y 结点,才返回 t
            return t
        if p!＝None: return p
        if q!＝None: return q
    return None

def solve(bt,x,y):
    print(" ％c 和％c 的 LCA: ％c" ％(x,y,LCA(bt,x,y)))

♯主程序
b＝BTNode('A')
p1＝BTNode('B')
p2＝BTNode('C')
p3＝BTNode('D')
p4＝BTNode('E')
p5＝BTNode('F')
p6＝BTNode('G')
b.lchild＝p1
b.rchild＝p2
p1.lchild＝p3
p3.rchild＝p6
p2.lchild＝p4
p2.rchild＝p5
bt＝BTree()
bt.SetRoot(b)
print()
print(" bt: ",end＝' '); print(bt.DispBTree())
solve(bt,'A','A')
solve(bt,'F','F')
solve(bt,'B','F')
solve(bt,'G','E')
solve(bt,'G','B')
solve(bt,'F','G')
```

上述程序的执行结果如图 2.45 所示。

图 2.45　第 6 章应用实验题 2 的执行结果

3. 解：由先序序列 pres 和中序序列 ins 构造二叉链的过程参见《教程》6.5.1 节。对于二叉链 bt 中两个不同的结点值 x 和 y，用 ator 列表存放它们的所有公共祖先结点,先求出它们的最近公共祖先结点(求出后置 find 为 True),当回退到 t 结点时若 find 为 True,说明

结点 t 是公共祖先结点,将 t.data 添加到 ator 中。最后返回 ator。

对应的实验程序 Exp2-3.py 如下:

```
class BTNode:                               #二叉链中的结点类
    def __init__(self,d=None):              #构造方法
        self.data=d                         #结点值
        self.lchild=None                    #左孩子指针
        self.rchild=None                    #右孩子指针


class BTree:                                #二叉树类
    def __init__(self,d=None):              #构造方法
        self.b=None                         #根结点指针


    def DispBTree(self):                    #返回二叉链的括号表示串
        return self._DispBTree(self.b)
    def _DispBTree(self,t):                 #被 DispBTree()方法调用
        if t==None:                         #空树返回空串
            return ""
        else:
            bstr=str(t.data)                #输出根结点值
            if t.lchild!=None or t.rchild!=None:
                bstr+="("                   #有孩子结点时输出"("
                bstr+=self._DispBTree(t.lchild)     #递归输出左子树
                if t.rchild!=None:
                    bstr+=","               #有右孩子结点时输出","
                bstr+=self._DispBTree(t.rchild)      #递归输出右子树
                bstr+=")"                   #输出")"
            return bstr


def CreateBTree1(pres,ins):                 #由先序序列 pres 和中序序列 ins 构造二叉链
    bt=BTree()
    bt.b=_CreateBTree1(pres,0,ins,0,len(pres))
    return bt
def _CreateBTree1(pres,i,ins,j,n):          #被 CreateBTree1()调用
    if n<=0: return None
    d=pres[i]                               #取根结点值 d
    t=BTNode(d)                             #创建根结点(结点值为 d)
    p=ins.index(d)                          #在 ins 中找到根结点的索引
    k=p-j                                   #确定左子树中的结点个数 k
    t.lchild=_CreateBTree1(pres,i+1,ins,j,k)            #递归构造左子树
    t.rchild=_CreateBTree1(pres,i+k+1,ins,p+1,n-k-1)    #递归构造右子树
    return t


def CA(bt,x,y):                             #在 bt 中求 x 和 y 的所有公共祖先结点
    global find
    find=False                              #表示是否找到 x 和 y 的最近公共祖先
    ator=[]                                 #存放 x 和 y 的所有公共祖先结点
    _CA(bt.b,x,y,ator)
    return ator
def _CA(t,x,y,ator):                        #被 CA()函数调用
```

```
        global find
        if t==None: return None
        if t.data==x or t.data==y:
            return t
        left=_CA(t.lchild,x,y,ator)
        right=_CA(t.rchild,x,y,ator)
        if left and right:
            find=True                        #找到了 x 和 y 的最近公共祖先结点
            ator.append(t.data)
            return t
        if left!=None:
            if find: ator.append(t.data)
            return left
        if right!=None:
            if find: ator.append(t.data)
            return right
        return None

    #主程序
    pres=[2,1,3,4,5,8,9,13,10,12,7,11,6]
    ins=[3,1,5,4,2,10,13,9,7,12,8,11,6]
    bt=CreateBTree1(pres,ins)
    print()
    print("  bt:",end='')
    print(bt.DispBTree())
    x,y=5,10
    print("  (1)%2d 和%2d 的所有公共祖先:" %(x,y),end='')
    print(CA(bt,x,y))
    x,y=6,7
    print("  (2)%2d 和%2d 的所有公共祖先:" %(x,y),end='')
    print(CA(bt,x,y))
    x,y=3,4
    print("  (3)%2d 和%2d 的所有公共祖先:" %(x,y),end='')
    print(CA(bt,x,y))
    x,y=10,7
    print("  (4)%2d 和%2d 的所有公共祖先:" %(x,y),end='')
    print(CA(bt,x,y))
```

上述程序的执行结果如图 2.46 所示。

```
bt: 2(1(3,4(5)),8(9(13(10),12(7)),11(,6)))
(1) 5和10的所有公共祖先: [2]
(2) 6和 7的所有公共祖先: [8, 2]
(3) 3和 4的所有公共祖先: [1, 2]
(4)10和 7的所有公共祖先: [9, 8, 2]
```

图 2.46 第 6 章应用实验题 3 的执行结果

4. 解：采用层次遍历，难点是如何确定每一层结点访问完，3 种解法见《教程》中例 6.16。对应的实验程序 Exp2-4.py 如下：

```
from BTree import BTree,BTNode
from collections import deque
```

```python
class QNode:                                    # 队列元素类
    def __init__(self, l, p):                   # 构造方法
        self.lev = l                            # 结点的层次
        self.node = p                           # 结点的引用
def Leveldisp1(bt):                             # 解法1
    qu = deque()                                # 定义一个队列 qu
    curl = 1                                    # 当前层次,从 1 开始
    strl = ""
    qu.append(QNode(1, bt.b))                   # 根结点(层次为 1)进队
    while len(qu) > 0:                          # 队不空时循环
        p = qu.popleft()                        # 出队一个结点
        if p.lev == curl:                       # 当前结点的层次 curl 大于 k,返回
            strl += p.node.data + " "
        else:
            print("    第" + str(curl) + "层结点: " + strl)
            curl += 1
            strl = ""
            strl += p.node.data + " "           # 当前结点是第 curl+1 层的首结点
        if p.node.lchild! = None:               # 有左孩子时将其进队
            qu.append(QNode(p.lev + 1, p.node.lchild))
        if p.node.rchild! = None:               # 有右孩子时将其进队
            qu.append(QNode(p.lev + 1, p.node.rchild))
    print("    第" + str(curl) + "层结点: " + strl)

def Leveldisp2(bt):                             # 解法2
    qu = deque()                                # 定义一个队列 qu
    curl = 1                                    # 当前层次,从 1 开始
    strl = ""
    last = bt.b                                 # 第 1 层的最右结点
    qu.append(bt.b)                             # 根结点进队
    while len(qu) > 0:                          # 队不空时循环
        p = qu.popleft()                        # 出队一个结点
        strl += p.data + " "                    # 当前结点是第 curl 层的结点
        if p.lchild! = None:                    # 有左孩子时将其进队
            q = p.lchild
            qu.append(q)
        if p.rchild! = None:                    # 有右孩子时将其进队
            q = p.rchild
            qu.append(q)
        if p == last:                           # 当前层的所有结点处理完毕
            print("    第" + str(curl) + "层结点: " + strl);
            strl = ""
            last = q                            # 让 last 指向下一层的最右结点
            curl += 1

def Leveldisp3(bt):                             # 解法3
    qu = deque()                                # 定义一个队列 qu
    curl = 1                                    # 当前层次,从 1 开始
    qu.append(bt.b)                             # 根结点进队
    strl = bt.b.data
    while len(qu) > 0:                          # 队不空时循环
        print("    第" + str(curl) + "层结点: " + strl)
        strl = ""
        n = len(qu)                             # 求出当前层的结点个数
        for i in range(n):                      # 出队当前层的 n 个结点
            p = qu.popleft()                    # 出队一个结点
            if p.lchild! = None:                # 有左孩子时将其进队
```

```
                    qu.append(p.lchild)
                    strl+=p.lchild.data+" "
             if p.rchild!=None:               #有右孩子时将其进队
                    qu.append(p.rchild)
                    strl+=p.rchild.data+" "
         curl+=1                              #转向下一层
     return 0


def solve(bt):
     print()
     print(" 求解结果");
     print("   解法 1:");
     Leveldisp1(bt);
     print("   解法 2:");
     Leveldisp2(bt);
     print("   解法 3:");
     Leveldisp3(bt);

#主程序
b=BTNode('A')
p1=BTNode('B')
p2=BTNode('C')
p3=BTNode('D')
p4=BTNode('E')
p5=BTNode('F')
p6=BTNode('G')
b.lchild=p1
b.rchild=p2
p1.lchild=p3
p3.rchild=p6
p2.lchild=p4
p2.rchild=p5
bt=BTree()
bt.SetRoot(b)
print("bt:",end='   ');print(bt.DispBTree())
solve(bt)
```

上述程序的执行结果如图 2.47 所示。

图 2.47　第 6 章应用实验题 4 的执行结果

5. 解：先序遍历求解思路见《教程》中例 6.15 的解法 2，层次遍历求解思路见《教程》中的例 6.17。对应的实验程序 Exp2-5.py 如下：

```python
from BTree import BTree, BTNode
from collections import deque
def AllPath1(bt):                              # 解法 1：先序遍历
    path=[None] * 100
    d=-1
    PreOrder(bt.b, path, d)

def PreOrder(t, path, d):                       # 先序遍历的输出结果
    if t!=None:
        if t.lchild==None and t.rchild==None:   # t 为叶子结点
            print("    根结点到%c 的路径: " %(t.data), end=' ')
            for i in range(d+1):
                print(path[i]+" ", end=' ')
            print(t.data)
        else:
            d+=1; path[d]=t.data                # 将当前结点放入路径中
            PreOrder(t.lchild, path, d)         # 递归遍历左子树
            PreOrder(t.rchild, path, d)         # 递归遍历右子树

class QNode:                                    # 队列元素类
    def __init__(self, p, pre):                 # 构造方法
        self.node=p                             # 当前结点的引用
        self.pre=pre                            # 当前结点的双亲结点

def AllPath2(bt):                               # 解法 2：层次遍历
    qu=deque()                                  # 定义一个队列 qu
    qu.append(QNode(bt.b, None))                # 根结点(双亲为 None)进队
    while len(qu)>0:                            # 队不空时循环
        p=qu.popleft()                          # 出队一个结点
        if p.node.lchild==None and p.node.rchild==None:  # p 为叶子结点
            res=[]
            res.append(p.node.data)
            q=p.pre                             # q 为双亲
            while q!=None:                      # 找到根结点为止
                res.append(q.node.data)
                q=q.pre
            print("    根结点到%c 的路径: " %(p.node.data), end=' ')
            res.reverse()                       # 逆置 res
            print('  '.join(res))               # 转换为字符串输出
        if p.node.lchild!=None:                 # 有左孩子时将其进队
            qu.append(QNode(p.node.lchild, p))  # 置其双亲为 p
        if p.node.rchild!=None:                 # 有右孩子时将其进队
            qu.append(QNode(p.node.rchild, p))  # 置其双亲为 p

# 主程序
b=BTNode('A')
p1=BTNode('B')
```

```
p2=BTNode('C')
p3=BTNode('D')
p4=BTNode('E')
p5=BTNode('F')
p6=BTNode('G')
b.lchild=p1
b.rchild=p2
p1.lchild=p3
p3.rchild=p6
p2.lchild=p4
p2.rchild=p5
bt=BTree()
bt.SetRoot(b)
print()
print("  bt:",end='  ');print(bt.DispBTree())
print("  解法 1")
AllPath1(bt)
print("  解法 2")
AllPath2(bt)
```

上述程序的执行结果如图 2.48 所示。

图 2.48　第 6 章应用实验题 5 的执行结果

6. 解：构造哈夫曼树和哈夫曼编码的原理参见《教程》6.7 节。对应的实验程序 Exp2-6.py 如下：

```
import heapq                            #导入优先队列模块
class HTNode:                           #哈夫曼树结点类
    def __init__(self,d=" ",w=None):    #构造方法
        self.data=d                     #结点值
        self.weight=w                   #权值
        self.parent=-1                  #指向双亲结点
        self.lchild=-1                  #指向左孩子结点
        self.rchild=-1                  #指向右孩子结点
        self.flag=True                  #标识是双亲的左(True)或者右(False)孩子

def CreateHT():                         #构造哈夫曼树
    global ht                           #全局列表,存放哈夫曼树
    global n0
    global D
    global W
```

```
        ht＝[None] * (2 * n0－1)              ＃初始为含 2n0－1 个空结点
        heap＝[]                             ＃优先队列元素为[w,i],按 w 权值建立小根堆
        for i in range(n0):                  ＃i 从 0 到 n0－1 循环建立 n0 个叶子结点并进队
            ht[i]＝HTNode(D[i],W[i])          ＃建立一个叶子结点
            heapq.heappush(heap,[W[i],i])    ＃将[W[i],i]进队
        for i in range(n0,2 * n0－1):         ＃i 从 n0 到 2n0－2 循环做 n0－1 次合并操作
            p1＝heapq.heappop(heap)           ＃出队两个权值最小的结点 p1 和 p2
            p2＝heapq.heappop(heap)
            ht[i]＝HTNode()                   ＃新建 ht[i]结点
            ht[i].weight＝ht[p1[1]].weight＋ht[p2[1]].weight    ＃求权值和
            ht[p1[1]].parent＝i               ＃设置 p1 的双亲为 ht[i]
            ht[i].lchild＝p1[1]               ＃将 p1 作为双亲 ht[i]的左孩子
            ht[p1[1]].flag＝True
            ht[p2[1]].parent＝i               ＃设置 p2 的双亲为 ht[i]
            ht[i].rchild＝p2[1]               ＃将 p2 作为双亲 ht[i]的右孩子
            ht[p2[1]].flag＝False
            heapq.heappush(heap,[ht[i].weight,i])   ＃将新结点 ht[i]进队

def DispHT():                                ＃输出哈夫曼树
    global n0
    global ht
    print("     i      ",end='')
    for i in range(2 * n0－1):
        print("%3d" %(i),end='')
    print()
    print("     D[i]    ",end='')
    for i in range(2 * n0－1):
        print("%3s" %(ht[i].data),end='')
    print()
    print("     W[i]    ",end='')
    for i in range(2 * n0－1):
        print("%3g" %(ht[i].weight),end='')
    print()
    print("   parent ",end='')
    for i in range(2 * n0－1):
        print("%3d" %(ht[i].parent),end='')
    print()
    print("   lchild ",end='')
    for i in range(2 * n0－1):
        print("%3d" %(ht[i].lchild),end='')
    print()
    print("   rchild ",end='')
    for i in range(2 * n0－1):
        print("%3d" %(ht[i].rchild),end='')
    print()

def CreateHCode():                           ＃根据哈夫曼树求哈夫曼编码
    global n0
    global ht
    global hcd                               ＃全局列表,存放哈夫曼编码
    hcd＝[]
```

```
    for i in range(n0):                          #遍历下标从 0 到 n0－1 的叶子结点
        code＝[]
        j＝i                                      #从 ht[i]开始找双亲结点
        while ht[j].parent!＝－1:
            if ht[j].flag:                       #ht[j]结点是双亲的左孩子
                code.append("0")
            else:                                #ht[j]结点是双亲的右孩子
                code.append("1")
            j＝ht[j].parent
        code.reverse()
        hcd.append(''.join(code))                #将 code 转换为字符串并添加到 hcd 中

def DispHCode():                                 #输出哈夫曼编码
    global hcd
    for i in range(len(hcd)):
        print("        "+ht[i].data+": "+hcd[i])

if __name__ == '__main__':
    n0＝8                                         #编码的字符个数
    D＝['a','b','c','d','e','f','g','h']          #字符列表
    W＝[7,19,2,6,32,3,21,10]                      #权值列表
    print()
    print("  (1)建立哈夫曼树")
    CreateHT()
    print("  (2)输出哈夫曼树")
    DispHT()
    print("  (3)建立哈夫曼编码")
    CreateHCode()
    print("  (4)输出哈夫曼编码")
    DispHCode()
```

上述程序的执行结果如图 2.49 所示。

```
<1>建立哈夫曼树
<2>输出哈夫曼树
    i        0    1    2    3    4    5    6    7    8    9    10   11   12   13   14
    D[i]     a    b    c    d    e    f    g    h
    W[i]     7    19   2    6    32   3    21   10   5    11   17   28   40   60   100
    parent   10   12   8    9    13   8    12   10   9    11   11   13   14   14   -1
    lchild   -1   -1   -1   -1   -1   -1   -1   -1   2    8    0    9    1    11   12
    rchild   -1   -1   -1   -1   -1   -1   -1   -1   5    3    7    10   6    4    13
<3>建立哈夫曼编码
<4>输出哈夫曼编码
    a: 1010
    b: 00
    c: 10000
    d: 1001
    e: 11
    f: 10001
    g: 01
    h: 1011
```

图 2.49　第 6 章应用实验题 6 的执行结果

2.7 第7章 图

说明：本节所有上机实验题的程序文件位于 ch7 文件夹中。

2.7.1 基础实验题

1. 编写一个图的实验程序，设计邻接表类 AdjGraph 和邻接矩阵类 MatGraph，由带权有向图的边数组 *a* 创建邻接表 *G*，由 *G* 转换为邻接矩阵 *g*，再由 *g* 转换为邻接表 *G*1，输出 *G*、*g* 和 G1，用相关数据进行测试。

2. 编写一个图的实验程序，给定一个连通图，采用邻接表 *G* 存储，输出根结点为 0 的一棵深度优先生成树和一棵广度优先生成树，用相关数据进行测试。

2.7.2 基础实验题参考答案

1. 解：图的邻接表和邻接矩阵存储结构相关原理参见《教程》7.2节。对应的实验程序 Exp1-1.py 如下：

```
import copy
MAXV＝100                                    # 表示最多顶点个数
INF＝0x3f3f3f3f                               # 表示∞
class ArcNode:                               # 边结点类
    def __init__(self, adjv, w):            # 构造方法
        self.adjvex＝adjv                    # 邻接点
        self.weight＝w                       # 边的权值

class AdjGraph:                             # 图邻接表类
    def __init__(self, n＝0, e＝0):          # 构造方法
        self.adjlist＝[]                     # 邻接表数组
        self.vexs＝[]                        # 存放顶点信息，暂时未用
        self.n＝n                            # 顶点数
        self.e＝e                            # 边数

    def CreateAdjGraph(self, a, n, e):      # 通过数组 a、n 和 e 建立图的邻接表
        self.n＝n                            # 置顶点数和边数
        self.e＝e
        for i in range(n):                  # 检查边数组 a 中的每个元素
            adi＝[]                          # 存放顶点 i 的邻接点
            for j in range(n):
                if a[i][j]!＝0 and a[i][j]!＝INF: # 存在一条边
                    p＝ArcNode(j, a[i][j])   # 创建<j,a[i][j]>出边的结点 p
                    adi.append(p)           # 将结点 p 添加到 adi 中
            self.adjlist.append(adi)

    def DispAdjGraph(self):                 # 输出图的邻接表
        for i in range(self.n):             # 遍历每一个顶点 i
            print("    [%d]" %(i), end='')
            for p in self.adjlist[i]:
```

数据结构教程（Python 语言描述）学习与上机实验指导

```
                print("->(%d,%d)" %(p.adjvex,p.weight),end='')
        print("->∧")

class MatGraph:                              # 图邻接矩阵类
    def __init__(self,n=0,e=0):              # 构造方法
        self.edges=[]                        # 邻接矩阵数组
        self.vexs=[]                         # 存放顶点信息,暂时未用
        self.n=n                             # 顶点数
        self.e=e                             # 边数

    def CreateMatGraph(self,a,n,e):          # 通过数组 a、n 和 e 建立图的邻接矩阵
        self.n=n                             # 置顶点数和边数
        self.e=e
        self.edges=copy.deepcopy(a)          # 深拷贝

    def DispMatGraph(self):                  # 输出图
        for i in range(self.n):
            for j in range(self.n):
                if self.edges[i][j]==INF:
                    print("%4s"%("∞"),end=' ')
                else:
                    print("%5d" %(self.edges[i][j]),end=' ')
            print()


def MatToAdj(g):                             # 由图的邻接矩阵转换为邻接表
    G=AdjGraph(g.n,g.e)
    for i in range(g.n):                     # 检查数组 g.edges 中的每个元素
        adi=[]                               # 存放顶点 i 的邻接点
        for j in range(g.n):
            if g.edges[i][j]!=0 and g.edges[i][j]!=INF:    # 存在一条边
                p=ArcNode(j,g.edges[i][j])   # 创建<j,g.edges[i][j]>出边的结点 p
                adi.append(p)                # 将结点 p 添加到 adi 中
        G.adjlist.append(adi)
    return G


def AdjToMat(G):                             # 由图的邻接表转换为邻接矩阵
    g=MatGraph(G.n,G.e)
    g.edges=[[INF] * g.n for i in range(g.n)]
    for i in range(g.n):
        g.edges[i][i]=0                      # 对角线置为 0
    for i in range(g.n):
        for p in G.adjlist[i]:
            g.edges[i][p.adjvex]=p.weight
    return g


if __name__ == '__main__':
    G=AdjGraph()
    n,e=5,5
    a=[ [0,8,INF,5,INF],[INF,0,3,INF,INF],[INF,INF,0,INF,6],
        [INF,INF,9,0,INF],[INF,INF,INF,INF,0]]
    print()
```

```
print(" (1)由 a 创建邻接表 G")
G.CreateAdjGraph(a, n, e)
print("   G:")
G.DispAdjGraph()
print(" (2)G→g")
g=AdjToMat(G)
print("   g:")
g.DispMatGraph()
print(" (3)g→G1")
G1=MatToAdj(g)
print("   G1:")
G1.DispAdjGraph()
```

上述程序的一次执行结果如图 2.50 所示。

图 2.50　第 7 章基础实验题 1 的执行结果

2. 解：图的深度优先生成树和广度优先生成树相关原理参见《教程》7.5 节。对应的实验程序 Exp1-2.py 如下：

```
from AdjGraph import AdjGraph, MAXV, INF        # 引用邻接表存储结构
from collections import deque                   # 引用双端队列 deque


def DFSTree(G, v):                              # 邻接表 G 中从顶点 v 出发的深度优先遍历
    global visited
    global T1
    visited[v]=1                                # 置已访问标记
    for j in range(len(G.adjlist[v])):          # 处理顶点 v 的所有出边顶点 j
        w=G.adjlist[v][j].adjvex                # 取顶点 v 的一个相邻点 w
        if visited[w]==0:
            T1.append([v, w])                   # 产生深度优先生成树的一条边
            DFSTree(G, w)                        # 若 w 顶点未访问,递归访问它


def BFSTree(G, v):                              # 邻接表 G 中从顶点 v 出发的广度优先遍历
```

```
        global T2
        qu＝deque()                                    #将双端队列作为普通队列 qu
        visited[v]＝1                                  #置已访问标记
        qu.append(v)                                   #v 进队
        while len(qu)>0:                               #队不空时循环
            v＝qu.popleft()                            #出队顶点 v
            for j in range(len(G.adjlist[v])):        #处理顶点 v 的第 j 个相邻点
                w＝G.adjlist[v][j].adjvex              #取第 j 个相邻顶点 w
                if visited[w]＝＝0:                     #若 w 未访问
                    T2.append([v,w])                   #产生广度优先生成树的一条边
                    visited[w]＝1                       #置已访问标记
                    qu.append(w)                       #w 进队

if _name_ == '_main_':
    G＝AdjGraph()
    n,e＝10,12
    a＝[ [0,1,1,1,0,0,0,0,0,0],[1,0,0,0,1,1,0,0,0,0],[1,0,0,1,0,1,1,0,0,0],
        [1,0,1,0,0,0,0,1,0,0],[0,1,0,0,0,0,0,0,0,0],[0,1,1,0,0,0,0,0,0,0],
        [0,0,1,0,0,0,0,1,1,1],[0,0,0,1,0,0,1,0,0,0],[0,0,0,0,0,0,1,0,0,0],
        [0,0,0,0,0,0,1,0,0,0] ]
    print()
    print(" (1)由 a 创建邻接表 G")
    G.CreateAdjGraph(a,n,e)
    print("  G:")
    G.DispAdjGraph()
    print(" (2)DFSTree 构造深度优先生成树 T1")
    T1＝[]                                              #存放一棵深度优先生成树
    visited＝[0]*MAXV
    DFSTree(G,0)
    print("  T1:",T1)
    print(" (3)BFSTree 构造广度优先生成树 T2")
    T2＝[]                                              #存放一棵广度优先生成树
    visited＝[0]*MAXV
    BFSTree(G,0)
    print("  T2:",T2)
```

上述程序的一次执行结果如图 2.51 所示。

图 2.51　第 7 章基础实验题 2 的执行结果

2.7.3　应用实验题

1. 有一个文本文件 gin. txt 存放一个带权无向图的数据,第一行为 n 和 e,分别为顶点个数和边数,接下来的 e 行每行为 u、v、w,表示顶点 u 到 v 的边的权值为 w,例如以下数据表示如图 2.52 所示的图(任意两个整数之间用空格分隔):

```
6 8
0 1 2
0 2 2
0 3 5
1 3 1
2 3 6
3 4 5
3 5 2
4 5 1
```

编写一个实验程序,利用文件 gin. txt 中的图求出顶点 0 到顶点 4 的所有路径及其路径长度。

2. 编写一个实验程序,利用文件 gin. txt 中的图求出顶点 0 到顶点 5 的经过边数最少的一条路径及其路径长度。

3. 编写一个实验程序,利用文件 gin. txt 中的图采用 Prim 算法求出以顶点 0 为起始顶点的一棵最小生成树。

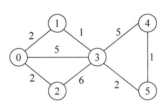

图 2.52　一个带权无向图

4. 编写一个实验程序,利用文件 gin. txt 中的图采用 Kruskal 算法求出一棵最小生成树。

5. 编写一个实验程序,利用文件 gin. txt 中的图求出以顶点 0 为源点的所有单源最短路径及其长度。

6. 编写一个实验程序,利用文件 gin. txt 中的图求出所有两个顶点之间的最短路径及其长度。

7. 有一片大小为 $m \times n (m, n \leqslant 100)$ 的森林,其中有若干群猴子,数字 0 表示树,1 表示猴子,凡是由 0 或者矩形围起来的区域表示有一个猴群在这一带。编写一个实验程序,求一共有多少个猴群及每个猴群的数量。森林用二维数组 g 表示,要求按递增顺序输出猴群的数量,并用相关数据进行测试。

8. 最优配餐问题。栋栋最近开了一家餐饮连锁店,提供外卖服务,随着连锁店越来越多,怎么合理地给客户送餐成为一个急需解决的问题。

栋栋的连锁店所在的区域可以看成是一个 $n \times n$ 的方格图(如图 2.53 所示),方格的格点上的位置可能包含栋栋的分店(绿色标注)或者客户(蓝色标注),有一些格点是不能经过的(红色标注)。

方格图中的线表示可以行走的道路,相邻两个格点的距离为 1。栋栋要送餐必须走可以行走的道路,而且不能经过红色标注的点。

送餐的主要成本体现在路上所花的时间,每份餐每走一个单位的距离需要花费一元钱。

数据结构教程（Python 语言描述）学习与上机实验指导

每个客户的需求都可以由栋栋的任意分店配送，每个分店没有配送总量的限制。

现在有栋栋的客户的需求，请问在最优的送餐方式下送这些餐需要花费多大的成本？

输入格式：输入的第一行包含 4 个整数 n、m、k、d，分别表示方格图的大小、栋栋的分店数量、客户的数量，以及不能经过的点的数量；接下来 m 行，每行两个整数 x_i、y_i，表示栋栋的一个分店在方格图中的横坐标和纵坐标；接下来 k 行，每行 3 个整数 x_i、y_i、c_i，分别表示每个客户在方格图中的横坐标、纵坐标和订餐的量（注意，可能有多个客户在方格图中的同一个位置）；接下来 d 行，每行两个整数，分别表示每个不能经过的点的横坐标和纵坐标。

输出格式：输出一个整数，表示最优送餐方式下所需要花费的成本。

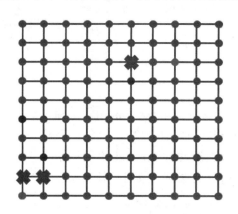

图 2.53 一个方格图

样例输入：

```
10 2 3 3
1 1          //第 1 个分店位置
8 8          //第 2 个分店位置
1 5 1        //第 1 个客户位置和订餐量
2 3 3        //第 2 个客户位置和订餐量
6 7 2        //第 3 个客户位置和订餐量
1 2          //第 1 个不能走的位置
2 2          //第 2 个不能走的位置
6 8          //第 3 个不能走的位置
```

样例输出：

```
29
```

2.7.4 应用实验题参考答案

1. 解：这里采用邻接矩阵存储图，设计 MatGraph 类用于读取 gin.txt 文件并创建图的存储结构。对应的 ExpMatGraph.py 程序文件如下：

```
MAXV = 100                          # 表示最多顶点个数
INF = 0x3f3f3f3f                     # 表示∞
visited = [0] * MAXV                 # 全局访问标志数组
class MatGraph:                      # 图邻接矩阵类
```

```
    def __init__(self,n=0,e=0):              # 构造方法
        self.n=n                              # 顶点数
        self.e=e                              # 边数
        self.edges=[[INF] * MAXV for i in range(MAXV)]      # 邻接矩阵数组
        for i in range(MAXV):                 # 主对角线元素置为 0
            self.edges[i][i]=0

    def CreateMatGraph(self):                 # 通过文件数据建立图的邻接矩阵
        f=open("gin.txt","r")
        tmp=f.readline().split()              # 读取第一行
        self.n=int(tmp[0])
        self.e=int(tmp[1])
        while True:                           # 读取其他行
            tmp=f.readline().split()
            if not tmp: break                 # 读取完毕退出循环
            i,j,w=int(tmp[0]),int(tmp[1]),int(tmp[2])
            self.edges[i][j]=w                # 建立无向图的一条边
            self.edges[j][i]=w
        f.close()

    def DispMatGraph(self):                   # 输出图
        for i in range(self.n):
            for j in range(self.n):
                if self.edges[i][j]==INF:
                    print("%4s"%("∞"),end=' ')
                else:
                    print("%5d" %(self.edges[i][j]),end=' ')
            print()
```

采用带回溯的深度优先遍历方法求解，设计思路参见《教程》第 7 章例 7.7。对应的实验程序 Exp2-1. py 如下：

```
from ExpMatGraph import MatGraph,INF,MAXV
cnt=0                                         # 路径条数
visited=[0] * MAXV                            # 全局访问标志数组

def FindallPath(g,u,v):                       # 求 u 到 v 的所有简单路径
    path=[-1] * MAXV
    d=-1                                       # Path[0..d]存放一条路径
    sum=0                                      # 存放路径长度
    for i in range(g.n): visited[i]=0         # 初始化
    FindallPath1(g,u,v,path,d,sum)

def FindallPath1(g,u,v,path,d,sum):           # 被 FindallPath()调用
    global cnt
    visited[u]=1
    d+=1; path[d]=u                           # 顶点 u 加入路径中
    if u==v:                                   # 找到一条路径后输出
        cnt+=1
        print("     第%d 条路径:" %(cnt),end=' ')
        for i in range(d+1):
```

```
                print(path[i],end=' ')
            print("\t 长度:",sum)                    #输出一条路径
        for w in range(g.n):                         #处理顶点 u 的所有出边
            if g.edges[u][w]!=0 and g.edges[u][w]!=INF:
                if visited[w]==0:                    #w 没有访问过
                    FindallPath1(g,w,v,path,d,sum+g.edges[u][w])    #递归调用
        visited[u]=0                                 #回溯,重置 visited[u] 为 0

#主程序
g=MatGraph()
g.CreateMatGraph()
print()
print("   图 g:")
g.DispMatGraph()
u,v=0,4
print("   %d 到%d 的所有路径:" %(u,v))
FindallPath(g,u,v)
```

上述程序的执行结果如图 2.54 所示。

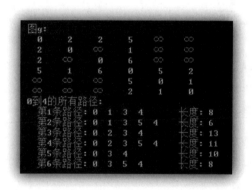

图 2.54　第 7 章应用实验题 1 的执行结果

2. 解：采用广度优先遍历方法求解，设计思路参见《教程》第 7 章例 7.9。对应的实验程序 Exp2-2.py 如下：

```
from ExpMatGraph import MatGraph, INF, MAXV
from collections import deque
visited=[0] * MAXV                        #全局访问标志数组
class QNode:                              #队列元素类
    def __init__(self,p,pre):            #构造方法
        self.vno=p                        #当前顶点的编号
        self.pre=pre                      #当前结点的前驱结点

def ShortPath(G,u,v):                     #求 u 到 v 的一条最短简单路径
    res=[]                                #存放结果
    qu=deque()                            #定义一个队列 qu
    qu.append(QNode(u,None))              #起始结点 u(前驱为 None)进队
    visited[u]=1                          #置已访问标记
    while len(qu)>0:                      #队不空时循环
```

```
        p＝qu.popleft()              ＃出队一个结点
        if p.vno＝＝v:               ＃当前结点 p 为 v 结点
            res.append(v)
            q＝p.pre                 ＃q 为前驱结点
            while q!＝None:          ＃找到起始结点为止
                res.append(q.vno)
                q＝q.pre
            res.reverse()           ＃逆置 res 构成正向路径
            return res
        for w in range(g.n):
            if g.edges[p.vno][w]!＝0 and g.edges[p.vno][w]!＝INF:
                if visited[w]＝＝0:   ＃存在边＜v,w＞并且 w 未访问
                    qu.append(QNode(w,p))  ＃置其前驱结点为 p
                    visited[w]＝1    ＃置已访问标记
```

＃主程序
```
g＝MatGraph()
g.CreateMatGraph()
print()
print("   图 g:")
g.DispMatGraph()
u,v＝0,5
print("   %d 到%d 的经过边最少的路径:" %(u,v),end='')
print(ShortPath(g,u,v))
```

上述程序的执行结果如图 2.55 所示。

图 2.55　第 7 章应用实验题 2 的执行结果

3. 解：采用 Prim 算法直接求解，设计思路参见《教程》7.5.2 节。对应的实验程序
Exp2-3.py 如下：

```
from ExpMatGraph import MatGraph,INF,MAXV
def Prim(g,v):                      ＃求最小生成树
    lowcost＝[0] * MAXV              ＃建立数组 lowcost
    closest＝[0] * MAXV             ＃建立数组 closest
    sum＝0                          ＃存放权值和
    for i in range(g.n):            ＃给 lowcost[]和 closest[]置初值
        lowcost[i]＝g.edges[v][i]
        closest[i]＝v
    for i in range(1,g.n):          ＃找出最小生成树的 n－1 条边
        min＝INF
        k＝－1
```

数据结构教程(Python 语言描述)学习与上机实验指导

```
        for j in range(g.n):                    #在(V−U)中找出离 U 最近的顶点 k
            if lowcost[j]!=0 and lowcost[j]<min:
                min=lowcost[j]
                k=j                             #k 记录最小顶点的编号
        print("        (%d,%d): %d" %(closest[k],k,+min))        #输出最小生成树的边
        sum+=min                                #累计权值和
        lowcost[k]=0                            #将顶点 k 加入 U 中
        for j in range(g.n):                    #修改数组 lowcost 和 closest
            if lowcost[j]!=0 and g.edges[k][j]<lowcost[j]:
                lowcost[j]=g.edges[k][j]
                closest[j]=k
    print("    所有边的取值和=%d" %(sum))

#主程序
g=MatGraph()
g.CreateMatGraph()
print()
print("    图 g:")
g.DispMatGraph()
v=0
print("    求出的一棵最小生成树");
Prim(g,0)
```

上述程序的执行结果如图 2.56 所示。

图 2.56   第 7 章应用实验题 3 的执行结果

4. 解：采用基本的 Kruskal 算法求解，设计思路参见《教程》7.5.3 节。对应的实验程序 Exp2-4.py 如下：

```
from ExpMatGraph import MatGraph, INF, MAXV
from operator import itemgetter, attrgetter
def Kruskal(g):                         #求最小生成树
    vset=[-1] * MAXV                    #建立数组 vset
    sum=0                              #存放权值和
    E=[]                              #建立存放所有边的列表 E
    for i in range(g.n):                #由邻接矩阵 g 产生的边集数组 E
        for j in range(i+1,g.n):        #对于无向图仅考虑上三角部分的边
            if g.edges[i][j]!=0 and g.edges[i][j]!=INF:
```

```
        E.append([i,j,g.edges[i][j]])          #添加[i,j,w]元素
    E.sort(key=itemgetter(2))                   #按权值递增排序
    for i in range(g.n):vset[i]=i               #初始化辅助数组
    cnt=1                                       #cnt 表示当前构造生成树的第几条边,初值为1
    j=0                                         #取 E 中边的下标,初值为0
    while cnt<g.n:                              #生成的边数小于 n 时循环
        u1,v1=E[j][0],E[j][1]                   #取一条边的头、尾顶点
        sn1=vset[u1]
        sn2=vset[v1]                            #分别得到两个顶点所属的集合编号
        if sn1!=sn2:                            #两顶点属于不同的集合,加入不会构成回路
            print("   (%d,%d):%d" %(u1,v1,E[j][2]))    #输出最小生成树的边
            sum+=E[j][2]                        #累计权值和
            cnt+=1                              #生成边数增 1
            for i in range(g.n):                #两个集合统一编号
                if vset[i]==sn2:                #集合编号为 sn2 的改为 sn1
                    vset[i]=sn1
        j+=1                                    #继续取 E 的下一条边
    print("   所有边的取值和=%d" %(sum))

#主程序
g=MatGraph()
g.CreateMatGraph()
print()
print("   图 g:")
g.DispMatGraph()
v=0
print("   求出的一棵最小生成树");
Kruskal(g)
```

上述程序的执行结果如图 2.57 所示。

图 2.57　第 7 章应用实验题 4 的执行结果

5. 解：采用 Dijkstra 算法求解,设计思路参见《教程》7.6.2 节。对应的实验程序 Exp2-5.py 如下：

```
from ExpMatGraph import MatGraph,INF,MAXV
def Dijkstra(g,v):                              #求从 v 到其他顶点的最短路径
    dist=[-1]*MAXV                              #建立 dist 数组
```

```
        path=[-1] * MAXV                    #建立 path 数组
        S=[0] * MAXV                        #建立 S 数组
        for i in range(g.n):
            dist[i]=g.edges[v][i]           #将最短路径长度初始化
            if g.edges[v][i]<INF:           #将最短路径初始化
                path[i]=v                   #v 到 i 有边,置路径上顶点 i 的前驱为 v
            else:                           #v 到 i 没有边时置路径上顶点 i 的前驱为-1
                path[i]=-1
        S[v]=1                              #源点 v 放入 S 中
        u=-1
        for i in range(g.n-1):             #循环向 S 中添加 n-1 个顶点
            mindis=INF                      #mindis 置最小长度初值
            for j in range(g.n):            #选取不在 S 中且具有最小距离的顶点 u
                if S[j]==0 and dist[j]<mindis:
                    u=j
                    mindis=dist[j]
            S[u]=1                          #顶点 u 加入 S 中
            for j in range(g.n):            #修改不在 s 中的顶点的距离
                if S[j]==0:                 #仅修改 S 中的顶点 j
                    if g.edges[u][j]<INF and dist[u]+g.edges[u][j]<dist[j]:
                        dist[j]=dist[u]+g.edges[u][j]
                        path[j]=u
        DispAllPath(dist,path,S,v,g.n)      #输出所有最短路径及长度

def DispAllPath(dist,path,S,v,n):           #输出从顶点 v 出发的所有最短路径
    for i in range(n):                      #循环输出从顶点 v 到 i 的路径
        if S[i]==1 and i!=v:
            apath=[]
            print("    从%d到%d最短路径长度: %d \t路径:" %(v,i,dist[i]),end='')
            apath.append(i)                 #添加路径上的终点
            k=path[i];
            if k==-1:                       #没有路径的情况
                print("无路径")
            else:                           #存在路径时输出该路径
                while k!=v:
                    apath.append(k)         #顶点 k 加入路径中
                    k=path[k]
                apath.append(v)             #添加路径上的起点
                apath.reverse()             #逆置 apath
                print(apath)                #输出最短路径

#主程序
g=MatGraph()
g.CreateMatGraph()
print()
print("   图 g:")
g.DispMatGraph()
v=0
print("   求解结果")
Dijkstra(g,v)
```

上述程序的执行结果如图 2.58 所示。

图 2.58　第 7 章应用实验题 5 的执行结果

6. 解：采用 Floyd 算法求解，设计思路参见《教程》7.6.3 节。对应的实验程序 Exp2-6.py 如下：

```
from ExpMatGraph import MatGraph, INF, MAXV
def Floyd(g):                               #输出所有两个顶点之间的最短路径
    A=[[0] * MAXV for i in range(MAXV)]      #建立 A 数组
    path=[[0] * MAXV for i in range(MAXV)]   #建立 path 数组
    for i in range(g.n):                     #给数组 A 和 path 置初值,即求 A_{-1}[i][j]
        for j in range(g.n):
            A[i][j]=g.edges[i][j]
            if i!=j and g.edges[i][j]< INF:
                path[i][j]=i                 #i 和 j 顶点之间有边时
            else:
                path[i][j]=-1                #i 和 j 顶点之间没有边时
    for k in range(g.n):                     #求 A_k[i][j]
        for i in range(g.n):
            for j in range(g.n):
                if A[i][j]> A[i][k]+A[k][j]:
                    A[i][j]=A[i][k]+A[k][j]
                    path[i][j]=path[k][j]    #修改最短路径
    Dispath(A,path,g)                        #生成最短路径和长度

def Dispath(A,path,g):                       #输出所有的最短路径和长度
    for i in range(g.n):
        for j in range(g.n):
            if A[i][j]!=INF and i!=j:        #若顶点 i 和 j 之间存在路径
                print("    顶点%d 到%d 的最短路径长度: %d\t 路径:" %(i,j,A[i][j]),end='')
                k=path[i][j]
                apath=[j]                    #路径上添加终点
                while k!=-1 and k!=i:        #路径上添加中间点
                    apath.append(k)          #顶点 k 加入路径中
                    k=path[i][k]
                apath.append(i)              #路径上添加起点
                apath.reverse()              #逆置
                print(apath)                 #输出最短路径
```

```
#主程序
g＝MatGraph()
g.CreateMatGraph()
print()
v＝0
print("  求解结果")
Floyd(g)
```

上述程序的执行结果如图 2.59 所示。

图 2.59　第 7 章应用实验题 6 的执行结果

7. 解：从 $g[i][j]=1$ 的 (i,j) 位置出发遍历上、下、左、右 4 个方位为 1 的个数(面积)，可以采用深度优先和广度优先遍历求解。对应的实验程序 Exp2-7.py 如下：

```
from collections import deque          #引用双端队列 deque
MAXV＝100
dx＝[1,0,-1,0]                          #x 方向偏移量
dy＝[0,1,0,-1]                          #y 方向偏移量
#解法 1:采用深度优先遍历求解
def solve1(g):
    m＝len(g)
    n＝len(g[0])
    ans＝[]
    for i in range(m):
        for j in range(n):
            if g[i][j]==1:
```

```
                area=dfs(g,m,n,i,j)           #求从(i,j)出发遍历的面积
                if area!=0:
                    ans.append(area)          #将面积添加到 ans 中
        return ans


def dfs(g,m,n,i,j):                           #从(i,j)位置出发深度优先遍历
    g[i][j]=-1
    area=1                                    #(i,j)位置计入面积
    for k in range(4):                        #考虑上、下、左、右 4 个方位
        x=i+dx[k]
        y=j+dy[k]
        if x>=0 and x<m and y>=0 and y<n and g[x][y]==1:
            area+=dfs(g,m,n,x,y)              #累计面积
    return area


#解法 2:采用广度优先遍历求解
def solve2(g):
    m=len(g)
    n=len(g[0])
    ans=[]
    for i in range(m):
        for j in range(n):
            if g[i][j]==1:
                area=bfs(g,m,n,i,j)           #求从(i,j)出发遍历的面积
                if area!=0:
                    ans.append(area)          #将面积添加到 ans 中
    return ans


def bfs(g,m,n,i,j):                           #从(i,j)位置出发广度优先遍历
    qu=deque()                                #将双端队列作为普通队列 qu
    g[i][j]=-1
    area=1                                    #(i,j)位置计入面积
    qu.append([i,j])                          #(i,j)进队
    while len(qu)>0:                          #队不空时循环
        v=qu.popleft()                        #出队顶点 v
        for k in range(4):                    #考虑上、下、左、右 4 个方位
            x=v[0]+dx[k]
            y=v[1]+dy[k]
            if x>=0 and x<m and y>=0 and y<n and g[x][y]==1:
                area+=1                       #累计面积
                g[x][y]=-1                    #置已访问标记
                qu.append([x,y])
    return area


#主程序
g=[[0,1,1,1,1,0,0,0,1,1],
   [1,0,1,1,1,1,0,1,0,0],
   [1,0,1,1,1,0,0,1,1,1],
   [0,0,0,0,0,0,0,0,1,1]]
print()
print("  解法 1(DFS)")
```

数据结构教程（**Python** 语言描述）学习与上机实验指导

```
visited=[0] * MAXV
ans=solve1(g)
ans.sort()
print("      共有%d 个猴群" %(len(ans)))
print("      各猴群的数量:",ans)
for i in range(len(g)):                              #恢复 g
    for j in range(len(g[0])):
        if g[i][j]==-1: g[i][j]=1
print("   解法 2(BFS)")
visited=[0] * MAXV
ans=solve2(g)
ans.sort()
print("      共有%d 个猴群" %(len(ans)))
print("      各猴群的数量:",ans)
```

上述程序的执行结果如图 2.60 所示。

图 2.60   第 7 章应用实验题 7 的执行结果

8. 解：采用广度优先遍历从分店搜索客户（从一个分店出发可以给多个客户送餐），用 ans 存放所需要花费的成本（初始为 0）。先将所有分店进队（每个分店看成一个搜索点），再出队一个搜索点，找到所有相邻可走的搜索点并进队。若搜索点是客户，计算花费的成本并累加到 ans 中。

简单地说，采用多个初始搜索点（分店）同步搜索的广度优先遍历，由于是同步，最先找到的客户的送餐成本一定是最小的。一旦找到一个新搜索点（含客户），将其看成是一个分店继续搜索。处理不能经过的点十分简单，仅将对应位置的访问标记数组 vis 的元素值置为 1 即可。

对应的实验程序 Exp2-8.py 如下：

```
from collections import deque            #引用双端队列 deque
dx=[1,0,-1,0]                            #x 方向偏移量
dy=[0,1,0,-1]                            #y 方向偏移量
qu=deque()                              #将双端队列作为普通队列 qu
class QNode:                            #搜索点(队中元素)类型
    def __init__(self,x1,y1,d1=0):        #构造方法
        self.x=x1
        self.y=y1
        self.dep=d1

def Init():                             #初始化
    global n,k
    global A,vis,cost
```

```
n, m, k, d = map(int, input().split())
N = n+2                                   #位置编号从 1 开始到 N-1
A = [[0] * N for i in range(N)]           #方格图
vis = [[0] * N for i in range(N)]         #访问标记
cost = [[0] * N for i in range(N)]        #(x, y)位置的订餐量
for i in range(1, m+1):                   #输入分店
    x, y = map(int, input().split())
    e = QNode(x, y)
    qu.append(e)                          #分店进队
    vis[x][y] = 1                         #分店不能重复访问
for i in range(1, k+1):                   #输入客户位置和订餐量
    x, y, c = map(int, input().split())
    A[x][y] = 1                           #客户位置设置为 1
    cost[x][y] += c                       #累计相同位置的客户订餐量(一个位置可能
                                          #有多个客户)
for i in range(1, d+1):                   #输入不能走的位置
    x, y = map(int, input().split())
    vis[x][y] = 1                         #不能走的位置设置 vis 为 1

def BFS():                                #求解算法
    global n, k, cnt, ans
    global A, vis, cost
    while qu:                             #队不空时循环
        if cnt == k: return               #订单处理完毕
        e = qu.popleft()                  #出队元素 e
        sx, sy, d = e.x, e.y, e.dep
        for i in range(4):                #找搜索点的相邻可走搜索点(ex, ey)
            ex = sx + dx[i]
            ey = sy + dy[i]
            if vis[ex][ey] == 0 and ex >= 1 and ex <= n and ey >= 1 and ey <= n:
                vis[ex][ey] = 1
                e1 = QNode(ex, ey, d+1)
                qu.append(e1)             #搜索点(ex, ey, d+1)进队
                if A[ex][ey] == 1:        #找到一个客户
                    ans += e1.dep * cost[ex][ey]
                    cnt += 1              #累计订单数
#主程序
Init()                                    #接受输入
ans = 0                                   #所需要花费的成本
cnt = 0                                   #处理的订单数
BFS()
print(ans)
```

2.8　第 8 章　查找

说明：本节所有上机实验题的程序文件位于 ch8 文件夹中。

2.8.1　基础实验题

1. 编写一个实验程序，对一个递增有序表进行折半查找，输出成功找到其中每个元素的查找序列，用相关数据进行测试。

2. 有一个含 25 个整数的查找表 R，其关键字序列为(8,14,6,9,10,22,34,18,19,31, 40,38,54,66,46,71,78,68,80,85,100,94,88,96,87)。假设将 R 中的 25 个元素分为 5 块 ($b=5$)，每块中有 5 个元素($s=5$)，并且这样分块后满足分块有序性。编写一个实验程序，采用分块查找，建立对应的索引表，在查找索引表和对应块时均采用顺序查找法，给出[6, 22,19,54,66,80,94,87]中每个关键字的查找结果和关键字的比较次数。

3. 有一个整数序列，其中的整数可能重复。编写一个实验程序，以整数为关键字、出现次数为值建立一棵二叉排序树，包括按整数查找、删除和以括号表示串输出二叉排序树的运算，用相关数据进行测试。

2.8.2　基础实验题参考答案

1. 解：折半查找过程参见《教程》8.2.2 节。对应的实验程序 Exp1-1.py 如下：

```
def BinSearch(R,k):                    #折半查找非递归算法
    n=len(R)
    L=[]                               #存放查找序列
    low,high=0,n-1
    while low<=high:                   #当前区间非空时
        mid=(low+high)//2              #求查找区间的中间位置
        L.append(R[mid])
        if k==R[mid]:                  #查找成功返回其序号 mid
            return L
        if k<R[mid]:                   #继续在 R[low..mid-1]中查找
            high=mid-1
        else:                          #k>R[mid]
            low=mid+1                  #继续在 R[mid+1..high]中查找

#主程序
a=[1,2,3,4,5,6,7,8,9]
print()
print("  整数序列:",a)
for i in range(len(a)):
    L=BinSearch(a,a[i])
    print("  查找%d的查找序列:" %(a[i]),end='')
    print(L)
```

上述程序的执行结果如图 2.61 所示。

图 2.61　第 8 章基础实验题 1 的执行结果

2. 解：分块查找过程参见《教程》8.2.3 节。对应的实验程序 Exp1-2. py 如下：

```
class IdxType:                              #索引表类型
    def __init__(self,j=None,k=None):       #构造方法
        self.key=k                          #关键字(这里是对应块中的最大关键字)
        self.link=j                         #该索引块在数据表中的起始下标

def CreateI(R,I,b):                         #构造索引表 I[0..b-1]
    n=len(R)
    s=(n+b-1)//b;                           #每块的元素个数
    j=0
    jmax=R[j]
    for i in range(b):                      #构造 b 个块
        I[i]=IdxType(j)
        while j<=(i+1)*s-1 and j<=n-1:      #j遍历一个块,查找其中的最大关键字 jmax
            if R[j]>jmax: jmax=R[j]
            j+=1
        I[i].key=jmax
        if j<=n-1:                          #j没有遍历完,jmax置为下一个块首元素关键字
            jmax=R[j]

def BlkSearch(R,I,b,k):                     #在 R[0..n-1]和索引表 I[0..b-1]中查找 k
    n=len(R)
    ans=0                                   #累计比较次数
    j=0
    ans+=1
    while j<b and k>I[j].key:               #在索引表中顺序查找,找到块号为 j 的块
        j+=1
        ans+=1
    i=I[j].link                             #求所在块的起始位置
    s=(n+b-1)/b                             #求每块的元素个数 s
    if i==b-1:                              #第 i 块是最后块,元素个数可能少于 s
        s=n-s*(b-1)
    ans+=1
    while i<=I[j].link+s-1 and R[i]!=k:
        i+=1
        ans+=1
    return [i,ans]

#主程序
R=[8,14,6,9,10,22,34,18,19,31,40,38,54,66,46,71,78,68,80,85,100,94,88,96,87]
b=5
print()
print("  R:",R[0:15])
print("    ",R[16:])
I=[None]*b
CreateI(R,I,b)
print("  建立索引块:")
for i in range(b):
    print("                                        %d:[%d,%d]"%(i,I[i].key,I[i].link))
s=[6,22,19,54,66,80,94,87]
```

```
print("  查找")
for i in range(len(s)):
    k=s[i]
    ans=BlkSearch(R,I,b,k)
    print("      k=%d 的位置：%d\t 比较次数：%d" %(k,ans[0],ans[1]))
```

上述程序的执行结果如图 2.62 所示。

图 2.62　第 8 章基础实验题 2 的执行结果

3. 解：二叉排序树的创建、查找和删除过程参见《教程》8.3.1 节。对应的实验程序 Exp1-3.py 如下：

```
class BSTNode:                               ♯二叉排序树结点类
    def __init__(self,k,l=None,r=None):       ♯构造方法
        self.key=k                           ♯存放关键字，假设关键字为 int 类型
        self.data=1                          ♯存放数据项表示出现次数
        self.lchild=l                        ♯存放左孩子指针
        self.rchild=r                        ♯存放右孩子指针


class BSTClass:                              ♯二叉排序树类
    def __init__(self):                       ♯构造方法
        self.r=None                          ♯二叉排序树的根结点
        self.f=None                          ♯用于存放待删除结点的双亲结点

    ♯二叉排序树的基本运算算法
    def InsertBST(self,k,d):                  ♯插入一个(k,d)结点
        self.r=self._InsertBST(self.r,k,d)
    def _InsertBST(self,p,k):                 ♯在以 p 为根的 BST 中插入关键字为 k 的结点
        if p==None:                          ♯原树为空，新插入的元素为根结点
            p=BSTNode(k)
        elif k < p.key:
            p.lchild=self._InsertBST(p.lchild,k)  ♯插入 p 的左子树中
        elif k > p.key:
            p.rchild=self._InsertBST(p.rchild,k)  ♯插入 p 的右子树中
```

```
        else:                                      # 找到关键字为 k 的结点,修改 data 属性
            p.data+=1                              # 出现次数增 1
        return p

    def CreateBST(self,a):                         # 由关键字序列 a 创建一棵二叉排序树
        self.r=BSTNode(a[0])                       # 创建根结点
        for i in range(1,len(a)):                  # 创建其他结点
            self._InsertBST(self.r,a[i])           # 插入 a[i]

    def SearchBST(self,k):                         # 在二叉排序树中查找关键字为 k 的结点
        return self._SearchBST(self.r,k)           # r 为二叉排序树的根结点
    def _SearchBST(self,p,k):                      # 被 SearchBST() 方法调用
        if p==None: return None                    # 空树返回 None
        if p.key==k: return p                      # 找到后返回 p
        if k < p.key:
            return self._SearchBST(p.lchild,k)     # 在左子树中递归查找
        else:
            return self._SearchBST(p.rchild,k)     # 在右子树中递归查找

    def DeleteBST(self,k):                         # 删除关键字为 k 的结点
        self.f=None
        return self._DeleteBST(self.r,k,-1)        # r 为二叉排序树的根结点
    def _DeleteBST(self,p,k,flag):                 # 被 DeleteBST() 方法调用
        if p==None:
            return False                           # 空树返回 False
        if p.key==k:
            return self.DeleteNode(p,self.f,flag)  # 找到后删除 p 结点
        if k < p.key:
            self.f=p
            return self._DeleteBST(p.lchild,k,0)   # 在左子树中递归查找
        else:
            self.f=p
            return self._DeleteBST(p.rchild,k,1)   # 在右子树中递归查找
    def DeleteNode(self,p,f,flag):                 # 删除结点 p(其双亲为 f)
        if p.rchild==None:                         # 结点 p 只有左孩子(含 p 为叶子的情况)
            if flag==-1:                           # 结点 p 的双亲为空(p 为根结点)
                self.r=p.lchild                    # 修改根结点 r 为 p 的左孩子
            elif flag==0:                          # p 为双亲 f 的左孩子
                self.f.lchild=p.lchild             # 将 f 的左孩子置为 p 的左孩子
            else:                                  # p 为双亲 f 的右孩子
                self.f.rchild=p.lchild             # 将 f 的右孩子置为 p 的左孩子
        elif p.lchild==None:                       # 结点 p 只有右孩子
            if flag==-1:                           # 结点 p 的双亲为空(p 为根结点)
                self.r=p.rchild                    # 修改根结点 r 为 p 的右孩子
            elif flag==0:                          # p 为双亲 f 的左孩子
                self.f.lchild=p.rchild             # 将 f 的左孩子置为 p 的左孩子
            else:                                  # p 为双亲 f 的右孩子
                self.f.rchild=p.rchild             # 将 f 的右孩子置为 p 的左孩子
        else:                                      # 结点 p 有左、右孩子
            f1=p                                   # f1 为结点 q 的双亲结点
            q=p.lchild                             # q 转向结点 p 的左孩子
```

数据结构教程（Python 语言描述）学习与上机实验指导

```
            if q. rchild==None:                     #若结点 q 没有右孩子
                p. key=q. key                        #将被删结点 p 的值用 q 的值替代
                p. data=q. data
                p. lchild=q. lchild                  #删除结点 q
            else:                                    #若结点 q 有右孩子
                while q. rchild!=None:               #找到最右下结点 q,其双亲结点为 f1
                    f1=q
                    q=q. rchild
                p. key=q. key                        #将被删结点 p 的值用 q 的值替代
                p. data=q. data
                f1. rchild=q. lchild                 #删除结点 q
        return True

    def DispBST(self):                               #输出二叉排序树的括号表示串
        self._DispBST(self. r)

    def _DispBST(self, p):                           #被 DispBST()方法调用
        if p!=None:
            print("%d[%d]" %(p. key, p. data), end='')     #输出根结点值
            if p. lchild!=None or p. rchild!=None:
                print("(", end='')                   #有孩子结点时才输出"("
                self._DispBST(p. lchild)              #递归处理左子树
                if p. rchild!=None:
                    print(",", end='')               #有右孩子结点时才输出","
                self._DispBST(p. rchild)              #递归处理右子树
                print(")", end='')                   #有孩子结点时才输出")"

#主程序
if __name__ == '__main__':
    a=[1,3,2,1,5,4,1,6,1,4,5]
    print()
    print("  a: ",a)
    bt=BSTClass()
    print("  创建 BST")
    bt. CreateBST(a)
    print("  BST:",end=''); bt. DispBST(); print()
    k=1
    p=bt. SearchBST(k)
    print("  整数%d 出现次数: %d" %(k, p. data))
    k=1
    print("  删除整数%d" %(k))
    bt. DeleteBST(k)
    print("  BST:",end=''); bt. DispBST(); print()
```

上述程序的执行结果如图 2.63 所示。

图 2.63　第 8 章基础实验题 3 的执行结果

2.8.3　应用实验题

1. 对于给定的一个无序整数数组 a，求其中与 x 最接近的整数的位置，若有多个这样的整数，返回最后一个整数的位置，给出算法的时间复杂度，并用相关数据测试。

2. 对于给定的一个递增整数数组 a，求其中与 x 最接近的整数的位置，若有多个这样的整数，返回最后一个整数的位置，并用相关数据测试。

3. 有一个整数序列，其中存在相同的整数，创建一棵二叉排序树，按递增顺序输出所有不同整数的名次（第几小的整数，从 1 开始计）。例如，整数序列为 $(3,5,4,6,6,5,1,3)$，求解结果是 1 的名次为 $1,3$ 的名次为 $2,4$ 的名次为 $4,5$ 的名次为 $5,6$ 的名次为 7。

4. 小明要输入一个整数序列 $a_1, a_2, \cdots, a_n$（所有整数均不相同），他在输入过程中随时要删除当前输入部分或者全部序列中的最大整数或者最小整数，为此小明设计了一个结构 S 和如下功能算法。

① insert(S, x)：向结构 S 中添加一个整数 x。

② delmin(S)：在结构 S 中删除最小整数。

③ delmax(S)：在结构 S 中删除最大整数。

请帮助小明设计一个好的结构 S，尽可能在时间和空间两个方面高效地实现上述算法，并给出各个算法的时间复杂度。

2.8.4　应用实验题参考答案

1. 解：由于 a 是无序的，采用顺序查找方法，通过遍历 a，求 $a[i]$ 与 x 的最小绝对值差 d，用 res 保存这样的 i，若存在相同最小绝对值差的元素 $a[j]$，置 res$=j$。该算法的时间复杂度为 $O(n)$。对应的实验程序 Exp2-1.py 如下：

```
def closest(a,x):            ♯在无序序列 a 中查找最接近的元素的序号
    d=0x3f3f3f3f             ♯最大整数
    res=0
    for i in range(len(a)):
        if abs(a[i]-x)<=d:
            d=abs(a[i]-x)
            res=i
    return res

♯主程序
a=[3,1,4,8,6,10,2,3]
print()
print("   整数序列:",a)
x=7
j=closest(a,x)
print("   最接近%d的整数位置%d[%d]" %(x,j,a[j]))
x=3
j=closest(a,x)
print("   最接近%d的整数位置%d[%d]" %(x,j,a[j]))
x=9
j=closest(a,x)
```

```
print("    最接近%d 的整数位置%d[%d]" %(x,j,a[j]))
```

上述程序的执行结果如图 2.64 所示。

图 2.64　第 8 章应用实验题 1 的执行结果

2. 解：由于 *a* 是递增有序的,可以采用《教程》8.2.2 节的折半查找扩展算法 GOEk()
找到 *x* 的插入点 *j*,置 *i*=*j*-1,若 *a*[*j*]更接近 *x*(含距离相同的情况),返回 *j*,否则返回 *i*。
该算法的时间复杂度为 $O(\log_2 n)$。对应的实验程序 Exp2-2.py 如下:

```
def closest(a,x):                    #在递增序列 a 中查找最接近的元素的序号
    n=len(a)
    if x<=a[0]:                       #x 小于或者等于 a[0]的情况
        return 0
    if x>=a[n-1]:                     #x 大于或者等于 a[n-1]的情况
        return n-1
    j=GOEk(a,x)                       #求 a 中第一个大于或者等于 x 的序号 j
    i=j-1                             #求 j 的前一个序号 i
    if a[j]-x<=x-a[i]:                #a[j]更接近 x(含距离相同的情况)
        return j
    else:                            #a[i]更接近 x
        return i

def GOEk(R,k):                        #查找第一个大于或者等于 k 的序号,即 k 的插入点
    n=len(R)
    low,high=0,n-1
    while low<=high:                  #当前区间非空时
        mid=(low+high)//2             #求查找区间的中间位置
        if k<=R[mid]:                 #继续在 R[low..mid-1]中查找
            high=mid-1
        else:                        #k>R[mid]
            low=mid+1                 #继续在 R[mid+1..high]中查找
    return high+1                     #返回 high+1

#主程序
a=[1,4,6,10,16,20]
print()
print("    递增整数序列:",a)
x=0
j=closest(a,x)
print("    最接近%d 的整数位置%d[%d]" %(x,j,a[j]))
x=5
j=closest(a,x)
print("    最接近%d 的整数位置%d[%d]" %(x,j,a[j]))
x=13
```

```
j＝closest(a,x)
print("　　最接近%d的整数位置%d[%d]" %(x,j,a[j]))
x＝25
j＝closest(a,x)
print("　　最接近%d的整数位置%d[%d]" %(x,j,a[j]))
```

上述程序的执行结果如图 2.65 所示。

图 2.65　第 8 章应用实验题 2 的执行结果

3. 解：在二叉排序树的结点中增加 size 成员表示以这个结点为根的子树中的结点个数(包括自己)，增加 cnt 成员表示相同关键字的出现次数(把 key 相同的整数放在一个结点中)。采用《教程》中第 8 章的方法创建这样的二叉排序树 bt，例如由整数序列(3,5,4,6,6,5,1,3)创建的二叉排序树如图 2.66 所示，在结点旁边的 (x,y) 中，x 表示 size，y 表示 cnt。

求二叉排序树中关键字 k 的名次，即树中小于或者等于 k 的结点个数，这里是最小排名，若有多个关键字 k，返回第一个 k 的名次。在以结点 p 为根结点的子树中求关键字 k 的名次的过程如下：

① 若当前结点 p 的关键字等于 k，返回其左子树结点个数＋1(这里是最小排名，如果是最大排名，改为返回左子树结点个数＋1)。

② 若 k 小于结点 p 的关键字，说明结果在左子树中，返回在左子树中查找关键字 k 的名次的结果。

图 2.66　一棵二叉排序树

③ 若 k 大于结点 p 的关键字，说明结果在右子树中，则需要将右子树查找到的关键字 k 的结果加上左子树和根的名次。

对应的实验程序 Exp2-3.py 如下：

```
class BSTNode:                          #二叉排序树结点类
    def __init__(self,k):               #构造方法
        self.key＝k                     #存放关键字，假设关键字为 int 类型
        self.size＝1                    #以这个结点为根的子树中的结点个数
        self.cnt＝1                     #相同关键字的出现次数
        self.lchild＝None               #存放左孩子指针
        self.rchild＝None               #存放右孩子指针

class BSTClass:                         #二叉排序树类
    def __init__(self):                 #构造方法
        self.r＝None                    #二叉排序树的根结点

    def getsize(self,p):                #求结点 p 的 size
```

数据结构教程(Python 语言描述)学习与上机实验指导

```
        if p==None:
            return 0
        else:
            return p.size

    def InsertBST(self,k):                          #插入一个关键字为 k 的结点
        self._InsertBST(r,k)

    def _InsertBST(self,p,k):                        #在以 p 为根的 BST 中插入关键字为 k 的结点
        if p==None:                                  #原树为空,新插入的元素为根结点
            p=BSTNode(k)
        elif k==p.key:                               #找到相同关键字时 cnt 增 1
            p.cnt+=1
        elif k < p.key:
            p.lchild=self._InsertBST(p.lchild,k)     #插入 p 的左子树中
        elif k > p.key:
            p.rchild=self._InsertBST(p.rchild,k)     #插入 p 的右子树中
        p.size=self.getsize(p.lchild)+self.getsize(p.rchild)+p.cnt   #维护结点 p 的 size 值
        return p

    def CreateBST(self,a):                           #由关键字序列 a 创建一棵二叉排序树
        self.r=BSTNode(a[0])                         #创建根结点
        for i in range(1,len(a)):                    #创建其他结点
            self._InsertBST(self.r,a[i])             #插入关键字 a[i]

    def Rank(self,k):                                #求关键字 k 的名次
        return self._Rank(self.r,k)

    def _Rank(self,p,k):                             #在结点 p 的子树中求关键字 k 的名次
        if p==Nonc:
            return 0
        if k==p.key:                                 #找到关键字为 k 的结点
            return self.getsize(p.lchild)+1
        if k < p.key:
            return self._Rank(p.lchild,k)
        else:
            return self._Rank(p.rchild,k)+self.getsize(p.lchild)+p.cnt

    def DispBST(self):                               #输出二叉排序树的括号表示串
        self._DispBST(self.r)

    def _DispBST(self,p):                            #被 DispBST()方法调用
        if p!=None:
            print("%d[%d,%d]" %(p.key,p.size,p.cnt),end='')   #输出根结点值
            if p.lchild!=None or p.rchild!=None:
                print("(",end='')                    #有孩子结点时才输出"("
                self._DispBST(p.lchild)              #递归处理左子树
                if p.rchild!=None:
                    print(",",end='')                #有右孩子结点时才输出","
                self._DispBST(p.rchild)              #递归处理右子树
                print(")",end='')                    #有孩子结点时才输出")"
```

```
# 主程序
if __name__ == '__main__':
    a=[3,5,4,6,6,5,1,3]
    bt=BSTClass()
    bt.CreateBST(a)
    print()
    print("  BST: ",end=' ');bt.DispBST();print()
    s=set(a)                        # 采用集合去重
    print("  求解结果")
    for e in s:
        print("    %d 的名次是%d" %(e,bt.Rank(e)))
```

上述程序的执行结果如图 2.67 所示。

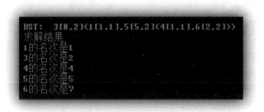

图 2.67　第 8 章应用实验题 3 的执行结果

4. 解：采用一棵平衡二叉树 avl 存放输入的整数序列，最小整数为根结点的最左下结点，最大整数为根结点的最右下结点。这里采用《教程》第 8 章中例 8.13 设计的 AVLTree 类实现结构 S。对应的实验程序 Exp2-4.py 如下：

```
from AVL import AVLTree              # 引用 AVL.py 文件中的 AVLTree
class Struction:                     # 类 Struction
    def __init__(self):              # 构造方法
        self.avl=AVLTree()           # 存放输入的整数序列

    def insert(self,x):              # 添加一个整数 x
        self.avl.insert(x,None)

    def delmin(self):                # 删除最小整数
        p=self.avl.r                 # 从 avl 的根结点开始查找最小结点 p
        if p==None: return
        while p.lchild!=None:
            p=p.lchild
        k=p.key
        self.avl.delete(k)           # 删除 k

    def delmax(self):                # 删除最大整数
        p=self.avl.r                 # 从 avl 的根结点开始查找最小结点 p
        if p==None: return
        while p.rchild!=None:
            p=p.rchild
        k=p.key
```

```
            self.avl.delete(k)                        ＃删除 k

    def disp(self):                                   ＃输出 S 中的所有元素
        res＝self.avl.inorder()
        print("[ ",end='')
        for i in range(len(res)):
            print(res[i][0],end=' ')
        print("]")

    def run():
        s＝Struction()
        print()
        while True:
            sel＝int(input("   操作:1－输入 2－删除最小元素 3－删除最大元素 0－退出 选择:"))
            if sel＝＝0: break
            if sel＝＝1:
                x＝int(input("   x:"))
                s.insert(x)
                print("   ＊＊插入后: ",end=''); s.disp()
            elif sel＝＝2:
                s.delmin()
                print("   ＊＊删除后: ",end=''); s.disp()
            elif sel＝＝3:
                s.delmax()
                print("   ＊＊删除后: ",end=''); s.disp()
            else:
                print("   ＊＊操作错误")
            print()
```

＃主程序
if __name__ == '__main__':
    run()

上述程序的执行结果如图 2.68 所示。

图 2.68   第 8 章应用实验题 4 的执行结果

2.9　第9章　排序

说明：本节所有上机实验题的程序文件位于 ch9 文件夹中。

2.9.1　基础实验题

1. 编写一个实验程序，采用快速排序完成一个整数序列的递增排序，要求输出每次划分的结果，并用相关数据进行测试。

2. 编写一个实验程序，采用堆排序完成一个整数序列的递增排序，输出每一趟排序的结果，并用相关数据进行测试。

3. 编写一个实验程序，采用自底向上的二路归并排序完成一个整数序列的递增排序，输出每一趟排序的结果，并用相关数据进行测试。

4. 编写一个实验程序，对于给定的一个十进制整数序列(369,367,167,239,237,138,230,139)，采用最低位优先和最高位优先基数排序算法进行排序，给出各趟的排序结果，比较两者的最终结果，说明基数排序选择最低位优先还是最高位优先的原则。

5. 编写一个实验程序，对于给定的一个十进制整数序列(369,367,167,239,237,138,230,139)，采用基数排序算法进行递减排序，给出各趟的排序结果。

2.9.2　基础实验题参考答案

1. **解**：快速排序的过程参见《教程》9.3.2节，每次以 base 为基准划分的输出格式是"[左子序列] base [右子序列]"。对应的实验程序 Exp1-1.py 如下：

```
def disp(R,s,t,i):                           ♯输出每一次划分的结果
    print("   ",end='')
    for j in range(s):
        print("   ",end='')
    print("[",end='')
    for j in range(s,i):
        print("%3d" %(R[j]),end='')
    print("] %d [" %(R[i]),end='')
    for j in range(i+1,t+1):
        print("%3d" %(R[j]),end='')
    print("]")

def Partition2(R,s,t):
    i,j=s,t
    base=R[s]                                ♯以表首元素为基准
    while i!=j:                              ♯从表两端交替向中间遍历,直到i=j为止
        while j>i and R[j]>=base:
            j-=1                             ♯从后向前遍历,找一个小于基准的 R[j]
        if j>i:
            R[i]=R[j]                        ♯R[j]前移覆盖 R[i]
            i+=1
        while i<j and R[i]<=base:
            i+=1                             ♯从前向后遍历,找一个大于基准的 R[i]
```

数据结构教程（Python 语言描述）学习与上机实验指导

```
        if i < j:
            R[j] = R[i]                    ♯ R[i]后移覆盖 R[j]
            j-=1
        R[i] = base                        ♯ 基准归位
        return i                           ♯ 返回归位的位置

    def QuickSort(R):                      ♯ 对 R[0..n-1]的元素按递增进行快速排序
        QuickSort1(R, 0, len(R)-1)
    def QuickSort1(R, s, t):               ♯ 对 R[s..t]的元素进行快速排序
        if s < t:                          ♯ 表中至少存在两个元素的情况
            i = Partition2(R, s, t)
            disp(R, s, t, i)
            QuickSort1(R, s, i-1)          ♯ 对左子表递归排序
            QuickSort1(R, i+1, t)          ♯ 对右子表递归排序

    ♯ 主程序
    if __name__ == '__main__':
        R = [6, 8, 7, 9, 0, 1, 3, 2, 4, 5]
        print()
        print("  初始序列", end=' ')
        print(R)
        print("  排序过程")
        QuickSort(R)
        print("  排序结果", end=' ')
        print(R)
```

上述程序的执行结果如图 2.69 所示。

图 2.69　第 9 章基础实验题 1 的执行结果

2. 解：堆排序的过程参见《教程》9.4.2 节。对应的实验程序 Exp1-2.py 如下：

```
def siftDown(R, low, high):                ♯ R[low..high]的自顶向下筛选
    i = low
    j = 2 * i + 1                          ♯ R[j]是 R[i]的左孩子
    tmp = R[i]                            ♯ tmp 临时保存根结点
    while j <= high:                       ♯ 只对 R[low..high]的元素进行筛选
        if j < high and R[j] < R[j+1]:
            j += 1                         ♯ 若右孩子较大,把 j 指向右孩子
        if tmp < R[j]:                     ♯ tmp 的孩子较大
```

```
        R[i]＝R[j]                          ♯将 R[j]调整到双亲位置上
        i,j＝j,2∗i+1                        ♯修改 i 值和 j 值,以便继续向下筛选
    else: break                            ♯若孩子较小,则筛选结束
    R[i]＝tmp                              ♯原根结点放入最终位置

def HeapSort(R):                           ♯对 R[0..n-1]按递增进行堆排序
    n＝len(R)
    for i in range(n//2-1,-1,-1):          ♯循环建立初始堆
        siftDown(R,i,n-1)                  ♯对 R[i..n-1]进行筛选
    print("    初始堆: ",R)
    for i in range(n-1,0,-1):              ♯进行 n-1 趟排序,每一趟排序的元素个数减 1
        R[0],R[i]＝R[i],R[0]               ♯将区间中的最后一个元素与 R[0]交换
        print("    i=%d:    " %(i),R)
        siftDown(R,0,i-1)                  ♯对 R[0..i-1]继续筛选

♯主程序
if _name_ == '_main_':
    R＝[6,8,7,9,0,1,3,2,4,5]
    print()
    print("    初始序列",end=' ')
    print(R)
    print("    排序过程")
    HeapSort(R)
    print("    排序结果",end=' ')
    print(R)
```

上述程序的执行结果如图 2.70 所示。

图 2.70　第 9 章基础实验题 2 的执行结果

3. 解：自底向上的二路归并排序的过程参见《教程》9.5.1 节。对应的实验程序 Exp1-3.py 如下：

```
def Merge(R,low,mid,high):                 ♯R[low..mid]和 R[mid+1..high]归并为 R[low..high]
    R1＝[None] ∗ (high-low+1)              ♯分配临时归并空间 R1
    i,j,k＝low,mid+1,0                      ♯k 是 R1 的下标,i,j 分别为第 1、2 段的下标
    while i <= mid and j <= high:          ♯在第 1 段和第 2 段均未扫描完时循环
        if R[i]<=R[j]:                     ♯将第 1 段中的元素放入 R1 中
            R1[k]＝R[i]
```

数据结构教程（Python 语言描述）学习与上机实验指导

```
                i,k=i+1,k+1
            else：                              #将第 2 段中的元素放入 R1 中
                R1[k]=R[j]
                j,k=j+1,k+1
        while i<=mid：                          #将第 1 段余下的部分复制到 R1
            R1[k]=R[i]
            i,k=i+1,k+1
        while j<=high：                         #将第 2 段余下的部分复制到 R1
            R1[k]=R[j]
            j,k=j+1,k+1
        R[low：high+1]=R1[0：high-low+1]

def MergePass(R,length)：                        #一趟二路归并排序
    n=len(R)
    i=0
    while i+2 * length-1 < n：                    #归并 length 长的两个相邻子表
        Merge(R,i,i+length-1,i+2 * length-1)；
        i=i+2 * length
    if i+length < n：                            #余下两个子表,后者的长度小于 length
        Merge(R,i,i+length-1,n-1)；              #归并这两个子表

def MergeSort(R)：                              #对 R[0..n-1]按递增进行二路归并
    length=1
    while length < len(R)：                      #进行 log2n(取上界)趟归并
        MergePass(R,length)
        print("     length=%d:" %(length),R)
        length=2 * length

#主程序
if __name__ == '__main__'：
    R=[6,8,7,9,0,1,3,2,4,5]
    print()
    print("  初始序列 ",end='   ')
    print(R)
    print("  排序过程")
    MergeSort(R)
    print("  排序结果 ",end='   ')
    print(R)
```

上述程序的执行结果如图 2.71 所示。

图 2.71   第 9 章基础实验题 3 的执行结果

4. 解：基数排序的过程参见《教程》9.6 节，采用带头结点的单链表存放排序表。对应的实验程序 Exp1-4.py 如下：

```python
from LinkList import LinkList      # 引用带头结点单链表类 LinkList
def geti(key,r,i):                 # 求基数为 r 的正整数 key 的第 i 位
    k=0
    for j in range(i+1):
        k=key%r
        key=key//r
    return k


def RadixSort1(L,d,r):             # 最低位优先基数排序算法
    front=[None] * r               # 建立链队的队头数组
    rear=[None] * r                # 建立链队的队尾数组
    for i in range(d):             # 从低位到高位循环
        for j in range(r):         # 初始化各链队的首、尾指针
            front[j]=rear[j]=None
        p=L.head.next              # p 指向单链表 L 的首结点
        while p!=None:             # 分配:对于原链表中的每个结点循环
            k=geti(p.data,r,i)     # 提取结点关键字的第 i 个位 k
            if front[k]==None:     # 第 k 个链队空时、队头、队尾均指向 p 结点
                front[k]=p
                rear[k]=p
            else:                  # 第 k 个链队非空时,p 结点进队
                rear[k].next=p
                rear[k]=p
            p=p.next               # 取下一个结点
        t=L.head                   # 重新用 h 来收集所有结点
        for j in range(r):         # 收集:对于每一个链队循环
            if front[j]!=None:     # 若第 j 个链队是第一个非空链队
                t.next=front[j]
                t=rear[j]
        t.next=None                # 尾结点的 next 置空
        print("    第%d 位排序:" %(i),end=' ')
        L.display()
    return L


def RadixSort2(L,d,r):             # 最高位优先基数排序算法
    front=[None] * r               # 建立链队的队头数组
    rear=[None] * r                # 建立链队的队尾数组
    for i in range(d-1,-1,-1):     # 从高位到低位循环
        for j in range(r):         # 初始化各链队的首、尾指针
            front[j]=rear[j]=None
        p=L.head.next              # p 指向单链表 L 的首结点
        while p!=None:             # 分配:对于原链表中的每个结点循环
            k=geti(p.data,r,i)     # 提取结点关键字的第 i 个位 k
            if front[k]==None:     # 第 k 个链队空时,队头、队尾均指向 p 结点
                front[k]=p
                rear[k]=p
            else:                  # 第 k 个链队非空时,p 结点进队
```

```
                    rear[k].next=p
                    rear[k]=p
            p=p.next                        #取下一个结点
        t=L.head                            #重新用 h 来收集所有结点
        for j in range(r):                  #收集:对于每一个链队循环
            if front[j]!=None:              #若第 j 个链队是第一个非空链队
                t.next=front[j]
                t=rear[j]
        t.next=None                         #尾结点的 next 置空
        print("    第%d 位排序:" %(i),end=' ')
        L.display()
    return L

#主程序
L=LinkList()
a=[369,367,167,239,237,138,230,139]
L.CreateListR(a)
print()
print("  最低位优先排序")
print("      L:           ",end=''),L.display()
print("  排序过程")
r=10
d=3
L=RadixSort1(L,d,r)
print("  排序结果:      ",end=''),L.display()
L.CreateListR(a)
print()
print("  最高位优先排序")
print("      L:           ",end=''),L.display()
print("  排序过程")
r=10
d=3
L=RadixSort2(L,d,r)
print("  排序结果:      ",end=''),L.display()
```

上述程序的执行结果如图 2.72 所示，从执行结果看出，对该整数序列按最低位优先排序得到递增有序的结果，而按最高位优先排序得到不正确的结果。实际上由多个位构成的十进制整数中各位的重要性是不相同的，通常重要性越低的位越先排序，而重要性越高的位越后排序。

图 2.72　第 9 章基础实验题 4 的执行结果

5. 解：基数排序的过程参见《教程》9.6节，为了实现递减排序，仍然采用最低位优先的基数排序，但每一趟收集时改为按从9到0的顺序收集。对应的实验程序Exp1-5.py如下：

```
from LinkList import LinkList          #引用带头结点单链表类LinkList
def geti(key,r,i):                     #求基数为r的正整数key的第i位
    k=0
    for j in range(i+1):
        k=key%r
        key=key//r
    return k


def RadixSort(L,d,r):                  #最低位优先基数排序算法
    front=[None] * r                   #建立链队的队头数组
    rear=[None] * r                    #建立链队的队尾数组
    for i in range(d):                 #从低位到高位循环
        for j in range(r):             #初始化各链队的首、尾指针
            front[j]=rear[j]=None
        p=L.head.next                  #p指向单链表L的首结点
        while p!=None:                 #分配:对于原链表中的每个结点循环
            k=geti(p.data,r,i)         #提取结点关键字的第i个位k
            if front[k]==None:         #第k个链队空时,队头、队尾均指向p结点
                front[k]=p
                rear[k]=p
            else:                      #第k个链队非空时,p结点进队
                rear[k].next=p
                rear[k]=p
            p=p.next                   #取下一个结点
        t=L.head                       #重新用h来收集所有结点
        for j in range(r-1,-1,-1):     #收集:按从9到0的顺序收集
            if front[j]!=None:         #若第j个链队是第一个非空链队
                t.next=front[j]
                t=rear[j]
        t.next=None                    #尾结点的next置空
        print("    第%d位排序:" %(i),end='')
        L.display()
    return L


#主程序
L=LinkList()
a=[369,367,167,239,237,138,230,139]
L.CreateListR(a)
print()
print("   最低位优先排序")
print("    L:            ",end=''),L.display()
print("   排序过程")
r=10
d=3
L=RadixSort(L,d,r)
print("   排序结果:      ",end=''),L.display()
```

数据结构教程(Python 语言描述)学习与上机实验指导

上述程序的执行结果如图 2.73 所示。

图 2.73　第 9 章基础实验题 5 的执行结果

2.9.3　应用实验题

1. 编写一个实验程序,随机产生 20 000 个 0～10 000 的整数序列 a,对于序列 a 分别采用直接插入排序、折半插入排序和希尔排序算法实现递增排序,给出各个排序算法的执行时间(以秒为单位)。

2. 求无序序列的前 k 个元素。有一个含 $n(n<100)$ 个整数的无序数组 a,编写一个高效的程序采用快速排序方法输出其中前 $k(1 \leqslant k \leqslant n)$ 个最小的元素(输出结果不必有序),并用相关数据进行测试。

3. 编写一个实验程序,从文本文件 abc.txt 中读取若干整数构成 a 序列,对于每个偶数索引 i,输出 $a[0..i]$ 的中位数,并用相关数据进行测试,所谓中位数就是整个序列排序后中间位置的元素。例如 abc.txt 文件包含的整数序列为 1 5 2 8 6 5 3,输出结果为 1 2 5 5。

4. 编写一个实验程序,对一个包含正、负整数的序列按绝对值递增排序,绝对值相同时按值递增排序,采用递归二路归并算法,并用相关数据进行测试。

2.9.4　应用实验题参考答案

1. 解：直接插入排序、折半插入排序和希尔排序算法的原理参见《教程》9.2 节。对应的实验程序 Exp2-1.py 如下：

```
import time
import random
import copy
def InsertSort(R):                          # 对 R[0..n−1]按递增有序进行直接插入排序
    for i in range(1,len(R)):               # 从第 2 个元素(即 R[1])开始
        if R[i]<R[i−1]:                      # 反序时
            tmp=R[i]                         # 取出无序区的第一个元素
            j=i−1;                           # 在有序区 R[0..i−1]中从右向左找 R[i]的插入位置
            while True:
                R[j+1]=R[j]                  # 将大于 tmp 的元素后移
                j−=1                         # 继续向前比较
                if j<0 or R[j]<=tmp: break   # 若 j<0 或者 R[j]<=tmp,退出循环
            R[j+1]=tmp                       # 在 j+1 处插入 R[i]

def BinInsertSort(R):                        # 对 R[0..n−1]按递增有序进行折半插入排序
    for i in range(1,len(R)):
```

```
        if R[i] < R[i-1]:                 # 反序时
            tmp=R[i]                       # 将 R[i]保存到 tmp 中
            low,high=0,i-1
            while low <= high:             # 在 R[low..high]中折半查找插入位置 high+1
                mid=(low+high)//2          # 取中间位置
                if tmp < R[mid]:
                    high=mid-1             # 插入点在左区间
                else:
                    low=mid+1              # 插入点在右区间
            for j in range(i-1,high,-1):   # 元素集中后移
                R[j+1]=R[j]
            R[high+1]=tmp                  # 插入原来的 R[i]


def ShellSort(R):                          # 对 R[0..n-1]按递增有序进行希尔排序
    d=len(R)//2                            # 增量置初值
    while d > 0:
        for i in range(d,len(R)):          # 对所有相隔 d 位置的元素组采用直接插入排序
            tmp=R[i]
            j=i-d
            while j >=0 and R[j] > tmp:     # 找到 R[j]<=tmp 为止
                R[j+d]=R[j]                 # 对相隔 d 位置的元素组排序
                j=j-d
            R[j+d]=tmp
        d=d//2                             # 递减增量


# 主程序
a=[]
for i in range(20000):
    a.append(random.random() * 10000)
b=copy.deepcopy(a)
t1=time.time()                             # 获取开始时间
InsertSort(b)
t2=time.time()                             # 获取结束时间
print()
print("   直接插入排序的时间: %ds" %(t2-t1))
b=copy.deepcopy(a)
t1=time.time()                             # 获取开始时间
BinInsertSort(b)
t2=time.time()                             # 获取结束时间
print("   折半插入排序的时间: %ds" %(t2-t1))
b=copy.deepcopy(a)
t1=time.time()                             # 获取开始时间
ShellSort(a)
t2=time.time()                             # 获取结束时间
print("   希尔排序的时间:           %ds" %(t2-t1))
```

上述程序的执行结果如图 2.74 所示。

图 2.74　第 9 章应用实验题 1 的执行结果

2. 解：如果将无序数组 a 的元素递增排序，则 $a[0..k-1]$ 就是前 k 个最小的元素并且是递增有序的，对应算法的平均时间复杂度至少为 $O(n\log_2 n)$。这里并不需要全部排序，仅求前 k 个最小的元素。

采用快速排序方法，若当前划分中基准归位的位置 i 为 $k-1$，则 $a[0..k-1]$ 就是要求的前 k 个最小的元素；若 $k-1 < i$，则在左区间中查找，否则在右区间中查找。可以证明该方法的时间复杂度为 $O(n)$。

对应的实验程序 Exp2-2.py 如下：

```
def Partition2(R,s,t):              #划分算法
    i,j=s,t
    base=R[s]                       #以表首元素为基准
    while i!=j:                     #从表两端交替向中间遍历,直到 i=j 为止
        while j>i and R[j]>=base:
            j-=1                    #从后向前遍历,找一个小于基准的 R[j]
        if j>i:
            R[i]=R[j]               #R[j]前移覆盖 R[i]
            i+=1
        while i<j and R[i]<=base:
            i+=1                    #从前向后遍历,找一个大于基准的 R[i]
        if i<j:
            R[j]=R[i]               #R[i]后移覆盖 R[j]
            j-=1
    R[i]=base                       #基准归位
    return i                        #返回归位的位置

def QuickSort(a,s,t,k):             #对 a[s..t]的元素进行快速排序
    if s<t:                         #区间内至少存在两个元素的情况
        i=Partition2(a,s,t)
        if i==k-1:                  #找到第 k 小的元素
            return
        elif k-1<i:
            QuickSort(a,s,i-1,k)    #在左区间查找
        else:
            QuickSort(a,i+1,t,k)    #在右区间查找

def Getprek(a,k):                   #输出 a 中的前 k 个最小元素
    n=len(a)
    res=[]                          #存放前 k 个最小元素
    if k>=1 and k<=n:
        QuickSort(a,0,n-1,k)
        for i in range(k):
```

```
            res.append(a[i])
    return res
```

主程序
```
import copy
a=[3,6,8,1,4,7,5,2]
print("\n   初始数序:",end=' ')
print(a)
for k in range(1,len(a)+1):
    b=copy.deepcopy(a)                    # 每次从初始序列开始
    print("      ",Getprek(b,k))
```

上述程序的执行结果如图 2.75 所示。

图 2.75   第 9 章应用实验题 2 的执行结果

3. 解：如何求 $a[0..i]$ 序列的中位数呢？若每次都采用排序来求中位数,一定会超时,这里用两个堆(即小根堆 small 和大根堆 big)来实现。

当两个堆中共有偶数个整数时,保证两个堆中的整数个数相同;当两个堆中共有奇数个整数时,保证小根堆中多一个整数(堆顶整数就是中位数)。简单地说,用 small 存放最大的一半整数,用 big 存放最小的一半整数。对于输入的整数 x,操作过程如下:

① 若小根堆 small 为空,将 x 插入 small 中,然后返回。

② 若 x 大于小根堆的堆顶元素,将 x 插入 small 中,否则将 x 插入 big 中。

③ 调整两个堆的整数个数,若 small 中的元素个数较少,取出 big 的堆顶元素插入 small 中;若 small 比 big 至少多两个元素,取出 small 的堆顶元素插入 big 中(保证 small 比 big 最多多一个整数)。

这里的堆采用 heapq 优先队列实现。对应的实验程序 Exp2-3.py 如下:

```
import heapq
small=[]                          # 小根堆
big=[]                            # 大根堆(加负号转换为大根堆)
def add(x):                       # 增加整数 x
    if not small:                 # 若小根堆 small 为空
        heapq.heappush(small,x)   # 将 x 插入 small 中
        return
    if x>small[0]:                # 若 x 大于小根堆的堆顶元素
        heapq.heappush(small,x)   # 将 x 插入 small 中
    else:
        heapq.heappush(big,-x)    # 否则将 x 插入大根堆 big 中
```

```
        if len(small)< len(big):              #若小根堆的元素个数较少
            e=－heapq.heappop(big)
            heapq.heappush(small,e)            #取出 big 的堆顶元素插入 small 中
        if len(small)>len(big)+1:              #若 small 比 big 至少多两个元素
            e=heapq.heappop(small)
            heapq.heappush(big,－e)             #取出 small 的堆顶元素插入 big 中

#主程序
f=open("abc.txt")
print()
for line in f:
    tmp=list(map(int,line.split()))           #转换为整数序列
    for i in range(len(tmp)):
        add(tmp[i])
        if i%2==0:
            print("   ",small[0],end=' ')
f.close()
print()
```

例如,abc.txt 包含如下整数序列：

```
6 1 8
9 4 2
3 5 6
1 4 2
```

上述程序的执行结果如图 2.76 所示。

图 2.76　第 9 章应用实验题 3 的执行结果

4. 解：采用递归二路归并算法,改为按题目要求修改元素 x 和 y 的比较关系,即按绝对值比较。对应的实验程序 Exp2-4.py 如下：

```
def cmp(x,y):                                 #按题目要求进行元素的比较
    if abs(x)==abs(y):
        return True if x< y else False
    else:
        return abs(x)< abs(y)


def Merge(R,low,mid,high):                    #R[low..mid]和 R[mid+1..high]归并为 R[low..high]
    R1=[None] * (high-low+1)                  #分配临时归并空间 R1
    i,j,k=low,mid+1,0                          #k 是 R1 的下标,i、j 分别为第 1、2 段的下标
    while i<=mid and j<=high:                  #在第 1 段和第 2 段均未扫描完时循环
        if cmp(R[i],R[j]):                     #将第 1 段中的元素放入 R1 中
            R1[k]=R[i]
            i,k=i+1,k+1
        else:                                  #将第 2 段中的元素放入 R1 中
```

```
        R1[k]=R[j]
        j,k=j+1,k+1
    while i<=mid:                    ♯将第1段余下的部分复制到 R1
        R1[k]=R[i]
        i,k=i+1,k+1
    while j<=high:                   ♯将第2段余下的部分复制到 R1
        R1[k]=R[j]
        j,k=j+1,k+1
    R[low:high+1]=R1[0:high-low+1]
```

```
def MergeSort(R):                    ♯对 R[0..n-1]按递增进行二路归并算法
    MergeSort1(R,0,len(R)-1);
```

```
def MergeSort1(R,s,t):               ♯被 MergeSort()调用
    if s>=t: return                  ♯R[s..t]的长度为0或者1时返回
    m=(s+t)//2                       ♯取中间位置 m
    MergeSort1(R,s,m)                ♯对前子表排序
    MergeSort1(R,m+1,t)              ♯对后子表排序
    Merge(R,s,m,t)                   ♯将两个有序子表合并成一个有序表
```

```
♯主程序
a=[2,-2,5,1,-6,3,4,-1,2]
print()
print("    初始序列:",a)
print("    按绝对值递增排序")
MergeSort(a)
print("    排序结果:",a)
print()
```

上述程序的执行结果如图 2.77 所示。

图 2.77　第 9 章应用实验题 4 的执行结果

LeetCode 在线编程题及参考答案 第三部分

3.1 第1章 绪论

3.1.1 LeetCode 在线编程题

1. LeetCode1——两数之和

问题描述：给定一个整数数组 nums 和一个目标值 target，请在该数组中找出和为目标值的两个整数，并返回它们的数组下标。可以假设每种输入只会对应一个答案，但是不能重复利用这个数组中同样的元素。例如，给定 nums＝[2,7,11,15]，target＝9，因为 nums[0]＋nums[1]＝2＋7＝9，所以返回[0,1]。要求设计满足题目条件的如下方法：

def twoSum(self, nums: List[int], target: int) -> List[int]:

2. LeetCode9——回文数

问题描述：判断一个整数是否为回文数。回文数是指正序（从左向右）和倒序（从右向左）读都是一样的整数。例如，121 是回文数，而 -121 不是回文数。要求设计满足题目条件的如下方法：

def isPalindrome(self, x: int) -> bool:

视频讲解

视频讲解

3.1.2 LeetCode 在线编程题参考答案

1. LeetCode1——两数之和

解：如果用两重循环求解，时间复杂度为 $O(n^2)$，改为用 index 一次遍历 nums，用一个字典 dict 存放已经遍历的整数（关键字为整数，值为该整数在 nums 中的索引），对于当前遍历的整数 nums[index]，若在字典中找到关键字为 target-nums[index] 的元素(target-nums[index], i)，则返回 i，index 索引对，否则将其添加到 dict 中。对应的算法如下：

```
class Solution:
    def twoSum(self, nums: List[int], target: int) -> List[int]:
        dict = {}                          #定义一个字典
        for index, item in enumerate(nums):
            if target-item in dict:        #找到后返回结果
                return dict[target-item], index
            dict[item] = index             #添加到 dict
```

运行结果：通过，执行用时为 56ms，内存消耗为 14.2MB，语言为 Python 3。

2. LeetCode9——回文数

解：将整数 x 转换字符串，再转换为列表，若该列表与其逆置结果相同，则为回文数，否则不是回文数。对应的算法如下：

```
class Solution:
    def isPalindrome(self, x: int) -> bool:
        y = list(str(x))
        y.reverse()                        #逆置
        return list(str(x)) == y
```

运行结果：通过，执行用时为 56ms，内存消耗为 12.6MB，语言为 Python 3。

3.2　第 2 章　线性表

3.2.1　LeetCode 在线编程题

以下题目中的数组采用 Python 列表表示，链表均为不带头结点的单链表，结点类型定义如下：

```
class ListNode:
    def __init__(self, x):
        self.val = x
        self.next = None
```

1. LeetCode27——移除元素

问题描述：给定一个数组 nums 和一个值 val，原地移除所有数值等于 val 的元素，返回移除后数组的新长度。注意不要使用额外的数组空间。例如，给定 nums=[3,2,2,3]，val=3，函数应该返回新的长度 2，并且 nums 中的前两个元素均为 2，不需要考虑数组中超出新长度的后面的元素。要求设计满足题目条件的如下方法：

```
def removeElement(self, nums: List[int], val: int) -> int:
```

视频讲解

2. LeetCode26——删除排序数组中的重复项

问题描述：给定一个排序数组，原地删除重复出现的元素，使得每个元素只出现一次，返回移除后数组的新长度。注意不要使用额外的数组空间，即算法的空间复杂度为 $O(1)$。例如，给定数组 nums=[1,1,2]，函数应该返回新的长度 2，并且原数组 nums 的前两个元素被修改为 1,2，不需要考虑数组中超出新长度的后面的元素。要求设计满足题目条件的如

视频讲解

下方法：

```python
def removeDuplicates(self, nums: List[int]) -> int:
```

3. LeetCode80——删除排序数组中的重复项 II

问题描述：给定一个排序数组，原地删除重复出现的元素，使得每个元素最多出现两次，返回移除后数组的新长度。注意不要使用额外的数组空间，即算法的空间复杂度为 $O(1)$。例如，给定 nums=[1,1,1,2,2,3]，函数应返回新的长度 5，并且原数组的前 5 个元素被修改为 1,1,2,2,3，不需要考虑数组中超出新长度的后面的元素。要求设计满足题目条件的如下方法：

视频讲解

```python
def removeDuplicates(self, nums: List[int]) -> int:
```

4. LeetCode4——寻找两个有序数组的中位数

问题描述：给定两个大小为 m 和 n 的有序数组 nums1 和 nums2，请找出这两个有序数组的中位数。假设 nums1 和 nums2 不会同时为空。例如，nums1=[1,3]，nums2=[2]，则中位数是 2.0；nums1=[1,2]，nums2=[3,4]，则中位数是 (2+3)/2=2.5。要求设计满足题目条件的如下方法：

```python
def findMedianSortedArrays(self, nums1: List[int], nums2: List[int]) -> float:
```

视频讲解

5. LeetCode21——合并两个有序链表

问题描述：将两个有序链表合并为一个新的有序链表并返回。新链表是通过拼接给定的两个链表的所有结点组成的。例如，输入链表为 1-> 2-> 4,1-> 3-> 4，输出结果为 1-> 1-> 2-> 3-> 4-> 4。要求设计满足题目条件的如下方法：

```python
def mergeTwoLists(self, l1: ListNode, l2: ListNode) -> ListNode:
```

视频讲解

6. LeetCode83——删除排序链表中的重复元素

问题描述：给定一个已经排序的链表，删除所有重复的元素，使得每个元素只出现一次。例如，输入链表为 1-> 1-> 2，输出结果为 1-> 2；输入链表为 1-> 1-> 2-> 3-> 3，输出结果为 1-> 2-> 3。要求设计满足题目条件的如下方法：

```python
def deleteDuplicates(self, head: ListNode) -> ListNode:
```

视频讲解

7. LeetCode203——移除链表元素

问题描述：删除链表中等于给定值 val 的所有结点。例如，输入链表为 1-> 2-> 6-> 3-> 4-> 5-> 6，val=6，输出结果为 1-> 2-> 3-> 4-> 5。要求设计满足题目条件的如下方法：

```python
def removeElements(self, head: ListNode, val: int) -> ListNode:
```

视频讲解

8. LeetCode19——删除链表的倒数第 n 个结点

问题描述：给定一个链表，删除链表的倒数第 n 个结点，并且返回链表的首结点。例如，给定一个链表为 1-> 2-> 3-> 4-> 5，$n=2$，当删除了倒数第 2 个结点后，链表变为 1-> 2-> 3-> 5。假设给定的 n 保证是有效的。要求设计满足题目条件的如下方法：

```
def removeNthFromEnd(self, head:ListNode, n:int) -> ListNode:
```

9. LeetCode234——回文链表

问题描述：判断一个链表是否为回文链表。例如，输入链表为 1-> 2，输出为 False；输入链表为 1-> 2-> 2-> 1，输出为 True。要求设计满足题目条件的如下方法：

```
def isPalindrome(self, head: ListNode) -> bool:
```

10. LeetCode61——旋转链表

问题描述：给定一个链表，旋转链表，将链表的每个结点向右移动 k 个位置，其中 k 是非负数。例如，输入链表为 1-> 2-> 3-> 4-> 5-> NULL，$k=2$，输出结果为 4-> 5-> 1-> 2-> 3-> NULL，即向右旋转一步为 5-> 1-> 2-> 3-> 4-> NULL，再向右旋转两步为 4-> 5-> 1-> 2-> 3-> NULL。要求设计满足题目条件的如下方法：

```
def rotateRight(self, head: ListNode, k: int) -> ListNode:
```

3.2.2　LeetCode 在线编程题参考答案

1. LeetCode27——移除元素

解：采用《教程》第 2 章中例 2.3 的 3 种解法。采用解法 1 的算法如下：

```
class Solution:
    def removeElement(self, nums: List[int], val: int) -> int:
        k=0
        for i in range(len(nums)):
            if nums[i]!=val:              #将不为 val 的元素插入 nums 中
                nums[k]=nums[i]
                k+=1
        return k                          #返回新长度 k
```

运行结果：通过，执行用时为 36ms，内存消耗为 12.7MB，语言为 Python 3。

采用解法 2 的算法如下：

```
class Solution:
    def removeElement(self, nums: List[int], val: int) -> int:
        k=0
        n=len(nums)                       #求长度 n
        for i in range(n):
            if nums[i]!=val:              #将不为 val 的元素前移 k 个位置
                nums[i-k]=nums[i]
            else:                         #累计删除的元素个数 k
                k+=1
        return n-k                        #返回新长度 n-k
```

运行结果：通过，执行用时为 44ms，内存消耗为 12.7MB，语言为 Python 3。

采用解法 3 的算法如下：

```
class Solution:
    def removeElement(self, nums: List[int], val: int) -> int:
```

视频讲解

视频讲解

视频讲解

数据结构教程（Python 语言描述）学习与上机实验指导

```
        i=-1
        j=0
        while j < len(nums):            ♯j 遍历所有元素
            if nums[j]!=val:            ♯ 找到不为 val 的元素 nums[j]
                i+=1                    ♯ 扩大不为 val 的区间
                if i!=j:                ♯i、j 不相同时将这两个元素交换
                    nums[i],nums[j]=nums[j],nums[i]
            j+=1                        ♯ 继续扫描
        return i+1                      ♯ 返回新长度 i+1
```

运行结果：通过，执行用时为 36ms，内存消耗为 12.6MB，语言为 Python 3。

2. LeetCode26——删除排序数组中的重复项

解：由于是有序数组，所以重复的元素是相邻的，可以采用《教程》第 2 章中例 2.3 的 3 种解法。这里采用其中的解法 1，算法如下：

```
class Solution:
    def removeDuplicates(self, nums: List[int]) -> int:
        k=1
        for i in range(1,len(nums)):
            if nums[i]!=nums[k-1]:      ♯ 将不重复的元素插入 nums 中
                nums[k]=nums[i]
                k+=1
        return k                        ♯ 返回新长度
```

运行结果：通过，执行用时为 100ms，内存消耗为 15.4MB，语言为 Python 3。

3. LeetCode80——删除排序数组中的重复项 II

解：有序数组中所有重复的元素是相邻的，采用《教程》第 2 章中例 2.3 解法 1 的思路，先在 nums 中保留开头的两个元素，$k=2$，用 i 遍历其他元素，若 $nums[k-1]=nums[k-2]$ 并且 $nums[i]=nums[k-1]$，则说明 $nums[i]$ 是重复的需要删除的元素，或者说 $nums[k-1]\neq nums[k-2]$ or $nums[i]\neq nums[k-1]$，则 $nums[i]$ 是要保留的元素，将其插入，最后返回 k。对应的算法如下：

```
class Solution:
    def removeDuplicates(self, nums: List[int]) -> int:
        n=len(nums)                     ♯ 求长度 n
        if n <= 2: return n
        k=2                             ♯ nums 中保留两个元素
        for i in range(2,n):            ♯ 遍历其他元素
            if nums[k-1]!=nums[k-2] or nums[i]!=nums[k-1]:
                nums[k]=nums[i]         ♯ nums[i] 为要保留的元素，插入该元素
                k+=1
        return k                        ♯ 返回新长度 k
```

运行结果：通过，执行用时为 64ms，内存消耗为 12.6MB，语言为 Python 3。

4. LeetCode4——寻找两个有序数组的中位数

解：采用《教程》2.2.3 节的有序顺序表二路归并算法，在归并的结果顺序表中求中位数。对应的算法如下：

```
class Solution:
    def findMedianSortedArrays(self, nums1: List[int], nums2: List[int]) -> float:
        m = len(nums1)
        n = len(nums2)
        if m == 0: return self.middle(nums2)          #nums1 为空的情况
        if n == 0: return self.middle(nums1)          #nums2 为空的情况
        i, j, k = 0, 0, 0
        res = []                                      #存放归并的结果
        while i < m and j < n:
            if nums1[i] < nums2[j]:                   #将较小的 nums1[i] 添加到 res 中
                res.append(nums1[i])
                i += 1
            elif nums2[j] < nums1[i]:                 #将较小的 nums2[j] 添加到 res 中
                res.append(nums2[j])
                j += 1
            else:                                     #相等的情况
                res.append(nums1[i])
                res.append(nums2[j])
                i += 1
                j += 1
        while i < m:                                  #nums1 没有遍历完,将剩下的元素添加到 res 中
            res.append(nums1[i])
            i += 1
        while j < n:                                  #nums2 没有遍历完,将剩下的元素添加到 res 中
            res.append(nums2[j])
            j += 1
        return self.middle(res)

    def middle(self, num):                            #求非空 num 中的中位数
        n = len(num)
        if n % 2 == 1:                                #奇数个元素
            return num[n//2] * 1.0
        else:                                         #偶数个元素
            return (num[n//2-1] + num[n//2])/2
```

运行结果:通过,执行用时为 136ms,内存消耗为 12.9MB,语言为 Python 3。

5. LeetCode21——合并两个有序链表

解:采用两个有序单链表的二路归并算法。为了简单,先创建一个头结点 head,让尾结点指针 tail 指向它,每次将 l1 和 l2 中当前较小的结点链接到 tail 结点的后面,最后返回 head.next。对应的算法如下:

```
class Solution:
    def mergeTwoLists(self, l1: ListNode, l2: ListNode) -> ListNode:
        head = ListNode(0)                            #创建一个头结点
        tail = head                                   #尾结点指针
        while l1 != None and l2 != None:              #两个链表都没有遍历完时循环
            if l1.val < l2.val:                       #将较小的结点链接到 head 的末尾
                tail.next = l1
                tail = l1
```

```
                    l1＝l1.next
            else:
                    tail.next＝l2
                    tail＝l2
                    l2＝l2.next
        if l1!＝None: tail.next ＝ l1        ＃将不空的链表部分直接链接到 head 的末尾
        else: tail.next＝l2
        return head.next                    ＃返回不带头结点的单链表
```

运行结果：通过，执行用时为 44ms，内存消耗为 13.9MB，语言为 Python 3。

6. LeetCode83——删除排序链表中的重复元素

解：在排序链表中所有重复元素的结点是相邻的，用 pre、p 一对同步指针遍历单链表 head，若 p.val＝pre.val，删除结点 p，否则同步后移一个结点，最后返回 head。对应的算法如下：

```
class Solution:
    def deleteDuplicates(self，head: ListNode) —> ListNode:
        if head＝＝None: return head
        p＝head.next
        pre＝head
        while p!＝None:
            if p.val ＝＝ pre.val:        ＃p 结点是重复的结点
                pre.next＝p.next          ＃删除 p 结点
            else:                        ＃p 结点不是重复的结点
                pre＝p                    ＃pre、p 同步后移
            p＝p.next
        return head
```

运行结果：通过，执行用时为 44ms，内存消耗为 12.6MB，语言为 Python 3。

7. LeetCode203——移除链表元素

解法 1：通过 pre、p 一对同步指针遍历单链表 head 来删除值为 val 的结点。对应的算法如下：

```
class Solution:
    def removeElements(self，head: ListNode，val: int) —> ListNode:
        head1＝ListNode(0)                ＃增加一个头结点
        head1.next＝head
        pre＝head1
        p＝head
        while p!＝None:                   ＃用 p 遍历所有结点
            if p.val＝＝val:               ＃找到值为 val 的结点 p
                pre.next＝p.next           ＃通过 pre 删除结点 p
            else:
                pre＝p
            p＝p.next
        return head1.next                ＃返回不带头结点的单链表
```

运行结果：通过，执行用时为 72ms，内存消耗为 15.5MB，语言为 Python 3。

解法 2：采用尾插法建表的思路，遍历单链表 head，将所有值不等于 val 的结点插入新单链表中，最后返回新单链表。对应的算法如下：

```
class Solution:
    def removeElements(self, head: ListNode, val: int) -> ListNode:
        head1=ListNode(0)            #建立新单链表的头结点
        tail=head1                   #尾指针 tail
        p=head
        while p!=None:               #遍历单链表
            if p.val!=val:           #将值不等于 val 的结点链接到 tail 之后
                tail.next=p
                tail=p
            p=p.next
        tail.next=None               #尾结点 next 置为空
        return head1.next
```

运行结果：通过，执行用时为 124ms，内存消耗为 15.6MB，语言为 Python 3。

8. LeetCode19——删除链表的倒数第 n 个结点

解法 1：先添加一个头结点 h，求出结点个数 m，通过正向遍历找到的第 $m-n$ 个结点即为倒数第 $n+1$ 个结点 p，通过结点 p 删除其后继结点，即删除倒数第 n 个结点。对应的算法如下：

```
class Solution:
    def removeNthFromEnd(self, head:ListNode,n:int) -> ListNode:
        h=ListNode(0)                #增加一个头结点 h
        h.next=head
        p=h
        m=0
        while p.next!=None:          #求出结点个数 m
            m+=1
            p=p.next
        p=h
        j=0
        while j<m-n and p!=None:     #找到倒数第 n 个结点的前驱结点 p
            p=p.next
            j+=1
        p.next=p.next.next          #通过结点 p 删除其后继结点
        return h.next
```

运行结果：通过，执行用时为 36ms，内存消耗为 12.7MB，语言为 Python 3。

解法 2：添加一个头结点 h，先让 p 指向第 $n+1$ 个结点，q 指向头结点，然后同步后移直到 p 为空，此时 q 指向倒数到第 $n+1$ 个结点，通过结点 q 删除其后继结点即删除了倒数第 n 个结点（长度为 m 的单链表中倒数第 n 个结点就是正数第 $m-n+1$ 个结点，其前驱为正数第 $m-n$ 个结点）。对应的算法如下：

```
class Solution:
    def removeNthFromEnd(self, head:ListNode,n:int) -> ListNode:
        h=ListNode(0)                #增加一个头结点 h
        h.next=head
```

```
        p＝q＝h
        j＝0
        while p!＝None and j<＝n:          ＃p 指向正数第 n+1 个结点
          p＝p.next
          j+＝1
        while p!＝None:                     ＃q 指向倒数第 n+1 个结点(即正数第 m-n 个结点)
            p＝p.next
            q＝q.next
        q.next＝q.next.next                 ＃通过结点 q 删除其后继结点
        return h.next
```

运行结果：通过，执行用时为 28ms，内存消耗为 12.7MB，语言为 Python 3。

9. LeetCode234——回文链表

解：先采用《教程》第 2 章中例 2.6 的快慢指针法找到中间结点 slow，例如单链表为 $(1,2,3)$，slow 指向 2，单链表为 $(1,2,3,4)$，slow 也指向 2，再以 slow 断开分为两个单链表，逆置后者，然后比较它们对应的结点是否相同。对应的算法如下：

```
class Solution:
    def isPalindrome(self, head: ListNode) -> bool:
        if head==None: return True          ＃考虑特殊情况
        slow＝fast＝head                      ＃查找中间结点 slow
        while fast!＝None and fast.next!＝None and fast.next.next!＝None:
            slow＝slow.next                   ＃慢指针每次后移一个结点
            fast＝fast.next.next              ＃快指针每次后移两个结点
        h＝slow.next
        slow.next＝None
        q＝self.reverse(h)                    ＃逆置不带头结点的单链表 h
        p＝head
        while p!＝None and q!＝None:          ＃比较对应的结点值
            if p.val!＝q.val: return False
            p＝p.next
            q＝q.next
        if q==None: return True
        else: return False

    def reverse(self, head):                 ＃逆置不带头结点的单链表
        h＝ListNode(0)                        ＃创建一个头结点
        h.next＝None
        p＝head
        while p!＝None:                       ＃用头插法建单链表 h
            q＝p.next
            p.next＝h.next
            h.next＝p
            p＝q
        return h.next
```

运行结果：通过，执行用时为 76ms，内存消耗为 22.7MB，语言为 Python 3。

10. LeetCode61——旋转链表

解：对于单链表 $(1,2,3,4,5)$，当 $k＝2$ 时，旋转链表的过程如下。

① 找到倒数第 $k+1$ 个结点(即正数第 $n-k$ 个结点),分为两个单链表(1,2,3)和(4,5)。

② 将前一个单链表链接到后一个单链表之后,得到(4,5,1,2,3),它就是结果单链表。

旋转链表如图 3.1 所示,先求出单链表的结点个数 n,找到尾结点 tail,再找到正数第 $n-k$ 个结点 t,置 $h=t.\,\text{next},t.\,\text{next}=\text{None},\text{tail}.\,\text{next}=\text{head}$,则 h 就是结果单链表。

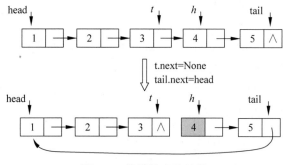

图 3.1　旋转链表的过程

对应的算法如下:

```
class Solution:
    def rotateRight(self, head: ListNode, k: int) -> ListNode:
        if head==None or head.next==None or k==0:
            return head                        # 考虑特殊情况
        n=1
        tail=head
        while tail!=None and tail.next!=None:   # 找到尾结点 tail,求出长度 n
            n+=1
            tail=tail.next
        k=k%n                      # 求 n 的模
        if k==0: return head       # k=0 时直接返回 head
        t=head
        j=1
        while j<n-k:                # 查找第 n-k 个结点 t
            j+=1
            t=t.next
        h=t.next
        t.next=None                # 置结点 t 为尾结点
        tail.next=head
        return h
```

运行结果:通过,执行用时为 32ms,内存消耗为 12.8MB,语言为 Python 3。

3.3　第3章　栈和队列

3.3.1　LeetCode 在线编程题

1. LeetCode20—有效的括号

问题描述:给定一个只包括 '('、')'、'{'、'}'、'['、']' 的字符串,判断字符串是否有效。有效字符串需满足左括号必须用相同类型的右括号闭合,左括号必须以正确的顺序闭合。注意空字符串可被认为是有效字符串。例如，输入字符串"()"，输出为 True；输入字符串"([)]"，输出为 False。要求设计满足题目条件的如下方法：

视频讲解

def isValid(self, s: str) -> bool:

2. LeetCode150——逆波兰表达式求值

问题描述：根据逆波兰表示法求表达式的值，有效的运算符包括 ＋、－、＊、/。每个运算对象可以是整数，也可以是另一个逆波兰表达式。假设给定的逆波兰表达式总是有效的，即表达式总会得出有效数值且不存在除数为 0 的情况。其中整数除法只保留整数部分。例如，输入["2","1","+","3","*"]，输出结果为 9；输入 ["4","13","5","/","+"]，输出结果为 6。要求设计满足题目条件的如下方法：

视频讲解

def evalRPN(self, tokens: List[str]) -> int:

3. LeetCode71——简化路径

问题描述：以 UNIX 风格给出一个文件的绝对路径，并且简化它，也就是说，将其转换为规范路径。在 UNIX 风格的文件系统中，一个点(.)表示当前目录本身，两个点(..)表示将目录切换到上一级(指向父目录)，两者都可以是复杂相对路径的组成部分。注意，返回的规范路径必须始终以斜杠(/)开头，并且两个目录名之间只有一个斜杠/，最后一个目录名(如果存在)不能以/结尾。此外，规范路径必须是表示绝对路径的最短字符串。例如，输入字符串"/home/"，输出结果为"/home"；输入字符串"/a//b////c/d//././//.."，输出结果为"/a/b/c"。要求设计满足题目条件的如下方法：

视频讲解

def simplifyPath(self, path: str) -> str:

4. LeetCode51——n 皇后

问题描述：n 皇后问题研究的是如何将 n 个皇后放置在 $n \times n$ 的棋盘上，并且使皇后彼此之间不能相互攻击。给定一个整数 n，返回所有不同的 n 皇后问题的解决方案。每种解法包含一个明确的 n 皇后问题的棋子放置方案，在该方案中'Q'和'.'分别代表了皇后和空位。例如，输入 4，输出(共两个解法)结果如下：

视频讲解

```
[
[".Q..",          #解法 1
 "...Q",
 "Q...",
 "..Q."],
["..Q.",          #解法 2
 "Q...",
 "...Q",
 ".Q.."]
]
```

要求设计满足题目条件的如下方法：

def solveNQueens(self, n: int) -> List[List[str]]:

5. LeetCode622——设计循环队列

问题描述：循环队列是一种线性数据结构,其操作表现基于 FIFO(先进先出)原则,并且队尾被连接在队首之后以形成一个循环,它也被称为"环形缓冲器"。循环队列的一个好处是用户可以利用这个队列之前用过的空间。在一个普通队列里,一旦一个队列满了就不能插入下一个元素,即使在队列的前面仍有空间,但是在使用循环队列时可以使用这些空间去存储新的值。设计应该支持如下操作。

① MyCircularQueue(k)：构造器,设置队列长度为 k。
② Front()：从队首获取元素。如果队列为空,返回-1。
③ Rear()：获取队尾元素。如果队列为空,返回-1。
④ enQueue(value)：向循环队列插入一个元素。如果成功插入,则返回 True。
⑤ deQueue()：从循环队列中删除一个元素。如果成功删除,则返回 True。
⑥ isEmpty()：检查循环队列是否为空。
⑦ isFull()：检查循环队列是否已满。

例如：

MyCircularQueue circularQueue = new MycircularQueue(3);	♯设置长度为 3
circularQueue.enQueue(1);	♯返回 True
circularQueue.enQueue(2);	♯返回 True
circularQueue.enQueue(3);	♯返回 True
circularQueue.enQueue(4);	♯返回 False,队列已满
circularQueue.Rear();	♯返回 3
circularQueue.isFull();	♯返回 True
circularQueue.deQueue();	♯返回 True
circularQueue.enQueue(4);	♯返回 True
circularQueue.Rear();	♯返回 4

提示：所有的值都在 0~1000,操作数将在 1~1000,不要使用内置的队列库。

6. LeetCode119——杨辉三角 II

问题描述：给定一个非负索引 k,其中 k≤33,返回杨辉三角的第 k 行。在杨辉三角中,每个数是它左上方和右上方的数的和。例如,输入整数 3,输出为[1,3,3,1]。要求设计满足题目条件的如下方法：

def getRow(self, rowIndex: int) -> List[int]:

7. LeetCode347——前 k 个高频元素

问题描述：给定一个非空的整数数组,返回其中出现频率前 k 高的元素。例如,输入 nums=[1,1,1,2,2,3],k=2,输出结果为[1,2]；输入 nums=[1],k=1,输出结果为[1]。可以假设给定的 k 总是合理的,且 1≤k≤数组中不相同的元素的个数。另外算法的时间复杂度必须优于 $O(n\log_2 n)$,n 是数组的大小。要求设计满足题目条件的如下方法：

def topKFrequent(self, nums: List[int], k: int) -> List[int]:

视频讲解

8. LeetCode23——合并 k 个排序链表

问题描述：合并 k 个排序链表，返回合并后的排序链表。请分析和描述算法的复杂度。例如，输入如下：

视频讲解

```
[
    1 -> 4 -> 5,
    1 -> 3 -> 4,
    2 -> 6
]
```

输出的链表为 1 -> 1 -> 2 -> 3 -> 4 -> 4 -> 5 -> 6。要求设计满足题目条件的如下方法：

def mergeKLists(self, lists: List[ListNode]) -> ListNode:

3.3.2 LeetCode 在线编程题参考答案

1. LeetCode20——有效的括号

解：采用《教程》第 3 章中例 3.4 的设计思路，仅改为用 deque 替代栈类 SqStack。对应的算法如下：

```python
from collections import deque
class Solution:
    def isValid(self, s: str) -> bool:
        st = deque()                              # 定义一个栈
        i = 0
        while i < len(s):
            e = s[i]
            if e == '(' or e == '[' or e == '{':
                st.append(e)                      # 将左括号进栈
            else:
                if e == ')':
                    if len(st) == 0 or st[-1] != '(':
                        return False              # 栈空或栈顶不是'('时返回 False
                    st.pop()
                if e == ']':
                    if len(st) == 0 or st[-1] != '[':
                        return False              # 栈空或栈顶不是'['时返回 False
                    st.pop()
                if e == '}':
                    if len(st) == 0 or st[-1] != '{':
                        return False;             # 栈空或栈顶不是'{'时返回 False
                    st.pop()
            i += 1                                # 继续遍历 str
        return len(st) == 0
```

运行结果：通过，执行用时为 28ms，内存消耗为 12.8MB，语言为 Python 3。

2. LeetCode150——逆波兰表达式求值

解：采用《教程》3.1.6 节用栈求简单表达式值的设计思路，仅改为用 deque 替代栈类 SqStack。对应的算法如下：

```python
from collections import deque
class Solution:
    def evalRPN(self, tokens: List[str]) -> int:
        st = deque()                        #定义一个运算数栈
        i = 0
        while i < len(tokens):              #遍历 postexp
            opv = tokens[i]                 #从逆波兰表达式(后缀表达式)中取一个元素 opv
            if opv == "+":                  #判定为"+"号
                a = st.pop()                #退栈取数值 a
                b = st.pop()                #退栈取数值 b
                c = b + a                   #计算 c
                st.append(c)                #将计算结果进栈
            elif opv == "-":                #判定为"-"号
                a = st.pop()                #退栈取数值 a
                b = st.pop()                #退栈取数值 b
                c = b - a                   #计算 c
                st.append(c)                #将计算结果进栈
            elif opv == "*":                #判定为"*"号
                a = st.pop()                #退栈取数值 a
                b = st.pop()                #退栈取数值 b
                c = b * a                   #计算 c
                st.append(c)                #将计算结果进栈
            elif opv == "/":                #判定为"/"号
                a = st.pop()                #退栈取数值 a
                b = st.pop()                #退栈取数值 b
                c = int(b / a)              #计算 c
                st.append(c)                #将计算结果进栈
            else:                           #处理整数
                st.append(int(opv))         #将数值 opv 进栈
            i += 1                          #继续处理 postexp 的其他元素
        return st[-1]                       #栈顶元素即为求值结果
```

运行结果：通过，执行用时为 80ms，内存消耗为 12.9MB，语言为 Python 3。

3. LeetCode71——简化路径

解：先使用 path.split('/') 将字符串 path 按'/'分割，仅保留非空的部分，由于两个点（..）表示将目录切换到上一级，所以用栈依次存放各级的目录，每遇到一个".."就出栈一次，当遇到"."时直接跳过，遇到其他字符时表示一个目录，将其进栈。最后将栈中元素用'/'字符连接起来返回。

例如，path="/a//b////c/d//././//..",分割后 path=['a','b','c','d','.','. ','..'],遍历 path，依次将'a'、'b'、'c'、'd'进栈，跳过两个'. ',遇到'..'出栈'd',此时栈中元素为('a','b','c'),用'/'字符连接起来的结果为"/a/b/c"。

对应的算法如下：

```python
from collections import deque
class Solution:
    def simplifyPath(self, path: str) -> str:
        st = deque()                        #定义一个栈
        path = [p for p in path.split('/') if p]
```

```
for f in path:
    if f == '.': continue
    elif f == '..':
        if st: st.pop()
    else: st.append(f)
return '/'+'/'.join(st)
```

运行结果：通过，执行用时为 44ms，内存消耗为 12.7MB，语言为 Python 3。

4. LeetCode51——n 皇后

解：n 个皇后的编号为 $0 \sim n-1$，采用一个栈 st 存放已经放置好的皇后，其元素为[皇后 i 的行号，皇后 i 的列号]($0 \leqslant i \leqslant n-1$)。

假设已经放置好了编号为 $0 \sim i-1$ 的 i 个皇后，它们的位置用列表 lst 表示(通过栈 st 连接得到 lst)，其中 lst[k]($0 \leqslant k \leqslant i-1$)元素(lst[$k$][0], lst[$k$][1])表示皇后 k 的位置。现在要放置皇后 i，考查位置(i,j)是否与前面的皇后的位置冲突？

① 由于皇后 i 的行号为 i，而 i 总是递增的，所以不可能存在行的冲突。

② 如果存在某个皇后的列号 lst[k][1]等于 j，说明有列的冲突。

③ 对角线冲突有两条，如图 3.2 所示。若它们在任意一条对角线上，则构成一个等腰直角三角形，即 $|\text{lst}[k][1]-j| == |i-\text{lst}[k][0]|$。

从上面看出，对于位置(i,j)，只要满足以下条件就存在冲突，不能在该位置放置皇后 i，否则不冲突，可以试探放置皇后 i：

(lst[k][1]==j) or abs(lst[k][1]−j)==abs(i−lst[k][0])

(a) 对角线1   (b) 对角线2

图 3.2　两个皇后构成对角线的情况

n 皇后问题的求解有多种方法，这里用栈求解，采用与《教程》第 3 章中用栈求解迷宫问题类似的思路。对应的算法如下：

```
from collections import deque
class Solution:
    def solveNQueens(self, n: int) -> List[List[str]]:
        st=deque()                    #定义一个栈
        res=[]
        st.append([0,-1])             #从第一个皇后(0,-1)开始
        while len(st)>0:              #栈不空时循环
            q=st.pop()               #出栈一个皇后
            i,j=q[0],q[1]
            lst=list(st)             #栈元素转换为列表
            if i==n:                 #n个皇后放置好后得到一个解
```

```
            res.append(self.buildres(lst,n))
            q=st.pop()                    #出栈最后的一个皇后
            i,j=q[0],q[1]
        j+=1                              #从下一列开始查找
        while j<n:
            if self.place(i,j,lst):       #(i,j)位置可以放置皇后 i
                st.append([i,j])          #将(i,j)进栈
                st.append([i+1,-1])       #同时将下一个皇后(i+1,-1)进栈
                break
            j+=1
    return res


def place(self,i,j,lst):                  #测试(i,j)位置能否放置皇后
    if i==0: return True                  #第一个皇后总是可以放置
    k=0
    while k<=i-1:                         #k=0~i-1 是已放置了皇后的行
        if lst[k][1]==j or abs(lst[k][1]-j)==abs(i-lst[k][0]):
            return False
        k+=1
    return True


def buildres(self,lst,n):                 #将 lst 列表转换为题目要求的格式
    ans=[]
    for i in range(n):
        a=['.'] * n
        a[lst[i][1]]='Q'
        ans.append(''.join(a))
    return ans
```

运行结果：通过,执行用时为 120ms,内存消耗为 12.9MB,语言为 Python 3。

5. LeetCode622——设计循环队列

解：用 $data[0..MaxSize-1]$ 存放循环队列中的元素,队头指针 front 指向队中队头元素的前一个位置,队尾指针 rear 指向队尾元素;另外设置一个标志 tag,tag=0 表示队列可能空,tag=1 表示队列可能满。初始化如下：

```
data=[None] * MaxSize
front=rear=0
tag=0                                     #初始时队列为空
```

这样循环队列的几个要素如下。

① 队空条件：tag=0 and front=rear。

② 队满条件：tag=1 and front=rear。

③ 元素 e 进队(队列非满时)：rear=(rear+1)%MaxSize,data[rear]=e,在任何进队操作后队列都不可能为空,但可能满,所以需要设置 tag=1。

④ 出队(队列非空时)：front=(front+1)%MaxSize,在任何出队操作后队列都不可能满,但可能为空,所以需要设置 tag=0。

⑤ 非空时取队头元素：head=(front+1)%MaxSize,返回 data[head]。注意不能修改

数据结构教程(Python 语言描述)学习与上机实验指导

队头指针。

⑥ 非空时取队尾元素:返回 data[rear]。注意不能修改队尾指针。

对应的算法如下:

```python
class MyCircularQueue(object):
    def __init__(self, k):
        """
        这里初始化数据结构,设置队列的大小为 k
        """
        self.data = [None] * k          # 初始化队列列表
        self.MaxSize = k                # 队中最多元素个数
        self.front = 0                  # 队头指针
        self.rear = 0                   # 队尾指针
        self.tag = 0                    # 队列可能空或者满的标志

    def enQueue(self, value):
        """
        插入元素 value 到队列中,如果操作成功返回 True
        """
        if self.isFull():               # 队满返回 False
            return False
        self.rear = (self.rear + 1) % self.MaxSize
        self.data[self.rear] = value
        self.tag = 1
        return True                     # 成功插入则返回 True

    def deQueue(self):
        """
        出队一个元素,如果操作成功返回 True
        """
        if self.isEmpty():              # 队空返回 False
            return False
        self.front = (self.front + 1) % self.MaxSize
        self.tag = 0
        return True                     # 成功删除则返回 True

    def Front(self):
        """
        获取队头元素
        """
        if self.isEmpty():              # 队空返回 -1
            return -1
        head = (self.front + 1) % self.MaxSize
        return self.data[head]

    def Rear(self):
        """
        获取队尾元素
        """
        if self.isEmpty():              # 队空返回 -1
```

```
                return -1
        return self.data[self.rear]

    def isFull(self):
        """
        判断队列是否满
        """
        if self.tag==1 and self.rear==self.front:
            return True
        else:
            return False

    def isEmpty(self):
        """
        判断队列是否空
        """
        if self.tag==0 and self.rear==self.front:
            return True
        else:
            return False
```

运行结果：通过，执行用时为 68ms，内存消耗为 12.9MB，语言为 Python 3。

6. LeetCode119——杨辉三角 II

解：在本题的杨辉三角中，第 1 行对应 $k=0$，第 2 行对应 $k=1$，以此类推，为了方便统一将 k 增 1。该问题有多种解法，这里采用队列求解，详细思路参见《教程》第 3 章中练习题 8 的解答。对应的算法如下：

```
from collections import deque
class Solution:
    def getRow(self, rowIndex: int) -> List[int]:
        rowIndex+=1                      # 改为第 1 行,k=1,以此类推(k 表示 rowIndex)
        if rowIndex==1: return [1]       # 第 1 行为特殊情况
        res=[]                           # 存放第 k 行
        qu=deque()                       # 定义一个队列
        qu.append(0)                     # 第 1 行(0,1,0)进队
        qu.append(1)
        qu.append(0)
        for r in range(2,rowIndex+1):    # 求第 2 行到第 k 行
            qu.append(0)
            s=qu.popleft()
            for c in range(r):           # 求第 r 行的 r 个数字
                t=qu.popleft()
                e=s+t
                if r==rowIndex:          # 将第 k 行的数字添加到 res 中
                    res.append(e)
                qu.append(e)
                s=t
            qu.append(0)
        return res
```

数据结构教程（Python 语言描述）学习与上机实验指导

运行结果：通过，执行用时为 32ms，内存消耗为 12.7MB，语言为 Python 3。

7. LeetCode347——前 k 个高频元素

解：先用字典 dic 累计 nums 中每个整数 key 出现的次数 cnt，再按 $[-cnt, key]$ 建立一个大根堆，然后求前 k 高的元素 key 并且添加到列表 res 中，最后返回 res。对应的算法如下：

```
import heapq
class Solution:
    def topKFrequent(self, nums: List[int], k: int) -> List[int]:
        dic={}
        for i in range(len(nums)):              #累计每个整数出现的次数
            if nums[i] in dic:dic[nums[i]]+=1
            else: dic[nums[i]]=1
        heap=[]
        for key,cnt in dic.items():             #按 cnt 建立大根堆
            heapq.heappush(heap,[-cnt,key])
        res=[]
        for i in range(k):                      #求前 k 高的元素
            e=heapq.heappop(heap)
            res.append(e[1])
        return res
```

运行结果：通过，执行用时为 128ms，内存消耗为 17.2MB，语言为 Python 3。

8. LeetCode23——合并 k 个排序链表

解：设置一个最大元素值 MAXV，采用 k 路归并，k 个单链表的序号为 $0\sim k-1$，用 p 列表存放 k 个单链表的遍历指针，建立一个元素为 $[val, i]$ 的优先队列 heapq，其中 val 表示结点值，i 表示对应的单链表序号，heapq 作为小根堆，按 val 越小越优先。

采用尾插法建立结果单链表 head，首先将 k 个单链表的首结点值进队（空指针时结点值用 MAXV 代替），队列不空时循环，出队一个元素 e，若其值为 MAXV，归并结束，否则建立对应结点并且链接到 head 末尾，取对应的单链表遍历指针 $q=p[e[1]]$（同时修改 p 中该单链表的遍历指针），并且向后移动 q，将 q 结点值进队（空指针时结点值用 MAXV 代替）。

最后设置 head 的尾结点 next 为空，返回 head.next。对应的算法如下：

```
import heapq
MAXV=999999                                 #设置一个最大元素值
class Solution:
    def mergeKLists(self, lists: List[ListNode]) -> ListNode:
        head=ListNode(0)                        #创建一个头结点
        tail=head
        heap=[]
        k=len(lists)                            #k 个排序单链表
        p=[]
        for i in range(k):                      #取各个单链表的首结点指针
            p.append(lists[i])
        for i in range(k):                      #将各个单链表的首结点(val,i)进队
            if p[i]!=None:
```

```
                heapq. heappush(heap,[p[i]. val,i])
            else:
                heapq. heappush(heap,[MAXV,i])
    while len(heap)>0:                    #小根堆不空时循环
        e＝heapq. heappop(heap)            #出队一个元素 e
        if e[0]==MAXV:break              #最小元素为 MAXV 时结束
        s＝ListNode(e[0])                 #建立结点 s 链接到 head 末尾
        tail. next＝s
        tail＝s
        q＝p[e[1]]                        #找到归并的单链表的遍历指针
        q＝q. next                        #后移一个结点
        p[e[1]]＝q                        #修改归并的单链表的遍历指针
        if q!＝None:                      #将 q 结点值进队
            heapq. heappush(heap,[q. val,e[1]])
        else:
            heapq. heappush(heap,[MAXV,e[1]])
    tail. next＝None                      #尾结点 next 设置为空
    return head. next
```

运行结果：通过,执行用时为 128ms,内存消耗为 17.2MB,语言为 Python 3。

3.4　第 4 章　串和数组

3.4.1　LeetCode 在线编程题

1. LeetCode344——反转字符串

问题描述：编写一个函数,其作用是将输入的字符串反转过来。输入字符串以字符数组 char[] 的形式给出,不要给另外的数组分配额外的空间,必须原地修改输入数组,使用 O(1) 的额外空间解决这一问题。可以假设数组中的所有字符都是 ASCII 码表中的可打印字符。例如,输入["h","e","l","l","o"],输出结果为["o","l","l","e","h"]；输入["H","a","n","n","a","h"],输出结果为["h","a","n","n","a","H"]。要求设计满足题目条件的如下方法：

```
def reverseString(self, s: List[str]) —> None:
```

视频讲解

2. LeetCode443——压缩字符串

问题描述：给定一组字符,使用原地算法将其压缩。压缩后的长度必须始终小于或等于原数组的长度,数组的每个元素应该是长度为 1 的字符(不是 int 类型)。在完成原地修改输入数组后,返回数组的新长度。例如,输入["a","a","b","b","c","c","c"],输出 6,输入数组的前 6 个字符应该是["a","2","b","2","c","3"]。其中,"aa"被"a2"替代,"bb"被"b2"替代,"ccc"被"c3"替代。注意每个数字在数组中都有它自己的位置,所有字符都有一个 ASCII 值在[35,126]区间内,1≤len(chars)≤1000。要求设计满足题目条件的如下方法：

```
def compress(self, chars: List[str]) —> int:
```

视频讲解

3. LeetCode3——无重复字符的最长子串

问题描述：给定一个字符串,请找出其中不含有重复字符的最长子串的长度。例如,输入字符串"abcabcbb"，输出 3。因为无重复字符的最长子串是"abc"，所以其长度为 3。要求设计满足题目条件的如下方法：

```
def lengthOfLongestSubstring(self, s: str) -> int:
```

4. LeetCode28——实现 strStr()

问题描述：给定一个 haystack 字符串和一个 needle 字符串，在 haystack 字符串中找出 needle 字符串出现的第一个位置（从 0 开始），如果不存在则返回 −1。例如，输入 haystack＝"hello"，needle＝"ll"，输出结果为 2。要求设计满足题目条件的如下方法：

```
def strStr(self, haystack: str, needle: str) -> int:
```

5. LeetCode867——转置矩阵

问题描述：给定一个矩阵 A，返回 A 的转置矩阵。矩阵的转置是指将矩阵的主对角线翻转，交换矩阵的行索引与列索引。例如，输入[[1,2,3],[4,5,6],[7,8,9]]，输出结果为[[1,4,7],[2,5,8],[3,6,9]]。要求设计满足题目条件的如下方法：

```
def transpose(self, A: List[List[int]]) -> List[List[int]]:
```

6. LeetCode48——旋转图像

问题描述：给定一个 $n×n$ 的二维矩阵表示一个图像，将图像顺时针旋转 90°。注意必须在原地旋转图像，这意味着需要直接修改输入的二维矩阵。请不要使用另一个矩阵来旋转图像。例如，给定 matrix＝[[1,2,3],[4,5,6],[7,8,9]]，原地旋转输入矩阵，使其变为[[7,4,1],[8,5,2], [9,6,3]]。要求设计满足题目条件的如下方法：

```
def rotate(self, matrix: List[List[int]]) -> None:
```

3.4.2 LeetCode 在线编程题参考答案

1. LeetCode344——反转字符串

解：对应的算法如下。

```
class Solution:
    def reverseString(self, s: List[str]) -> None:
        n=len(s)
        i,j=0,n-1
        while i<j:
            s[i],s[j]=s[j],s[i]
            i,j=i+1,j-1
```

运行结果：通过，执行用时为 224ms，内存消耗为 17.2MB，语言为 Python 3。

2. LeetCode443——压缩字符串

解：根据题目中数据的特点，采用第 2 章中整体创建顺序表的方式实现字符串的压缩。对应的算法如下：

```
class Solution:
```

```
def compress(self, chars: List[str]) -> int:
    i, k = 0, 0
    while i < len(chars):
        chars[k] = chars[i]                    #添加 chars[i]字符
        k += 1
        cnt = 1                                #累计 chars[i]的相邻重复个数
        i += 1
        while i < len(chars) and chars[i] == chars[k-1]:
            i, cnt = i+1, cnt+1
        if cnt > 1:                            #仅 cnt>1 时插入数字
            tmp = list(str(cnt))               #将 cnt 整数转换为数字字符列表
            for j in range(len(tmp)):          #将每个数字字符插入 chars
                chars[k] = tmp[j]
                k += 1
    return k
```

运行结果：通过，执行用时为 100ms，内存消耗为 12.7MB，语言为 Python 3。

3. LeetCode3——无重复字符的最长子串

解：用 start 记录最近重复字符所在的索引＋1 或者最近无重复子串的开始位置（初始为 0），用 maxlen 记录最长无重复子串的长度（初始为 0）。构建一个字典 dic 存放每个元素最后出现的索引。

在用 i 遍历字符串 s 时，若当前字符 $s[i]$ 在字典中并且 $s[i]$ 的索引大于或等于 start，则重置 start＝dic$[s[i]]$＋1。更新字典中 $s[i]$ 的索引，即置 dic$[s[i]]＝i$，将 $s[start..i]$ 看成最近一个无重复的子串，比较求最大长度 maxlen。遍历结束，返回 maxlen。

例如，s＝"ababc"，start＝0，maxlen＝0。

处理 $s[0]$＝'a'：$s[0]$ 不重复，dic['a']置为 0，i－start＋1＝1，修改 maxlen＝max(0,1)＝1（对应'a'子串）。

处理 $s[1]$＝'b'：$s[1]$ 不重复，dic['b']置为 1，i－start＋1＝2，修改 maxlen＝max(1,2)＝2（对应'ab'子串）。

处理 $s[2]$＝'a'：'a'在 dic 中并且 dic['a']≥start(0)，修改 start＝dic['a']＋1＝1，i－start＋1＝2，修改 maxlen＝max(2,2)＝2（对应'ba'子串）。

处理 $s[3]$＝''b'：'b'在 dic 中并且 dic['b']≥start(1)，修改 start＝dic['b']＋1＝2，i－start＋1＝2，修改 maxlen＝max(2,2)＝2（对应'ab'子串）。

处理 $s[4]$＝'c'：$s[4]$ 不重复，dic['c']置为 4，i－start＋1＝3，修改 maxlen＝max(2,3)＝3（对应'abc'子串）。

对应的算法如下：

```
class Solution(object):
    def lengthOfLongestSubstring(self, s: str) -> int:
        if len(s) == 0: return 0
        dic = {}                               #字典 dic 中存放每个元素最后出现的索引
        maxlen = 0                             #最长无重复子串的长度
        start = 0                              #最近重复字符所在的索引＋1
        for i in range(len(s)):
            if s[i] in dic and dic[s[i]] >= start:  #s[i]在字典中且其索引≥最近重复字符的索引
```

```
            start=dic[s[i]]+1
            dic[s[i]]=i                          ♯更新字典中 s[i] 的索引
            maxlen=max(maxlen,i-start+1)         ♯s[start..i]构成一个无重复的子串
        return maxlen
```

运行结果：通过，执行用时为 64ms，内存消耗为 12.9MB，语言为 Python 3。

4. LeetCode28——实现 strStr()

解法 1：采用 BF 算法，其原理参见《教程》第 4 章 4.1.3 节中的 BF 算法。对应的算法如下：

```
class Solution:
    def strStr(self,haystack:str,needle:str) -> int:    ♯用 BF 的算法求解
        if len(needle)==0: return 0
        return self.BF(haystack,needle)

    def BF(self,s,t):                             ♯BF 算法
        i,j=0,0
        while i<len(s) and j<len(t):              ♯两串未遍历完时循环
            if s[i]==t[j]:                        ♯两个字符相同
                i,j=i+1,j+1                       ♯比较下一对字符
            else:
                i,j=i-j+1,0                       ♯目标串从下一个位置开始,模式串从头开始匹配
        if j>=len(t):
            return i-len(t)                       ♯返回匹配的首位置
        else:
            return -1                             ♯模式匹配不成功
```

运行结果：通过，执行用时为 84ms，内存消耗为 12.6MB，语言为 Python 3。

解法 2：采用 KMP 算法，其原理参见《教程》4.1.3 节中的 KMP 算法。对应的算法如下：

```
class Solution:
    def strStr(self,haystack:str,needle:str) -> int:    ♯用 KMP 算法求解
        if len(needle)==0: return 0
        return self.KMP(haystack,needle)

    def GetNext(self,t,next):                     ♯由模式串 t 求出 next 值
        j,k=0,-1
        next[0]=-1
        while j<len(t)-1:
            if k==-1 or t[j]==t[k]:               ♯j 遍历后缀,k 遍历前缀
                j,k=j+1,k+1
                next[j]=k
            else:
                k=next[k]                         ♯将 k 置为 next[k]

    def KMP(self,s,t):                            ♯KMP 算法
        next=[None] * len(t)
        self.GetNext(t,next)                      ♯求 next 数组
        i,j=0,0
        while i<len(s) and j<len(t):
            if j==-1 or s[i]==t[j]:
```

```
            i,j=i+1,j+1                 #i,j 各增 1
        else:
            j=next[j]                   #i 不变,j 回退
        if j>=len(t):
            return i—len(t)             #返回起始序号
        else:
            return —1                   #返回—1
```

运行结果:通过,执行用时为 48ms,内存消耗为 13.9MB,语言为 Python 3。

5. LeetCode867——转置矩阵

解:对于 m 行 n 列的矩阵 A,建立一个 n 行 m 列的转置矩阵 B,将 A 的每一行复制到 B 的每一列中,最后返回 B。对应的算法如下:

```
class Solution:
    def transpose(self, A):
        m=len(A)
        n=len(A[0])
        B=[[None] * m for i in range(n)]
        for i in range(m):                    #处理 A 的每一行
            for j in range(n):                #处理 A 的每一列
                B[j][i]=A[i][j]
        return B
```

运行结果:通过,执行用时为 80ms,内存消耗为 13.3MB,语言为 Python 3。

6. LeetCode48——旋转图像

解:这里要求只能在原数组中做旋转操作,从中找到图像旋转的规律。实现该操作的步骤如下:

① 按左下—右上对角线交换所有对角元素。

② 将第 i 行($0 \leqslant i < n/2$)的所有元素与倒数第 i 行交换。

例如,题目中示例的旋转过程如图 3.3 所示。对应的算法如下:

```
class Solution:
    def rotate(self, matrix: List[List[int]]) -> None:
        n=len(matrix)                         #行、列数为 n
        for i in range(n):                    #步骤①
            for j in range(n—i):
                matrix[i][j],matrix[n—j—1][n—i—1]=matrix[n—j—1][n—i—1],matrix[i][j]
        for i in range(n//2):                 #步骤②
            for j in range(n):
                matrix[i][j],matrix[n—i—1][j]=matrix[n—i—1][j],matrix[i][j]
```

运行结果:通过,执行用时为 40ms,内存消耗为 12.7MB,语言为 Python 3。

图 3.3　示例的旋转过程

3.5　第5章　递归

3.5.1　LeetCode 在线编程题

1. LeetCode7——整数反转

问题描述：给出一个 32 位的有符号整数，你需要将这个整数中每位上的数字进行反转。

示例 1：输入 123，输出 321。

示例 2：输入 -123，输出 -321。

示例 3：输入 120，输出 21。

假设我们的环境只能存储得下 32 位的有符号整数，则其数值范围为 $[-2^{31}, 2^{31}-1]$。请根据这个假设，如果反转后整数溢出那么就返回 0。

要求设计满足题目条件的如下方法：

```
def reverse(self, x: int) -> int:
```

视频讲解

2. LeetCode24——两两交换链表中的结点

问题描述：给定一个链表，两两交换其中相邻的结点，并返回交换后的链表。注意不能只是单纯地改变结点内部的值，而是需要实际地进行结点交换。例如，给定链表为 1-> 2-> 3-> 4，返回结果为 2-> 1-> 4-> 3。要求设计满足题目条件的如下方法：

```
def swapPairs(self, head: ListNode) -> ListNode:
```

视频讲解

3. LeetCode59——螺旋矩阵 II

问题描述：给定一个正整数 n，生成一个包含 1 到 n^2 的所有元素，且元素按顺时针顺序螺旋排列的正方形矩阵。例如，输入 3，输出结果如下：

```
[
  [1,2,3],
  [8,9,4],
  [7,6,5]
]
```

视频讲解

要求设计满足题目条件的如下方法：

```
def generateMatrix(self, n: int) -> List[List[int]]:
```

4. LeetCode52——n 皇后 II

问题描述：n 皇后问题研究的是如何将 n 个皇后放置在 $n \times n$ 的棋盘上，并且使皇后彼此之间不能相互攻击。给定一个整数 n，返回 n 皇后不同的解决方案的数量。要求设计满足题目条件的如下方法：

```
def totalNQueens(self, n: int) -> int:
```

视频讲解

3.5.2　LeetCode 在线编程题参考答案

1. LeetCode7——整数反转

解：对于 n 位的正整数 $x=x_{n-1}x_{n-2}\cdots x_1 x_0$，$x//10=x_{n-1}x_{n-2}\cdots x_1$，$x\%10=x_0$。设 $f(x)$ 为 x 的反转结果字符串，对应的递归模型如下：

$$f(x)=\text{str}(x) \qquad\qquad\qquad x\text{ 为一位数字}$$
$$f(x)="x_0"+f(x//10) \qquad\qquad\text{其他情况}$$

对应的算法如下：

```
class Solution:
    def reverse(self, x: int) -> int:
        if x < 0:
            x=-int(self.fun(-x))
        else:
            x=int(self.fun(x))
        return x if x < 2147483648 and x >= -2147483648 else 0

    def fun(self,x):                         ♯正整数的反转
        if x >=0 and x <=9:
            return str(x)
        else:
            return str(x%10)+self.fun(x//10)
```

运行结果：通过，执行用时为 44ms，内存消耗为 14MB，语言为 Python 3。

2. LeetCode24——两两交换链表中的结点

解：对于不带头结点的单链表 head，采用递归算法 swap2(head)求解。当 head 为空或者仅有一个结点时直接返回 head，否则让 q 指向第 3 个结点，交换前面两个结点，首结点仍然用 head 标识，p 指向第 2 个结点，递归调用 p.next=swap2(q)即可。对应的算法如下：

```
class Solution:
    def swapPairs(self, head: ListNode) -> ListNode:
        return swap2(head)

def swap2(head):
    if head==None or head.next==None:
        return head                          ♯空或者仅有一个结点时返回
    p=head                                   ♯head 与其后继结点交换
    head=p.next
    q=head.next                              ♯q 指向第 3 个结点
    head.next=p
    p.next=swap2(q)
    return head
```

运行结果：通过，执行用时为 28ms，内存消耗为 12.5MB，语言为 Python 3。

3. LeetCode59——螺旋矩阵 II

解：采用与《教程》第 5 章中例 5.5 完全相同的思路。对应的算法如下：

数据结构教程(Python 语言描述)学习与上机实验指导

```
class Solution:
    def generateMatrix(self, n: int) -> List[List[int]]:
        global a
        a=[[0] * n for i in range(n)]          # 存放螺旋矩阵
        Spiral(0,0,1,n)
        return a

def Spiral(x,y,start,n):                        # 递归创建螺旋矩阵
    if n<=0: return                             # 递归结束条件
    if n==1:                                    # 矩阵大小为 1 时
        a[x][y]=start
        return
    for j in range(x,x+n-1):                    # 上一行
        a[y][j]=start
        start+=1
    for i in range(y,y+n-1):                    # 右一列
        a[i][x+n-1]=start
        start+=1
    for j in range(x+n-1,x,-1):                 # 下一行
        a[y+n-1][j]=start
        start+=1
    for i in range(y+n-1,y,-1):                 # 左一列
        a[i][x]=start
        start+=1
    Spiral(x+1,y+1,start,n-2)                   # 递归调用
```

运行结果：通过,执行用时为 32ms,内存消耗为 12.6MB,语言为 Python 3。

4. LeetCode52——n 皇后 II

解：采用整数数组 $q[n]$ 存放 n 皇后问题的求解结果,因为每行只能放一个皇后,$q[i]$ ($1 \leqslant i \leqslant n$)的值表示第 i 个皇后所在的列号,即该皇后放在$(i,q[i])$的位置上。对于图 3.4 的解,$q[1..6]=\{2,4,6,1,3,5\}$(为了简便,不使用 $q[0]$元素)。

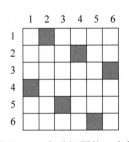

图 3.4 6 皇后问题的一个解

有关第 i 个皇后位置(i,j)与已放置皇后的冲突处理参见本书 3.3.2 节中的"LeetCode51——n 皇后"。这里采用递归方法求解,设 queen(i,n)是在 $1 \sim i-1$ 行上已经放好了 $i-1$ 个皇后,用于在 $i \sim n$ 行放置剩下的 $n-i+1$ 个皇后,则 queen$(i+1,n)$表示在 $1 \sim i$ 行上已经放好了 i 个皇后,用于在 $i+1 \sim n$ 行放置 $n-i$ 个皇后。显然 queen$(i+1,n)$比 queen(i,n)少放置一个皇后,所以 queen(i,n)是"大问题",queen$(i+1,n)$是"小问题"。求解 n 皇后问题所有解的递归模型如下：

queen$(i,n) \equiv n$ 个皇后放置完毕,得到一个解   若 $i>n$

queen$(i,n) \equiv$ 在第 i 行找到一个合适的位置(i,j),放置一个皇后;   其他情况
        queen$(i+1,n)$;

对应的算法如下：

```
MAXN=50                                         # 最多皇后个数
q=[0] * MAXN                                     # q[i]存放第 i 个皇后的列号
```

```
class Solution：
    def totalNQueens(self，n：int) —> int：
        self.cnt＝0                                ♯累计解个数
        self.queen(1,n)
        return self.cnt

    def place(self,i,j)：                           ♯测试(i,j)位置能否摆放皇后
        if i＝＝1：return True                      ♯第一个皇后总是可以放置
        k＝1
        while k＜i：                               ♯k＝1～i－1是已放置了皇后的行
            if q[k]＝＝j or (abs(q[k]－j)＝＝abs(i－k))：
                return False
            k＋＝1
        return True

    def queen(self,i,n)：                           ♯放置1～i的皇后
        if i＞n：                                   ♯所有皇后放置结束
            self.cnt＋＝1                           ♯得到一个解
        else：
            for j in range(1,n＋1)：                 ♯在第i行上试探每一个列j
                if self.place(i,j)：                 ♯在第i行上找到一个合适的位置(i,j)
                    q[i]＝j
                    self.queen(i＋1,n)
```

运行结果：通过，执行用时为 88ms，内存消耗为 12.6MB，语言为 Python 3。

3.6　第6章　树和二叉树

3.6.1　LeetCode 在线编程题

所有题目均为二叉树的算法设计题，二叉树采用二叉链存储结构存储，其结点类型定义如下：

```
class TreeNode：
    def __init__(self，x)：
        self.val ＝ x                               ♯结点值
        self.left ＝ None                           ♯左孩子结点指针
        self.right ＝ None                          ♯右孩子结点指针
```

1. LeetCode236——二叉树的最近公共祖先

问题描述：给定一棵二叉树，找到该树中两个指定结点的最近公共祖先。一棵有根树 T 的两个结点 p、q，它们的最近公共祖先表示为一个结点 x，满足 x 是 p、q 的祖先且 x 的深度尽可能大（一个结点也可以是它自己的祖先）。假设该二叉树中所有结点的值都是唯一的，p、q 为不同结点且均存在于给定的二叉树中。例如，给定如图 3.5 所示的一棵二叉树，结点 5 和结点 1 的最近公共祖先是结点 3，结点 5 和结点 4 的最近公共祖先是结点 5。题目要求设计

图 3.5　一棵二叉树

视频讲解

数据结构教程（Python 语言描述）学习与上机实验指导

返回二叉树 root 中 p 和 q 结点的最近公共祖先的方法：

def lowestCommonAncestor(self, root: 'TreeNode', p: 'TreeNode', q: 'TreeNode') —> 'TreeNode':

2. LeetCode101——对称二叉树

问题描述：给定一棵二叉树，检查它是否为镜像对称的。例如，在如图 3.6 所示的两棵二叉树中，$T1$ 是镜像对称的，而 $T2$ 不是镜像对称的。题目要求设计判断二叉树 root 是否为镜像对称的方法：

def isSymmetric(self, root: TreeNode) —> bool:

视频讲解

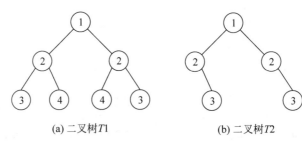

(a) 二叉树 $T1$　　　　　　(b) 二叉树 $T2$

图 3.6　两棵二叉树

3. LeetCode111——二叉树的最小深度

问题描述：给定一棵二叉树，找出其最小深度。最小深度是从根结点到最近叶子结点的最短路径上的结点数量。例如，如图 3.7 所示的二叉树的最小深度是 2。题目要求设计求二叉树 root 的最小深度的方法：

视频讲解

def minDepth(self, root: TreeNode) —> int:

4. LeetCode543——二叉树的直径

问题描述：给定一棵二叉树，设计一个算法求其直径的长度。二叉树中两结点之间的路径长度是以它们之间边的数目表示的，一棵二叉树的直径长度是任意两个结点路径长度中的最大值，这条路径可能穿过根结点。例如，如图 3.8 所示二叉树的直径为 3，它的长度是路径[4,2,1,3]或者 [5,2,1,3]的长度。题目要求设计求二叉树 root 的直径的方法：

def diameterOfBinaryTree(self, root: TreeNode) —> int:

视频讲解

图 3.7　一棵二叉树

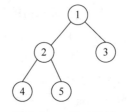

图 3.8　一棵二叉树

5. LeetCode662——二叉树的最大宽度

问题描述：给定一棵二叉树，编写一个函数获取这棵树的最大宽度。树的宽度是所有层中的最大宽度。这棵二叉树与满二叉树(full binary tree)的结构相同,但一些结点为空。每一层的宽度被定义为两个端点(该层最左和最右的非空结点,两端点间的空结点也计入长度)之间的长度。例如,在如图 3.9 所示的 4 棵二叉树中,$T1$、$T2$、$T3$ 和 $T4$ 的最大宽度分别是 4(最大值出现在第 3 层)、2(最大值出现在第 3 层)、2(最大值出现在第 2 层)和 8(最大值出现在第 4 层)。

(a) 二叉树$T1$　　　　(b) 二叉树$T2$　　　　(c) 二叉树$T3$　　　　(d) 二叉树$T4$

图 3.9　4 棵二叉树

视频讲解

题目要求设计求二叉树最大宽度的方法:

```
def widthOfBinaryTree(self, root: TreeNode) -> int:
```

3.6.2　LeetCode 在线编程题参考答案

1. LeetCode236——二叉树的最近公共祖先

解: 设 $f(root,p,q)$ 返回找到的最近公共祖先结点(由于 p 和 q 均存在于给定的二叉树中,所以一定能够找到它们的最近公共祖先结点)。如果当前结点 root 是 p 或者 q 结点之一,则返回 root;否则递归在左、右子树中查找,如果左、右子树返回的结果均不为空,说明 p、q 结点分别在当前结点 root 的左、右两边,则返回当前结点 root 为最近公共祖先结点,若一个不为空,返回不为空的结果,若都为空,返回空。

例如,在图 3.5 中,假设 p 指向结点 6,q 指向结点 0。为了简单,用结点值^表示该结点指针,求解过程 $f(3^,6^,0^)$ 如下:

① 沿着左分支找到结点 6,返回 $6^$。

② 从结点 6 回退到结点 5,递归调用结点 5 的左分支返回 $6^$,再递归调用结点 5 的右分支,即 $f(2^,6^,0^)$,其返回结果为 None。

③ 从结点 5 回退到结点 3,递归调用结点 3 的左分支返回 $6^$,再递归调用结点 3 的右分支,即 $f(1^,6^,0^)$。

④ 执行 $f(1^,6^,0^)$ 找到结点 0,返回 $0^$。

⑤ 从结点 0 回退到结点 1,递归调用结点 1 的左分支返回 $0^$,再递归调用结点 1 的右分支,即 $f(8^,6^,0^)$,其返回结果为 None。

⑥ 从结点 1 回退到结点 3,递归调用结点 3 的右分支返回 $0^$,这样递归调用结点 3 的左、右分支的结果均不为 None,所以返回 $3^$,由于结点 3 是根结点,则最终结果为结点 3 是最近公共祖先结点。

对应的算法如下：

```
class Solution:
    def lowestCommonAncestor(self, root: 'TreeNode', p: 'TreeNode', q: 'TreeNode') -> 'TreeNode':
        if root==None: return None
        if root==p or root==q: return root
        p1=self.lowestCommonAncestor(root.left,p,q)
        q1=self.lowestCommonAncestor(root.right,p,q)
        if p1!=None and q1!=None: return root
        if p1!=None: return p1
        if q1!=None: return q1
        return None
```

运行结果：通过，执行用时为 96ms，内存消耗为 26.2MB，语言为 Python 3。

2. LeetCode101——对称二叉树

解：设 $f(t1,t2)$ 表示两棵二叉树 $t1$ 和 $t2$ 是否镜像对称(当 $t1$ 和 $t2$ 镜像对称时返回 True，否则返回 False)。对应的递归模型如下：

$f(t1,t2)=$True	当 $t1=t2=$None 时
$f(t1,t2)=$False	当 $t1$、$t2$ 中的一棵为空，另外一棵不为空时
$f(t1,t2)=$False	当 $t1$ 和 $t2$ 均不为空且 $t1.$val$\neq t2.$val 时
$f(t1,t2)=$False	当 $t1$ 和 $t2$ 均不为空且 $f(t1.$left$,t2.$right$)$ 为 False 时
$f(t1,t2)=$False	当 $t1$ 和 $t2$ 均不为空且 $f(t1.$right$,t2.$left$)$ 为 False 时
$f(t1,t2)=$True	其他情况

对应的算法如下：

```
class Solution:
    def isSymmetric(self, root: TreeNode) -> bool:
        if root!=None:
            return isMirror(root.left,root.right)
        else:
            return True


def isMirror(t1,t2):
    if t1==None and t2==None: return True
    elif t1==None or t2==None: return False
    if t1.val!=t2.val: return False
    if isMirror(t1.right,t2.left)==False: return False
    if isMirror(t1.left,t2.right)==False: return False
    return True
```

运行结果：通过，执行用时为 44ms，内存消耗为 14MB，语言为 Python 3。

3. LeetCode111——二叉树的最小深度

解：设 $f($root$)$ 返回二叉树 root 的最小深度(空树的最小深度为 0，非空树的最小深度为从根结点到最近叶子结点的最短路径上的结点数量)。其递归模型如下：

$f($root$)=0$	当 root 为空树时
$f($root$)=f($root$.$left$)+1$	当 root 的右子树为空时
$f($root$)=f($root$.$right$)+1$	当 root 的左子树为空时

$$f(\text{root}) = \min(f(\text{root. left}), f(\text{root. right})) + 1 \qquad \text{当 root 存在左、右子树时}$$

对应的算法如下：

```
class Solution:
    def minDepth(self, root: TreeNode) -> int:
        return self._minDepth(root)

    def _minDepth(self, root):
        if root == None:                              #空树返回0
            return 0
        leftDepth = self._minDepth(root.left)         #递归遍历左子树
        rightDepth = self._minDepth(root.right)       #递归遍历右子树
        if leftDepth == 0: return rightDepth + 1      #左子树为空
        elif rightDepth == 0: return leftDepth + 1    #右子树为空
        else: return min(leftDepth, rightDepth) + 1   #存在左、右子树
```

运行结果：通过，执行用时为 52ms，内存消耗为 15.9MB，语言为 Python 3。

4. LeetCode543——二叉树的直径

解：利用递归算法设计，对于每个结点对应的子树，计算其左、右子树的深度，左、右深度相加即为该子树的直径，比较求最大值 res，在一棵二叉树遍历完后 res 即为该二叉树的直径。对应的算法如下：

```
class Solution:
    res = 0
    def diameterOfBinaryTree(self, root: TreeNode) -> int:
        self.depth(root)
        return self.res

    def depth(self, root):                            #求 root 子树的深度
        if root == None: return 0
        leftdepth = self.depth(root.left)
        rightdepth = self.depth(root.right)
        self.res = max(self.res, leftdepth + rightdepth)   #比较求 res
        return max(leftdepth, rightdepth) + 1
```

运行结果：通过，执行用时为 52ms，内存消耗为 14MB，语言为 Python 3。

5. LeetCode662——二叉树的最大宽度

解：采用《教程》第 6 章中例 6.16 解法 2 的思路，用 last 记录一层的最右结点，增加 first 记录该层最左结点的队列元素，采用层次遍历，队中每个元素存放对应结点及其层序编号 lno，当一层访问完毕时，e 为最右结点的队列元素，计算 curw = e. lno - first. lno + 1，求出当前层的最大宽度，执行 res = max(res, curw) 比较求二叉树的最大宽度。层次遍历完毕后返回 res。对应的算法如下：

```
from collections import deque                         #引用双端队列 deque
class QNode:                                          #队列中的元素类型
    def __init__(self, l, p):                         #构造方法
        self.lno = 1                                  #结点的层序编号(这里假设根结点的编号为1)
```

```
        self.node=p                          #结点的引用

class Solution:
    def widthOfBinaryTree(self, root: TreeNode) -> int:
        res=0                                #二叉树的最大宽度
        qu=deque()                           #定义一个队列 qu
        flag=True
        last=root                            #第一层的最右结点
        qu.append(QNode(1,root))             #根结点进队
        q=None
        while len(qu)>0:                     #队不空时循环
            e=qu.popleft()                   #出队一个元素 e
            p=e.node                         #对应结点 p
            if flag:                         #若为当前层的最左结点
                first=e                      #用 first 保存该最左结点
                flag=False                   #置为 False
            if p.left!=None:                 #结点 p 有左孩子时将其进队
                q=p.left
                qu.append(QNode(2*e.lno,q))     #若结点 p 的编号为 i,则左孩子的编号为 2i
            if p.right!=None:                #结点 p 有右孩子时将其进队
                q=p.right
                qu.append(QNode(2*e.lno+1,q))  #若结点 p 的编号为 i,则右孩子的编号为 2i+1
            if p==last:                      #当前层的所有结点处理完毕
                curw=e.lno-first.lno+1       #求当前层的最大宽度
                res=max(res,curw)            #比较求二叉树的最大宽度
                last=q                       #让 last 指向下一层的最右结点
                flag=True                    #下一步访问下一层的最左结点
        return res
```

运行结果：通过，执行用时为 48ms，内存消耗为 14MB，语言为 Python 3。

3.7 第 7 章 图

3.7.1 LeetCode 在线编程题

1. LeetCode200——岛屿数量

问题描述：给定一个由 '1'(陆地)和 '0'(水)组成的二维数组，计算岛屿的数量。一个岛被水包围，并且它是通过水平方向或垂直方向上相邻的陆地连接而成的。可以假设网格的 4 条边均被水包围。例如，输入：

```
11110
11010
11000
00000
```

视频讲解

输出结果为 1。题目要求设计求二维数组 grid 中岛屿数量的方法：

```
def numIslands(self, grid: List[List[str]]) -> int:
```

2. LeetCode695——岛屿的最大面积

问题描述：给定一个包含一些 0 和 1 的非空二维数组 grid，一个岛屿是由 4 个方向（水平或垂直）的 1（代表土地）构成的组合。可以假设二维数组的 4 个边缘都被水包围着。找到给定的二维数组中最大的岛屿面积（如果没有岛屿，则返回面积为 0）。例如，输入为：

```
[[0,0,1,0,0,0,0,1,0,0,0,0,0],
 [0,0,0,0,0,0,0,0,1,1,1,0,0,0],
 [0,1,1,0,1,0,0,0,0,0,0,0,0],
 [0,1,0,0,1,1,0,0,1,0,1,0,0],
 [0,1,0,0,1,1,0,0,1,1,1,0,0],
 [0,0,0,0,0,0,0,0,0,0,1,0,0],
 [0,0,0,0,0,0,0,1,1,1,0,0,0],
 [0,0,0,0,0,0,0,1,1,0,0,0,0]]
```

视频讲解

输出结果为 6。注意答案不应该是 11，因为岛屿只能包含水平或垂直的 4 个方向的 1。又如，输入为：

```
[[0,0,0,0,0,0,0,0,0]]
```

对于上面的输入，返回 0。注意，给定 grid 的长度和宽度都不超过 50。题目要求设计求二维数组 grid 中最大岛屿面积的方法：

```
def maxAreaOfIsland(self, grid: List[List[int]]) -> int:
```

3. LeetCode130——被围绕的区域

问题描述：给定一个二维的矩阵，它包含"X"和"O"（字母 O），找到所有被"X"围绕的区域，并将这些区域里所有的"O"用"X"填充。例如，输入如下：

```
X X X X
X O O X
X X O X
X O X X
```

视频讲解

运行方法后，矩阵变为：

```
X X X X
X X X X
X X X X
X O X X
```

注意：被围绕的区间不会存在于边界上，换句话说，任何边界上的"O"都不会被填充为"X"。任何不在边界上，或不与边界上的"O"相连的"O"最终都会被填充为"X"。如果两个元素在水平或垂直方向上相邻，则称它们是"相连"的。要求设计如下满足题目要求的方法：

```
def solve(self, board: List[List[str]]) -> None:
```

4. LeetCode684——冗余连接

问题描述：在本问题中，树指的是一个连通且无环的无向图。输入一个图，该图由一个

有 N 个顶点(顶点值不重复,为 1、2、……、N)的树及一条附加的边构成。附加的边的两个顶点包含在 1 到 N,这条附加的边不属于树中已存在的边。结果图是一个以边组成的二维数组。每一条边的元素是一对 $[u,v]$,满足 $u<v$,表示连接顶点 u 和 v 的无向图的边。返回一条可以删去的边,使得结果图是一个有着 N 个顶点的树。如果有多个答案,则返回二维数组中最后出现的边,答案边 $[u,v]$ 应满足 $u<v$。例如,输入 $[[1,2],[1,3],[2,3]]$,对应的无向图如图 3.10(a)所示,输出结果为 $[2,3]$;输入 $[[1,2],[2,3],[3,4],[1,4],[1,5]]$,对应的无向图如图 3.10(b)所示,输出结果为 $[1,4]$。

注意:输入的二维数组的大小为 3 到 1000。二维数组中的整数为 1 到 N,其中 N 是输入数组的大小。

要求设计如下满足题目要求的方法:

```
def findRedundantConnection(self, edges: List[List[int]]) -> List[int]:
```

(a) 无向图1 (b) 无向图2

图 3.10 两个无向图

5. LeetCode743——网络延迟时间

问题描述:有 N 个网络结点,标记为 1 到 N。给定一个列表 times,表示信号经过有向边的传递时间,$times[i]=(u,v,w)$,其中 u 是源结点,v 是目标结点,w 是一个信号从源结点传递到目标结点的时间。现在向当前的结点 K 发送了一个信号,需要多久才能使所有结点都收到信号? 如果不能使所有结点都收到信号,返回 -1。这里 N 的范围为 $[1,100]$,K 的范围为 $[1,N]$,times 的长度为 $[1,6000]$,所有的边 $times[i]=(u,v,w)$ 都有 $1\leqslant u$,$v\leqslant N$ 且 $0\leqslant w\leqslant 100$。例如,输入 $times=[[2,1,1],[2,3,1],[3,4,1]]$,$N=4$,$K=2$,对应的带权有向图如图 3.11 所示,输出结果为 2。

要求设计如下满足题目要求的方法:

```
def networkDelayTime(self, times: List[List[int]], N: int, K: int) -> int:
```

6. LeetCode207——课程表

问题描述:现在有 n 门课需要选,记为 0 到 $n-1$。在选修某些课程之前需要一些先修课程。例如,想要学习课程 0,需要先完成课程 1,则用一个匹配 $[0,1]$ 来表示。给定课程总量以及它们的先修条件,判断是否可能完成所有课程的学习? 例如,输入"2,$[[1,0]]$",输出结果为 True,因为总共有两门课程,在学习课程 1 之前,需要完成课程 0,所以这是可能的;输入"2,$[[1,0],[0,1]]$",输出结果为 False,因为总共有两门课程,在学习课程 1 之前,需要先完成课程 0,并且在学习课程 0 之前,还应先完成课程 1,这是不可能的。

要求设计如下满足题目要求的方法:

视频讲解

视频讲解

```
def canFinish(self, numCourses: int, prerequisites: List[List[int]]) -> bool:
```

7. LeetCode113——路径总和 II

问题描述：给定一个二叉树和一个目标和,找到所有从根结点到叶子结点的路径总和等于给定目标和的路径。例如,给定如图 3.12 所示的二叉树以及目标和 sum=22,返回结果是[[5,4,11,2],[5,8,4,5]]。本题的二叉树结点类型如下：

```
class TreeNode:
    def __init__(self, x):
        self.val = x
        self.left = None
        self.right = None
```

视频讲解

题目要求设计如下求二叉树路径总和的方法：

```
def pathSum(self, root: TreeNode, sum: int) -> List[List[int]]:
```

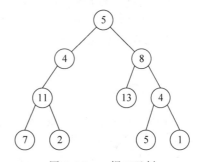

图 3.11　一个带权有向图　　　　图 3.12　一棵二叉树

3.7.2　LeetCode 在线编程题参考答案

1. LeetCode200——岛屿数量

解：采用 DFS 或者 BFS 思路均可,这里采用 DFS,当找到 grid[i][j]='1'(陆地)时从(i,j)位置出发进行一次深度优先遍历找到一个岛屿,将该岛屿中的所有位置的 grid 值置为'0',再找到其他 grid[i][j]='1'的位置做相同的操作,用 res 累计岛屿个数,最后返回 res。对应的算法如下：

```
class Solution(object):
    def numIslands(self, grid: List[List[str]]) -> int:
        if grid==None: return None
        m=len(grid)                              #取二维数组的行数 m
        if m==0: return 0
        n=len(grid[0])                           #取二维数组的列数 n
        if n==0:    return 0
        res=0
        for i in range(m):
            for j in range(n):
                if grid[i][j]=='1':
                    res += 1                     #累计调用 dfs()的次数
```

```
                    self.dfs(grid,i,j)
        return res

    def dfs(self, grid, i, j):                      #从(i,j)位置出发进行深度优先遍历
        grid[i][j]='0'
        if i>0 and grid[i-1][j]=='1':               #上方
            self.dfs(grid,i-1,j)
        if j>0 and grid[i][j-1]=='1':               #左方
            self.dfs(grid,i,j-1)
        if i<len(grid)-1 and grid[i+1][j]=='1':     #下方
            self.dfs(grid, i+1,j)
        if j<len(grid[0])-1 and grid[i][j+1]=='1':  #右方
            self.dfs(grid,i,j+1)
```

运行结果：通过,执行用时为 144ms,内存消耗为 14.8MB,语言为 Python 3。

2. LeetCode695——岛屿的最大面积

解：采用 DFS 或者 BFS 思路均可,这里采用 DFS,当找到 $grid[i][j]=1$(陆地)时从 (i,j) 位置出发进行一次深度优先遍历找到一个岛屿,用 area 累计该岛屿的面积(即 grid 元素由 0 变为 1 的个数),在所有 area 中求最大面积 maxarea,最后返回 maxarea。对应的算法如下：

```
from collections import deque
class Solution:
    def maxAreaOfIsland(self, grid: List[List[int]]) -> int:
        if grid==None: return None
        m=len(grid)                                 #取二维数组的行数 m
        if m==0: return 0
        n=len(grid[0])                              #取二维数组的列数 n
        if n==0: return 0
        maxarea=0
        for i in range(m):
            for j in range(n):
                if grid[i][j]==1:
                    area=self.dfs(grid,m,n,i,j)     #求从(i,j)出发遍历的面积
                    maxarea=max(maxarea,area)       #求最大面积
        return maxarea

    def dfs(self,grid,m,n,i,j):                     #从(i,j)位置出发进行深度优先遍历
        dx=[0,0,1,-1]                               #水平方向的偏移量
        dy=[1,-1,0,0]                               #垂直方向的偏移量
        grid[i][j]=0
        area=1                                      #(i,j)位置计入面积
        for k in range(4):                          #考虑上、下、左、右 4 个方位
            x=i+dx[k]
            y=j+dy[k]
            if x>=0 and x<m and y>=0 and y<n and grid[x][y]==1:
                area+=self.dfs(grid,m,n,x,y)        #累计面积
        return area
```

运行结果：通过,执行用时为 140ms,内存消耗为 15.2MB,语言为 Python 3。

3. LeetCode130——被围绕的区域

解：采用广度优先遍历，从矩形最外面一圈开始逐渐向里拓展。若"O"是在矩形的最外圈，它肯定不会被"X"包围，与它相连（邻）的"O"也就不可能被"X"包围，也就不会被替换。求解过程是先找出最外圈的"O"，再找到与最外圈的"O"相连的"O"，最后做替换操作。对应的算法如下：

```python
from collections import deque
class Solution:
    def solve(self, board: List[List[str]]) -> None:
        if len(board)==0 or len(board[0])==0: return
        m=len(board)
        n=len(board[0])
        qu=deque()                              #用双端队列实现普通队列
        for i in range(m):
            for j in range(n):
                if (i==0 or i==len(board)-1 or j==0 or j==len(board[i])-1) and board[i][j]=='O':
                                                #从最外面一圈找到一个"O"
                    board[i][j] = '$'           #用特殊字符"$"替换
                    qu.append([i,j])            #(i,j)进队
                    while len(qu)>0:            #队列不为空时循环
                        e=qu.popleft()          #出队一个元素 e
                        x,y=e[0],e[1]
                        if x>0 and board[x-1][y]=='O':
                            board[x-1][y] = '$'
                            qu.append([x-1,y])
                        if x<m-1 and board[x+1][y]=='O':
                            board[x+1][y] = '$'
                            qu.append([x+1,y])
                        if y>0 and board[x][y-1]=='O':
                            board[x][y-1] = '$'
                            qu.append([x,y-1])
                        if y<n-1 and board[x][y+1]=='O':
                            board[x][y+1] = '$'
                            qu.append([x,y+1])
        for i in range(m):                      #替换
            for j in range(n):
                if board[i][j]=='O':
                    board[i][j] = 'X'
                if board[i][j]=='$':
                    board[i][j] = 'O'
```

运行结果：通过，执行用时为 172ms，内存消耗为 14.5MB，语言为 Python 3。

4. LeetCode684——冗余连接

解：题目给定一个无向图，它由一棵树及一条附加的边构成，求一条可以删去的边使之成为一棵有着 N 个顶点的树，如果有多个答案，则求最后出现的边。可以采用《教程》7.5 节中的 Kruskal 算法找回路的思路，这里采用改进的 Kruskal 算法中并查集找回路的方法。

对应的算法如下：

```python
class Solution:
    def findRedundantConnection(self, edges: List[List[int]]) -> List[int]:
        N = len(edges)                          # 输入数组的大小
        parent = [-1] * (N+1)                   # 并查集存储结构
        rank = [0] * (N+1)                       # 存储结点的秩
        for i in range(1, N+1):                  # 并查集初始化
            parent[i] = i
            rank[i] = 0
        for i in range(N):                        # 处理 edges 中的边
            tmp = edges[i]                        # 取一条边 tmp
            u1, v1 = tmp[0], tmp[1]               # 取一条边的头、尾顶点
            sn1 = Find(parent, rank, u1)
            sn2 = Find(parent, rank, v1)          # 得到两顶点所属连通分量的编号
            if sn1 != sn2:                        # 两个顶点属于不同的集合
                Union(parent, rank, sn1, sn2)
            else:
                return tmp
        return []


def Find(parent, rank, x):                        # 查找 x 结点的根结点
    rx = x
    while parent[rx] != rx:                        # 找到 x 的根 rx
        rx = parent[rx]
    y = x
    while y != rx:                                 # 路径的压缩
        parent[y] = rx
        y = parent[y]
    return rx                                      # 返回根


def Union(parent, rank, x, y):                     # 并查集中 x 和 y 的两个集合的合并
    rx = Find(parent, rank, x)
    ry = Find(parent, rank, y)
    if rx == ry:                                   # x 和 y 属于同一棵树的情况
        return
    if rank[rx] < rank[ry]:
        parent[rx] = ry                            # rx 结点作为 ry 的孩子
    else:
        if rank[rx] == rank[ry]:                   # 秩相同,合并后 rx 的秩增 1
            rank[rx] += 1
        parent[ry] = rx                            # ry 结点作为 rx 的孩子
```

运行结果：通过,执行用时为 64ms,内存消耗为 12.9MB,语言为 Python 3。

5. LeetCode743——网络延迟时间

解：本题目给出一个网络结构图,求从结点 K 传送到每一个结点的最终时间,实际上就是求结点 K 到所有其他结点的单源最短路径长度,然后从中选择最长的路径长度。这里采用基本的 Dijkstra 算法求解。注意这里的 times 既不是邻接表也不是邻接矩阵,为此将其转换为邻接矩阵 **g**。对应的算法如下：

```
INF＝6005
class Solution：
    def networkDelayTime(self，times：List[List[int]]，N：int，K：int) —> int:
        g＝self.trans(times,N)                           ♯ 转换为邻接矩阵 g
        return Dijkstra1(g,N,K)                          ♯ 采用 Dijkstra 算法求解


    def trans(self,times,N)：                            ♯ 将 times 转换为邻接矩阵
        g＝[[INF] * (N＋1) for i in range(N＋1)]         ♯ 建立邻接矩阵 g
        for i in range(N＋1)：g[i][i]＝0
        for i in range(len(times))：
            u＝times[i][0]
            v＝times[i][1]
            w＝times[i][2]
            g[u][v]＝w
    return g


def Dijkstra1(g,N,v)：                                   ♯ 基本 Dijkstra 算法：求从 v 到其他顶点的最短路径
    dist＝[－1] * (N＋1)                                 ♯ 建立 dist 数组
    S＝[0] * (N＋1)                                      ♯ 建立 S 数组
    for i in range(1,N＋1)：
        dist[i]＝g[v][i]                                 ♯ 最短路径长度的初始化
    S[v]＝1                                             ♯ 将源点 v 放入 S 中
    u＝0
    for i in range(N－1)：                              ♯ 循环向 S 中添加 n－1 个顶点
        mindis＝INF                                     ♯ mindis 置最小长度初值
        for j in range(1,N＋1)：                        ♯ 选取不在 S 中且具有最小距离的顶点 u
            if S[j]＝＝0 and dist[j]< mindis：
                u＝j
                mindis＝dist[j]
        S[u]＝1                                         ♯ 将顶点 u 加入 S 中
        for j in range(1,N＋1)：                        ♯ 修改不在 S 中的顶点的距离
            if S[j]＝＝0：                               ♯ 仅修改 S 中的顶点 j
                if g[u][j]< INF and dist[u]＋g[u][j]< dist[j]：
                    dist[j]＝dist[u]＋g[u][j]
    ans＝0
    for i in range(1,N＋1)：                            ♯ 求 dist 中的最大元素
        ans＝max(ans,dist[i])
    if ans＝＝INF： return －1
    else： return ans
```

运行结果：通过,执行用时为 496ms,内存消耗为 14.3MB,语言为 Python 3。

6. LeetCode207——课程表

解：对于 n 门课,课程编号为 $0\sim n-1$,prerequisites 列表表示先修条件,由一组$[x,y]$构成,每个$[x,y]$表示 $y\to x$ 存在一条有向边。采用拓扑排序得到拓扑排序列 res,若 res 含 n 门课程,返回 True,否则返回 False。直接采用《教程》7.7 节的拓扑排序算法,对应的算法如下：

```
from collections import deque
class Solution：
```

```
def canFinish(self, numCourses:int, prerequisites:List[List[int]]) -> bool:
    dic = {}                                    #用 dic 表示课程的入度
    for i in range(numCourses):
        dic[i] = 0                              #初始化所有课程的入度为 0
    for i in range(len(prerequisites)):         #求所有课程的入度
        head = prerequisites[i][1]              #取先修课程 head
        tail = prerequisites[i][0]              #取当前课程,存在<head,tail>有向边
        dic[tail] += 1                          #tail 的入度增 1
    st = deque()                                #用双端队列实现栈
    res = []                                    #存放拓扑序列
    for i in range(len(dic)):                   #将所有入度为 0 的课程进栈
        if(dic[i] == 0):
            st.append(i)                        #将入度为 0 的课程 i 进栈
    while len(st) > 0:                          #栈不为空时循环
        i = st.pop()                            #出栈一个课程 i
        res.append(i)                           #将顶点 i 添加到 res 中
        for j in range(len(prerequisites)):
            if(prerequisites[j][1] == i):       #找到课程 i 的后继课程 tail
                tail = prerequisites[j][0]
                dic[tail] -= 1                  #课程 tail 的入度减 1
                if(dic[tail] == 0):             #若课程 tail 的入度为 0
                    st.append(tail)             #将课程 tail 进栈
    if(len(res) == numCourses): return True
    else: return False
```

运行结果：通过,执行用时为 644ms,内存消耗为 15MB,语言为 Python 3。

7. LeetCode113——路径总和 II

解：采用《教程》第 7 章中例 7.7 解法 2 的回溯法求解,对于非空二叉树 root,用 path 列表记录一条路径,用 pathsum 记录路径和。对应的算法如下：

```
import copy
class Solution:
    res = []
    def pathSum(self, root: TreeNode, sum: int) -> List[List[int]]:
        if root == None:                        #空树的情况
            return []
        else:                                   #非空树的情况
            self.res = []
            path = [root.val]
            pathsum = root.val
            self.pathSum1(root, sum, path, pathsum)
            return self.res

    def pathSum1(self, root, sum, path, pathsum):
        if root.left == None and root.right == None and pathsum == sum:
            tmp = copy.deepcopy(path)
            self.res.append(tmp)
            return
        if root.left != None:                   #root 有左孩子,扩展左孩子结点
            path.append(root.left.val)
            pathsum += root.left.val
            self.pathSum1(root.left, sum, path, pathsum)
```

```
        path.pop()                          ♯回溯
        pathsum－＝root.left.val
    if root.right!＝None:                    ♯root 有右孩子,扩展右孩子结点
        path.append(root.right.val)
        pathsum＋＝root.right.val
        self.pathSum1(root.right,sum,path,pathsum)
        path.pop()                          ♯回溯
        pathsum－＝root.right.val
```

运行结果：通过,执行用时为 60ms,内存消耗为 15MB,语言为 Python 3。

3.8　第 8 章　查找

3.8.1　LeetCode 在线编程题

视频讲解

1. LeetCode69——x 的平方根

问题描述：实现 int sqrt(int x)函数。计算并返回 x 的平方根,其中 x 是非负整数。由于返回类型是整数,结果只保留整数的部分,小数部分将被舍去。例如,输入 4,输出结果为 2；输入 8,输出结果为 2,因为 8 的平方根是 2.828 42。要求设计满足题目条件的如下方法：

```
def mySqrt(self, x: int) －> int:
```

2. LeetCode240——搜索二维矩阵 Ⅱ

问题描述：编写一个高效的算法来搜索 $m \times n$ 矩阵 matrix 中的一个目标值 target。该矩阵具有以下特性：每行的元素从左到右升序排列,每列的元素从上到下升序排列。例如,现有矩阵 matrix 如下：

```
[
  [1, 4, 7, 11, 15],
  [2, 5, 8, 12, 19],
  [3, 6, 9, 16, 22],
  [10, 13, 14, 17, 24],
  [18, 21, 23, 26, 30]
]
```

视频讲解

给定 target＝5,返回 True；给定 target＝20,返回 False。要求设计满足题目条件的如下方法：

```
def searchMatrix(self, matrix, target)－> bool:
```

3. LeetCode4——寻找两个有序数组的中位数

问题描述：给定两个大小为 m 和 n 的有序数组 nums1 和 nums2,请找出这两个有序数组的中位数,并且要求算法的时间复杂度为 $O(\log_2(m+n))$。可以假设 nums1 和 nums2 不会同时为空。例如,输入 nums1＝[1,3],nums2＝[2],输出的中位数是 2.0；输入 nums1＝[1,2],nums2＝[3,4],输出的中位数是(2＋3)/2＝2.5。

要求设计满足题目条件的如下方法：

```
def findMedianSortedArrays(self, nums1: List[int], nums2: List[int]) －> float:
```

视频讲解

4. LeetCode235——二叉搜索树的最近公共祖先

问题描述：给定一棵二叉搜索树，找到该树中两个指定结点的最近公共祖先。在百度百科中最近公共祖先的定义为"对于有根树 T 的两个结点 p、q，最近公共祖先表示为一个结点 x，满足 x 是 p、q 的祖先且 x 的深度尽可能大（一个结点也可以是它自己的祖先）"。二叉搜索树的结点类型如下：

```
class TreeNode:
    def __init__(self, x):
        self.val = x
        self.left = None
        self.right = None
```

例如，给定如图 3.13 所示的一棵二叉搜索树，输入 $p=2$，$q=8$，输出为 6；输入 $p=2$，$q=4$，输出为 2。要求设计满足题目条件的如下方法：

```
def lowestCommonAncestor(self, root: 'TreeNode', p: 'TreeNode', q: 'TreeNode') -> 'TreeNode':
```

5. LeetCode98——验证二叉搜索树

问题描述：给定一棵二叉树，判断其是否为一棵有效的二叉搜索树。假设一棵二叉搜索树具有如下特征：结点的左子树只包含小于当前结点的数，结点的右子树只包含大于当前结点的数，所有左子树和右子树自身必须也是二叉搜索树。例如，如图 3.14(a) 所示的二叉树为二叉搜索树，输出 True；如图 3.14(b) 所示的二叉树不是二叉搜索树，输出 False。要求设计满足题目条件的如下方法：

```
def isValidBST(self, root: TreeNode) -> bool:
```

(a) 二叉树 T1

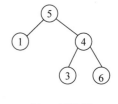

(b) 二叉树 T2

图 3.13 一棵二叉排序树　　　　　图 3.14 两棵二叉树

6. LeetCode110——平衡二叉树

问题描述：给定一棵二叉树，判断它是否为高度平衡的二叉树。在本题中一棵高度平衡的二叉树定义为一棵二叉树每个结点的左、右两个子树的高度差的绝对值不超过 1。要求设计满足题目条件的如下方法：

```
def isBalanced(self, root: TreeNode) -> bool:
```

7. LeetCode705——设计哈希集合

问题描述：不使用任何内建的哈希表库设计一个哈希集合。具体地说，设计应该包含以下功能。

add(value)：向哈希集合中插入一个值。

contains(value)：返回哈希集合中是否存在这个值。

remove(value)：将给定值从哈希集合中删除。如果哈希集合中没有这个值,则什么也不做。

示例：

```
MyHashSet hashSet = new MyHashSet();
hashSet.add(1);
hashSet.add(2);
hashSet.contains(1);                # 返回 True
hashSet.contains(3);                # 返回 False (未找到)
hashSet.add(2);
hashSet.contains(2);                # 返回 True
hashSet.remove(2);
hashSet.contains(2);                # 返回 False (已经被删除)
```

视频讲解

注意：所有的值都在[0,1 000 000],操作的总数目在[1,10 000],不要使用内建的哈希集合库。

3.8.2 LeetCode 在线编程题参考答案

1. LeetCode69——x 的平方根

解：若 $x=0$ 返回 0,若 $x<4$ 返回 1。当 $x\geqslant4$ 时,x 的整数平方根一定在 2～int($\sqrt{x}$)+1,采用折半查找法查找这样的 mid,满足 $mid^2\leqslant x<(mid+1)^2$。对应的算法如下：

```python
class Solution:
    def mySqrt(self, x: int) -> int:
        if x==0: return 0
        if x < 4: return 1
        low, high=2, int(math.sqrt(x))+1
        while True:
            mid=(low+high)//2
            if mid ** 2 <= x and (mid+1) ** 2 > x:
                return mid
            elif mid ** 2 < x:
                low=mid+1
            elif mid ** 2 > x:
                high=mid-1
```

运行结果：通过,执行用时为 40ms,内存消耗为 12.7MB,语言为 Python 3。

2. LeetCode240——搜索二维矩阵 II

解：求出 matrix 的行、列数分别为 m 和 n,当 $m=0$ 或者 $n=0$ 时返回 False,否则根据题目中给出的 matrix 的有序特性,从右上角($i=0,j=n-1$)开始按行或者按列两个方向搜索。

① 若 matric[i][j]=target,返回 True。

② 若 target<matrix[i][j],在同行的前一列中继续查找,即修改 $j-=1$。

③ 若 target≥matrix[i][j],在同列的下一行中继续查找,即修改 $i+=1$。

④ 当 i 或者 j 超界时查找失败,返回 False。

数据结构教程(Python 语言描述)学习与上机实验指导

上述过程的时间复杂度为 $O(m+n)$。对应的算法如下：

```python
class Solution:
    def searchMatrix(self, matrix, target) -> bool:
        m = len(matrix)                    # 行数 m
        if m == 0: return False
        n = len(matrix[0])                 # 列数 m
        if n == 0: return False
        i, j = 0, n-1
        while True:
            if matrix[i][j] == target:
                return True
            if target < matrix[i][j]:
                j -= 1
            else:
                i += 1
            if i >= m or j < 0:
                return False
```

运行结果：通过，执行用时为 40ms，内存消耗为 17.5MB，语言为 Python 3。

3. LeetCode4——寻找两个有序数组的中位数

解：该题采用折半查找。

先设计求两个有序序列 a 和 b（分别含 m 和 n 个整数）中第 $k(1 \leqslant k \leqslant m+n)$ 小整数的算法 findk(a,m,b,n,k)，不妨假设序列是递增的，所求的第 k 小整数用 topk 表示。

当 a 或 b 为空时，topk 为 $b[k-1]$ 或 $a[k-1]$；当 $k=1$ 时，topk 为 $\min(a[0],b[0])$。当 a 和 b 的元素个数都大于 $k/2$ 时，通过折半法将问题规模缩小，将 a 的第 $k/2$ 个元素（即 $a[k/2-1]$）和 b 的第 $k/2$ 个元素（即 $b[k/2-1]$）进行比较，有以下 3 种情况（为了简化，这里先假设 k 为偶数，所得到的结论对于 k 是奇数也是成立的）。

① $a[k/2-1]=b[k/2-1]$：$a[0..k/2-2]$（a 的前 $k/2-1$ 个元素）和 $b[0..k/2-2]$（b 的前 $k/2-1$ 个元素）共 $k-2$ 个元素均小于或等于 topk，再加上 $a[k/2-1]$、$b[k/2-1]$ 两个元素，说明找到了 topk，即 topk 等于 $a[k/2-1]$ 或 $b[k/2-1]$。

② $a[k/2-1]<b[k/2-1]$：这意味着 $a[0..k/2-1]$（a 的前 $k/2$ 个元素）肯定均小于或等于 topk，换句话说，$a[k/2-1]$ 也一定小于或等于 topk（可以用反证法证明，假设 $a[k/2-1]>$topk，那么 $a[k/2-1]$ 后面的元素均大于 topk，topk 不会出现在 a 中，这样 topk 一定出现在 $b[k/2-1]$ 及后面的元素中，也就是说 $b[k/2-1] \leqslant$topk，与 $a[k/2-1]<b[k/2-1]$ 矛盾，即证）。这样 $a[0..k/2-1]$ 均小于或等于 topk 并且尚未找到第 k 个元素，因此可以抛弃 a 数组的这 $k/2$ 个元素，即在 $a[k/2..m-1]$ 和 b 中找比 $k-k/2$ 小的元素即为 topk。

③ $a[k/2-1]>b[k/2-1]$：同上理，可以抛弃 b 数组的 $b[0..k/2-1]$ 共 $k/2$ 个元素，即在 a 和 $b[k/2..m-1]$ 中找比 $k-k/2$ 小的元素即为 topk。

为了方便，总是让 a 中的元素个数最少，当 b 中的元素个数较少时，交换 a、b 的位置即可。这样当 a 中的元素个数少于 $k/2$ 时，置 $p=\min(k/2,m)$，$q=k-p$，改为 $a[p-1]$ 和 $b[q-1]$ 的比较，始终保证这两个元素前面的全部元素个数恰好为 $k-2$，当 $a[p-1]=b[q-1]$

时，topk 为 $a[p-1]$ 或者 $b[q-1]$。

简单地说，只要找到 $a[p-1]=b[q-1]$，并且 $p+q=k$，则 topk 即为 $a[p-1]$ 或者 $b[q-1]$，让 p 从 $k/2$ 开始找，通过比较缩小 topk 的范围，时间复杂度为 $O(\log_2 k)$，考虑到 p 可能取 m 或者 n 的情况，所以时间复杂度为 $O(\log_2(m+n))$。

当设计好 findk(a, m, b, n, k) 算法后，置 $k=(m+n)/2$，若总元素个数为偶数，求出第 k 小元素 m1 和第 $k+1$ 小元素 m2，返回 (m1+m2)/2；若总元素个数为奇数，求出第 $k+1$ 小元素直接返回。对应的算法如下：

```
class Solution:
    def findMedianSortedArrays(self, nums1: List[int], nums2: List[int]) -> float:
        m=len(nums1)
        n=len(nums2)
        if m==0: return middle(nums2)          #nums1 为空的情况
        if n==0: return middle(nums1)          #nums2 为空的情况
        k=(m+n)//2
        if (m+n)%2==0:                         #总元素个数为偶数的情况
            m1=findk(nums1,m,nums2,n,k)
            m2=findk(nums1,m,nums2,n,k+1)
            return (m1+m2)/2
        else:                                  #总元素个数为奇数的情况
            return findk(nums1,m,nums2,n,k+1)

    def middle(num):                           #求一个非空 num 中的中位数
        n=len(num)
        if n%2==1:                             #奇数个元素
            return num[n//2] * 1.0
        else:                                  #偶数个元素
            return (num[n//2-1]+num[n//2])/2

    def findk(a,m,b,n,k):                       #在两个有序数组中找第 k 小的元素
        if m>n:                                #用于保证前一个数组元素较少
            return findk(b,n,a,m,k)
        if m==0:
            return b[k-1]
        if k==1:
            return min(a[0],b[0])
        p=min(k//2,m)                          #当数组 a 中少于 k/2 个元素时取 n
        q=k-p
        if a[p-1]==b[q-1]:
            return a[p-1]
        elif a[p-1]>b[q-1]:
            return findk(a,m,b[q:],n-q,k-q)
        elif a[p-1]<b[q-1]:
            return findk(a[p:],m-p,b,n,k-p)
```

运行结果：通过，执行用时为 100ms，内存消耗为 12.6MB，语言为 Python 3。

4. LeetCode235——二叉搜索树的最近公共祖先

解：若 t 为空树，则不存在最近公共祖先(LCA)，返回 None；否则，如果 p 和 q 均小于

t，则 LCA 位于左子树中，如果 p 和 q 均大于 t，则 LCA 位于右子树中。对应的算法如下：

```python
class Solution:
    def lowestCommonAncestor(self, root: 'TreeNode', p: 'TreeNode', q: 'TreeNode')->'TreeNode':
        return getLCA(root, p, q)


def getLCA(t, p, q):
    if t==None:                              #空树返回 None
        return None
    if p.val < t.val and q.val < t.val:      #如果 p 和 q 均小于 t，则 LCA 位于左子树中
        return getLCA(t.left, p, q)
    if p.val > t.val and q.val > t.val:      #如果 p 和 q 均大于 t，则 LCA 位于右子树中
        return getLCA(t.right, p, q)
    return t
```

运行结果：通过，执行用时为 76ms，内存消耗为 16.6MB，语言为 Python 3。

5. LeetCode98——验证二叉搜索树

解：若一棵二叉树的中序序列是一个有序序列，则该二叉树一定是一棵二叉排序树，采用该规则进行判断，只是这里的二叉树中的结点值可能为非常小的负整数。对应的算法如下：

```python
class Solution:
    def isValidBST(self, root: TreeNode) -> bool:
        global predt
        predt=-9999999999                    #设置最小的负整数
        return JudgeBST(root)


def JudgeBST(t):                             #判断是否为 BST
    global predt
    if t==None:                              #空树是一棵二叉排序树
        return True
    else:
        b1=JudgeBST(t.left)                  #判断左子树
        if b1==False:
            return False                     #若左子树不是 BST，则返回 False
        if predt >= t.val:
            return False                     #若当前结点值小于或等于中序前驱结点值，则返回 False
        predt=t.val                          #保存当前结点的关键字
        b2=JudgeBST(t.right)                 #判断右子树
        return b2
```

运行结果：通过，执行用时为 52ms，内存消耗为 15.1MB，语言为 Python 3。

6. LeetCode110——平衡二叉树

解：设计 solve(t)函数返回[bal, h]，其中 bal 表示二叉树 t 是否平衡，h 为其高度。对应的算法如下：

```python
class Solution:
    def isBalanced(self, root: TreeNode) -> bool:
        res=solve(root)
```

```
            return res[0]

def solve(t):                              #判断算法
    if t==None:
        return [True,0]
    lres=solve(t.left)
    if lres[0]==False:
        return [False,-1]
    rres=solve(t.right)
    if rres[0]==False:
        return [False,-1]
    if abs(lres[1]-rres[1])>1:
        return [False,-1]
    h=max(lres[1],rres[1])+1                #求 t 的高度
    return [True,h]
```

运行结果：通过,执行用时为 52ms,内存消耗为 16.2MB,语言为 Python 3。

7. LeetCode705——设计哈希集合

解法 1：采用除留余数法+线性探测法设计的哈希表集合如下。

```
class MyHashSet:
    def __init__(self):
        self.m=1000000
        self.p=999997
        self.ha=[None] * self.m                    #存放哈希表元素

    def add(self, key: int) -> None:
        d=key % self.p                             #求哈希函数值
        while self.ha[d]!=None:                    #找空位置
            d=(d+1) % self.m                       #用线性探测法查找空位置
        self.ha[d]=key                             #放置 key

    def remove(self, key: int) -> None:
        i=self.search(key)
        if i!=-1:
            self.ha[i]=None

    def contains(self, key: int) -> bool:
        i=self.search(key)
        if i!=-1:                                  #查找成功
            return True
        else:                                      #查找失败
            return False

    def search(self,key):                          #查找关键字 k,成功时返回其位置,否则返回-1
        d=key % self.p                             #求哈希函数值
        while self.ha[d]!=None and self.ha[d]!=key:
            d=(d+1) % self.m                       #用线性探测法查找空位置
        if self.ha[d]==key:                        #查找成功返回其位置
            return d
```

数据结构教程（Python 语言描述）学习与上机实验指导

```
        else:                                        ♯查找失败返回－1
            return －1
```

运行结果：通过，执行用时为 496ms，内存消耗为 40MB，语言为 Python 3。

解法 2：采用拉链法设计的哈希表集合如下。

```
class Node:                                          ♯哈希表单链表结点类型
    def __init__(self, val):
        self.val＝val
        self.next＝None


class MyHashSet:
    def __init__(self):
        self.size = 1000
        self.ha = [Node(None) for _ in range(self.size)]


    def add(self, key: int) －> None:
        d＝key ％ self.size
        p＝self.ha[d]
        q＝p.next
        while q!＝None:                               ♯在 ha[d]的单链表中查找 key
            if q.val==key:                           ♯找到了 key 的结点
                break                                ♯退出查找
            p＝q                                      ♯p、q 同步后移
            q＝q.next
        if q==None:                                  ♯没有找到 key 的结点
            p.next＝Node(key)                         ♯在 p 结点之后插入 key 结点


    def remove(self, key: int) －> None:
        d＝key ％ self.size
        p＝self.ha[d]
        q＝p.next
        while q!＝None:                               ♯在 ha[d]的单链表中查找 key
            if q.val==key:                           ♯找到了 key 的结点 q
                p.next＝q.next                        ♯删除 q 结点
                break
            p＝q                                      ♯p、q 同步后移
            q＝q.next


    def contains(self, key: int) －> bool:
        d＝key ％ self.size
        p＝self.ha[d]
        q＝p.next
        while q!＝None:                               ♯在 ha[d]的单链表中查找 key
            if q.val==key:                           ♯找到了 key 的结点 q
                return True
            q＝q.next
        return False                                 ♯没有找到 key 的结点
```

运行结果：通过，执行用时为 220ms，内存消耗为 17.8MB，语言为 Python 3。从中看出采用拉链法时的效率更高。

3.9　第9章　排序

3.9.1　LeetCode 在线编程题

1. LeetCode349——两个数组的交集

问题描述：给定两个数组，编写一个函数来计算它们的交集。例如，输入 nums1=[1,2,2,1]，nums2=[2,2]，输出结果为[2]；输入 nums1=[4,9,5]，nums2=[9,4,9,8,4]，输出结果为[9,4]。输出结果中的每个元素一定是唯一的，可以不考虑输出结果的顺序。要求设计满足题目条件的如下方法：

def intersection(self, nums1: List[int], nums2: List[int]) -> List[int]:

视频讲解

2. LeetCode912——排序数组

问题描述：给定一个整数数组 nums，将该数组升序排列。例如，输入[5,2,3,1]，输出结果为[1,2,3,5]；输入[5,1,1,2,0,0]，输出结果为[0,0,1,1,2,5]。$1 \leqslant A. length \leqslant 10\ 000$，$-50\ 000 \leqslant A[i] \leqslant 50\ 000$。要求设计满足题目条件的如下方法：

def sortArray(self, nums: List[int]) -> List[int]:

视频讲解

3. LeetCode75——颜色分类

问题描述：给定一个包含红色、白色和蓝色，一共 n 个元素的数组，原地对它们进行排序，使得颜色相同的元素相邻，并按照红色、白色、蓝色的顺序排列。在此题中使用整数 0、1 和 2 分别表示红色、白色和蓝色，不能使用代码库中的排序函数来解决这道题。算法最好仅使用常数空间和一趟扫描。例如，输入[2,0,2,1,1,0]，输出结果为[0,0,1,1,2,2]。要求设计满足题目条件的如下方法：

def sortColors(self, nums: List[int]) -> None:

视频讲解

4. LeetCode179——最大数

问题描述：给定一组非负整数，重新排列它们的顺序，使之组成一个最大的整数。例如，输入[10,2]，输出结果为 210；输入[3,30,34,5,9]，输出结果为 9534330。要求设计满足题目条件的如下方法：

def largestNumber(self, nums: List[int]) -> str:

视频讲解

5. LeetCode148——排序链表

问题描述：在 $O(n\log_2 n)$ 时间复杂度和常数级空间复杂度下对链表进行排序。例如，输入链表为 4->2->1->3，输出链表为 1->2->3->4。要求设计满足题目条件的如下方法：

def sortList(self, head: ListNode) -> ListNode:

视频讲解

6. LeetCode451——根据字符出现的频率排序

问题描述：给定一个字符串，请将字符串里的字符按照出现的频率降序排列。例如，输入"tree"，输出结果为"eert"；输入"Aabb"，输出结果为"bbAa"。要求设计满足题目条件的如下方法：

视频讲解

```
def frequencySort(self, s: str) -> str:
```

7. LeetCode215——数组中的第 k 个最大元素

问题描述：在未排序的数组中找到第 k 个最大的元素。注意，需要找的是数组排序后第 k 个最大的元素，而不是第 k 个不同的元素。例如，输入[3,2,1,5,6,4]和 $k=2$，输出结果为 5。可以假设 k 总是有效的，且 $1 \leqslant k \leqslant$ 数组的长度。要求设计满足题目条件的如下方法：

视频讲解

```
def findKthLargest(self, nums: List[int], k: int) -> int:
```

8. LeetCode315——计算右侧小于当前元素的个数

问题描述：给定一个整数数组 nums，按要求返回一个新数组 counts。数组 counts 有该性质：counts[i]的值是 nums[i]右侧小于 nums[i]的元素的数量。例如，输入[5,2,6,1]，输出结果为[2,1,1,0]，其中 5 的右侧有两个更小的元素 2 和 1，2 的右侧仅有一个更小的元素 1，6 的右侧有一个更小的元素 1，1 的右侧有 0 个更小的元素。要求设计满足题目条件的如下方法：

视频讲解

```
def countSmaller(self, nums: List[int]) -> List[int]:
```

3.9.2 LeetCode 在线编程题参考答案

1. LeetCode349——两个数组的交集

解：先将 nums1 和 nums2 递增排序，然后采用二路归并，仅将两个列表相同的不重复元素添加到结果列表 res 中，最后返回 res。对应的算法如下：

```
class Solution:
    def intersection(self, nums1: List[int], nums2: List[int]) -> List[int]:
        nums1.sort()
        nums2.sort()
        res=[]                                    #存放结果
        i,j=0,0
        while i < len(nums1) and j < len(nums2):   #二路归并
            if nums1[i] < nums2[j]:
                i+=1
            elif nums1[i] > nums2[j]:
                j+=1
            else:                                  #nums1[i]==nums2[j]
                if len(res)==0 or (len(res)>0 and nums1[i]!=res[-1]):
                    res.append(nums1[i])
                i,j=i+1,j+1
        return res
```

运行结果：通过，执行用时为 72ms，内存消耗为 12.8MB，语言为 Python 3。

2. LeetCode912——排序数组

解：采用快速排序方法。对应的算法如下：

```
class Solution:
    def sortArray(self, nums: List[int]) -> List[int]:
        QuickSort(nums, 0, len(nums)-1)
        return nums
```

```
def QuickSort(R, s, t):                    #对 R[s..t]的元素进行快速排序
    if s < t:                              #表中至少存在两个元素的情况
        i = Partition2(R, s, t)            #划分算法
        QuickSort(R, s, i-1)               #对左子表递归排序
        QuickSort(R, i+1, t)               #对右子表递归排序
```

```
def Partition2(R, s, t):                   #划分算法 2
    i, j = s, t
    base = R[s]                            #以表首元素为基准
    while i != j:                          #从表两端交替向中间遍历,直到 i=j 为止
        while j > i and R[j] >= base:      #从后向前遍历,找一个小于基准的 R[j]
            j -= 1
        if j > i:
            R[i] = R[j]                    #R[j]前移覆盖 R[i]
            i += 1
        while i < j and R[i] <= base:      #从前向后遍历,找一个大于基准的 R[i]
            i += 1
        if i < j:
            R[j] = R[i]                    #R[i]后移覆盖 R[j]
            j -= 1
    R[i] = base                            #基准归位
    return i                               #返回归位的位置
```

运行结果：通过，执行用时为 264ms，内存消耗为 18.6MB，语言为 Python 3。

3. LeetCode75——颜色分类

解：列表 nums 有两个端点，通过排序操作让左端存放所有的 0 元素，右端存放所有的 2 元素，中间部分存放所有的 1 元素，为此用 $0 \sim i$ 表示 0 元素区间（初始时左端为空，即 i 置为 -1），$k \sim n-1$ 表示 2 元素区间（初始时右端为空，即 k 置为 n）。用 j 从 0 开始扫描 nums 中没有排序的所有元素：

① 若 j 指向元素 1，元素 1 属于中部，保持不动，后移 j。

② 若 j 指向元素 0，元素 0 属于左部，i 增 1（扩大 0 元素区间），将 i、j 位置的元素交换，交换过来的元素一定是 1，后移 j。

③ 若 j 指向元素 2，元素 2 属于右部，k 减 1（扩大 2 元素区间），将 j、k 位置的元素交换，此时交换过来的元素可能为 0，所以 j 不移动，以便下一次再判断。

对应的算法如下：

```
class Solution:
    def sortColors(self, nums: List[int]) -> None:
        i, j, k = -1, 0, len(nums)
```

```
        while j < k:
            if nums[j]==0:
                i+=1
                nums[i],nums[j]=nums[j],nums[i]
                j+=1
            elif nums[j]==2:
                k-=1
                nums[k],nums[j]=nums[j],nums[k]
            else:
                j+=1                        #nums[j]=1 的情况
```

运行结果：通过，执行用时为 36ms，内存消耗为 12.7MB，语言为 Python 3。

说明：本题如果采用基数排序，设置 3 个队列，由于 nums 不是链表，需要移动元素，空间复杂度为 O(n)。可以进一步改为计数排序，仅记录为 0~2 的元素个数，再按相应元素个数构造 nums。

4. LeetCode179——最大数

解：先将 nums 中的所有整数转换为字符串，构成一个整数字符串列表 R，将 R 按字符串元素递增排序，注意在排序中两个字符串元素"9"和"90"应该认为"9"大于"90"，因为 990>909，所以比较方式是"9"+"90">"90"+"9"，因此需要通过定制比较函数 cmp() 实现这样的比较，最后将排序后的元素从后向前连接起来即可。采用直接插入排序对应的算法如下：

```
class Solution:
    def largestNumber(self, nums: List[int]) -> str:
        R=list(map(str,nums))               #将 nums 转换为字符串列表
        InsertSort(R)                       #直接插入排序(递增)
        res=""
        for i in range(len(R)-1,-1,-1):     #从后向前连接起来
            res+=R[i]
        if int(res)==0: return "0"          #若 res 为"000"，返回"0"
        else: return res                    #否则返回 res

    def cmp(x,y):                           #实现递增排序的自定义比较函数
        if x+y<y+x: return True
        else: return False

    def InsertSort(R):                      #对 R[0..n-1]按递增有序进行直接插入排序
        for i in range(1,len(R)):           #从第 2 个元素(即 R[1])开始
            if cmp(R[i],R[i-1]):            #反序时
                tmp=R[i]                    #取出无序区的第一个元素
                j=i-1;                      #在有序区 R[0..i-1]中从右向左找 R[i]的插入位置
                while True:
                    R[j+1]=R[j]             #将大于 tmp 的元素后移
                    j-=1                    #继续向前比较
                    if j<0 or not cmp(tmp,R[j]):  #若 j<0 或者 R[j]<=tmp,退出循环
                        break
                R[j+1]=tmp                  #在 j+1 处插入 R[i]
```

运行结果：通过，执行用时为 56ms，内存消耗为 12.8MB，语言为 Python 3。

5. LeetCode148——排序链表

解：因为题目要求算法具有 $O(n\log_2 n)$ 时间复杂度和常数级空间复杂度，所以采用单链表的二路归并算法。其中 MergeSort(self,h)用于递增排序首结点为 h 的单链表，并且返回排序后的有序单链表的首结点，Merge(self,h1,h2)用于两个有序单链表 h1 和 h2 的二路归并，返回合并后有序单链表的首结点。对应的算法如下：

```
class Solution:
    def sortList(self, head: ListNode) -> ListNode:
        if head == None or head.next == None: return head
        return self.MergeSort(head)

    def MergeSort(self, h):                          # 对首结点为 h 的单链表排序
        if h == None or h.next == None: return h     # 空或者只有一个结点时返回
        slow = h                                     # 慢指针
        fast = h                                      # 快指针
        while fast.next != None and fast.next.next != None:
            slow = slow.next
            fast = fast.next.next
        h1 = h                                        # 分割为前后两个单链表 h1 和 h2
        h2 = slow.next
        slow.next = None;
        sorth1 = self.MergeSort(h1)                  # 对单链表 h1 排序得到 sorth1
        sorth2 = self.MergeSort(h2)                  # 对单链表 h2 排序得到 sorth2
        return self.Merge(sorth1, sorth2)            # 合并并且返回

    def Merge(self, h1, h2):                          # 二路归并:合并两个有序单链表
        h = ListNode(0)                               # 为了方便，创建一个头结点
        t = h                                         # t 为合并单链表 h 的尾结点
        p, q = h1, h2
        while p != None and q != None:
            if p.val < q.val:
                t.next = p
                t = p
                p = p.next
            else:
                t.next = q
                t = q
                q = q.next
        t.next = None
        if p != None: t.next = p                      # 将没有遍历完的结点直接链接到 t 之后
        else: t.next = q
        return h.next                                 # 返回合并单链表的首结点
```

运行结果：通过，执行用时为 332ms，内存消耗为 20.7MB，语言为 Python 3。

6. LeetCode451——根据字符出现的频率排序

解：用字典 dict 累计 s 中每个不同字符出现的次数，将所有[次数,字符]添加到临时列表 tmp 中，按次数递减排序，再合并为一个字符串 s，最后返回 s。直接采用列表的 sort()方法排序时对应的算法如下：

数据结构教程(Python 语言描述)学习与上机实验指导

```
class Solution:
    def frequencySort(self, s: str) -> str:
        dict={}
        for i in range(len(s)):
            if s[i] in dict:
                dict[s[i]]+=1
            else:
                dict[s[i]]=1
        tmp=[]
        for k,v in dict.items():
            tmp.append([v,k])
        tmp.sort(reverse=True)                    #按 v 递减排序
        s=""
        for i in range(len(tmp)):
            s+=tmp[i][1] * tmp[i][0]
        return s
```

运行结果：通过，执行用时为 60ms，内存消耗为 13.9MB，语言为 Python 3。如果采用二路归并排序算法，对应的算法如下：

```
class Solution:
    def frequencySort(self, s: str) -> str:
        dict={}
        for i in range(len(s)):                   #累计每个不同字符出现的次数
            if s[i] in dict:
                dict[s[i]]+=1
            else:
                dict[s[i]]=1
        tmp=[]
        for k,v in dict.items():                  #按[次数,字符]建立 tmp 列表
            tmp.append([v,k])
        MergeSort(tmp)                            #按次数递减(稳定)排序
        s=""
        for i in range(len(tmp)):                 #构造字符串 s
            s+=tmp[i][1] * tmp[i][0]
        return s                                  #返回 s

def MergeSort(R):                                 #对 R[0..n-1]按 R[i][0]递减进行二路归并算法
    MergeSort1(R,0,len(R)-1);

def MergeSort1(R,s,t):                            #被 MergeSort()调用
    if s>=t: return                              #R[s..t]的长度为 0 或者 1 时返回
    m=(s+t)//2                                    #取中间位置 m
    MergeSort1(R,s,m)                             #对前子表排序
    MergeSort1(R,m+1,t)                           #对后子表排序
    Merge(R,s,m,t)                                #将两个有序子表合成一个有序表

def Merge(R,low,mid,high):                        #R[low..mid]和 R[mid+1..high]归并为 R[low..high]
    R1=[None] * (high-low+1)                      #分配临时归并空间 R1
    i,j,k=low,mid+1,0                             #k 是 R1 的下标,i、j 分别为第 1、2 段的下标
    while i<=mid and j<=high:                      #在第 1 段和第 2 段均未扫描完时循环
```

```
        if R[i][0]>=R[j][0]:              #将第 1 段中的元素放入 R1 中
            R1[k]=R[i]
            i,k=i+1,k+1
        else:                             #将第 2 段中的元素放入 R1 中
            R1[k]=R[j]
            j,k=j+1,k+1
    while i<=mid:                         #将第 1 段余下的部分复制到 R1
        R1[k]=R[i]
        i,k=i+1,k+1
    while j<=high:                        #将第 2 段余下的部分复制到 R1
        R1[k]=R[j]
        j,k=j+1,k+1
    R[low:high+1]=R1[0:high-low+1]        #将 R1 复制回 R 中
```

运行结果：通过，执行用时为 52ms，内存消耗为 13.8MB，语言为 Python 3。

7. LeetCode215——数组中的第 k 个最大元素

解：先由 nums 的前 k 个元素建立一个含 k 个元素的小根堆 small，用 i 遍历 nums 的其余元素，若 nums[i]>堆顶元素，出队该堆顶元素，将 nums[i]进堆，否则跳过 nums[i]，最后返回 small 的堆顶元素。对应的算法如下：

```
import heapq
class Solution:
    def findKthLargest(self, nums: List[int], k: int) -> int:
        small=[]                              #定义一个小根堆
        for i in range(k):                    #由前 k 个元素建立小根堆
            heapq.heappush(small,nums[i])     #将 nums[i]插入 small 中
        i+=1
        while i<len(nums):
            if nums[i]>small[0]:
                heapq.heappop(small)          #出队一个元素
                heapq.heappush(small,nums[i]) #将 nums[i]插入 small 中
            i+=1
        return small[0]
```

运行结果：通过，执行用时为 112ms，内存消耗为 13.3MB，语言为 Python 3。

8. LeetCode315——计算右侧小于当前元素的个数

解：参见《教程》第 9 章中例 9.11 求逆序数的思路。当对 nums 递增排序后，所有小于 nums[i]的元素会移动到它的前面，本题就是求排序中移动到 nums[i]元素前面的元素的个数。例如 nums=[5,2,6,1]，排序后为[1,2,5,6]，对于 5，有两个元素移到了它的前面，所以 counts[0]=2；对于 2，有一个元素移到了它的前面，所以 counts[1]=1，以此类推。这里采用递归二路归并排序来求解。

先用 R 列表存放初始 nums 数组中的每个元素及其索引（R[i][0]存放元素值，R[i][1]存放该元素在 nums 中的索引），初始化结果数组 counts 的长度为 len(nums)，每个元素均为 0。

对列表 R 进行递归二路归并排序，当合并 R[low..mid]和 R[mid+1..high]两个有序段时，用 i 遍历第 1 个段，用 j 遍历第 2 个段：

数据结构教程（Python 语言描述）学习与上机实验指导

① 若两个段没有遍历完，如果 $R[i] \leqslant R[j]$，则归并 $R[i]$（相同的元素优先归并第一个有序段的元素），此时 $R[mid+1..j-1]$ 共 $j-mid-1$ 个元素均已经移动到 $R[i]$ 的前面，所以 $R[i]$ 对应的右侧较小元素个数增加 $j-mid-1$，即 $counts[R[i][1]] += j-mid-1$，如图 3.15 所示；否则（即 $R[i]) > R[j]$）直接归并 $R[j]$（将 $R[j]$ 前移）。

例如，如图 3.16 所示，当归并 1，2，2 后（没有元素前移），$R[i]=3$，$R[j]=2$，由于 $R[i] > R[j]$，此时归并 $R[j]$，即将 $R[j]$ 前移（此时并不记录移动次数），这样有 $R[j]=3$。由于 $R[i]=R[j]$，满足 $R[i] \leqslant R[j]$ 的条件，归并 $R[i]$，累计 $R[j]$ 前面归并的元素个数（即 1）。注意这里并不是累计全部的前移元素个数，而是累计每个 $R[i]$ 的前移元素个数。

② 若第 2 个段归并完而第 1 个段没有归并完，显然第 2 个段的所有元素（共 high−mid 个元素）都移动到 $R[i]$ 的前面，所以 $R[i]$ 对应的右侧较小元素个数增加 high−mid（第 2 个段的总元素个数），即 $counts[R[i][1]] += high-mid$。

图 3.15　部分归并过程

图 3.16　在两个有序段的归并中求 $R[i]$ 右侧小于当前元素的个数

对应的算法如下：

```python
class Solution:
    def countSmaller(self, nums: List[int]) -> List[int]:
        R = []                              # 存放每个元素及其索引
        for i, d in enumerate(nums):
            R.append([d, i])
        self.counts = [0] * len(nums)       # 初始化结果数组
        self.MergeSort(R, 0, len(nums)-1)
        return self.counts

    def MergeSort(self, R, low, high):
```

```
if low>=high: return
mid =(low+high)//2
self. MergeSort(R,low,mid)
self. MergeSort(R,mid+1,high)
i,j=low,mid+1                                    #二路归并
R1=[]                                            #分配临时归并空间 R1
k=0
while i<=mid and j<=high:
    if R[i][0]<=R[j][0]:                          #R[i][1]为初始数组中的索引
        R1. append(R[i])                          #归并 R[i]
        self. counts[R[i][1]]+=j-mid-1           #累加 R[i][1]位置前移的元素个数
        i+=1
    else:
        R1. append(R[j])                          #归并 R[j]
        j+=1
while i<=mid:                                     #第 1 个段没有遍历完
    R1. append(R[i])
    self. counts[R[i][1]]+=high-mid
    i+=1
while j<=high:                                    #第 2 个段没有遍历完
    R1. append(R[j])
    j+=1
R[low:high+1]=R1[0:high-low+1]
```

运行结果：通过,执行用时为 192ms,内存消耗为 17.3MB,语言为 Python 3。

实验报告格式

实验报告是把实验的目的、方法、过程和结果等记录下来，经过整理写成书面汇报。实验报告的主要内容包括实验目的和意义、实验解决的问题、实验设计和结论。

通常一门课程的实验含多个实验题，以涵盖课程的主要知识点。结合数据结构课程的特点，建议至少含 5 个实验，分别对应线性表、树/二叉树、图、查找和排序的知识点，在树/二叉树或者图实验中包含栈或者队列的应用，也可以做两三个综合性较强的实验。

每个实验对应一份实验报告，实验报告的基本格式如下：

> 学号：*** 姓名：*** 班号：*** 指导教师：***
> 实验目的：***
> 实验题目：***
> 实验要求：***
> 实验设计：含数据结构设计，实验程序结构和算法设计。
> 实验结果：***
> 实验体会：***
> 实验程序代码：***
> 教师评分：***
> 教师评语：***

或者将整个实验写成一份实验报告，基本格式如下：

> 封面：含学号、姓名、班号、指导教师、教师评分和教师评语
> 目录：***
> 实验 1 的题目、要求、实验设计、实验结果、实验体会和实验程序代码
> …
> 实验 n 的题目、要求、实验设计、实验结果、实验体会和实验程序代码

本附录用两个示例说明实验报告中单个实验的一般书写格式。

A.1　线性表实验报告示例

实验目的：领会采用顺序表存储结构存储线性表的方法，灵活运用二路归并算法解决实际问题。

实验题目：一位教师为两个班讲授 C 语言课程，已有各班的学生分数递减排序表，现在需要生成该课程的所有学生名次表。两个班的分数排序表数据存放在 in1.txt 文件中，共 4 行，第一行为第一个班的分数，第二行为对应分数的学生姓名，后两行是第二个班的数据，每行中的数据以空格分隔。例如，有如下 in1.txt 文件：

```
93 90 88 85 85 79 72 72 63
陈斌 万夏 李明 路霞 陈军 张宾 李玲 王华 陈辰
92 91 91 88 87 80 80 72
章伟 李臣 王实 徐英 许强 章涛 曾海 陆涛
```

在学生名次表中包含两个班的全部学生名次、姓名和分数，多个相同名次不重复输出，两个班相同分数者优先输出第一个班的学生数据。上述 in1.txt 文件产生的学生名次表结果如下：

```
        按分数排名
名次      姓名      分数
————————————————————
第 1 名：  陈斌       93
第 2 名：  章伟       92
第 3 名：  李臣       91
          王实       91
第 5 名：  万夏       90
第 6 名：  李明       88
          徐英       88
第 8 名：  许强       87
第 9 名：  路霞       85
          陈军       85
第 11 名： 章涛       80
          曾海       80
第 13 名： 张宾       79
第 14 名： 李玲       72
          王华       72
          陆涛       72
第 17 名： 陈辰       63
```

实验要求：除了存放两个班的分数排序表数据外，要求其他部分的空间复杂度为 $O(1)$，主要算法的时间复杂度为 $O(n)$，其中 n 为两个班的学生人数。

实验设计：

1）数据结构设计

每个学生分数排序表都是一个线性表，采用顺序表存放学生分数排序表。为了简单，这里直接用列表作为顺序表，列表元素为"[分数,姓名]"，两个班的列表分别为 $L1$ 和 $L2$。

2) 实验程序结构

本实验程序的结构如图 A.1 所示。

3) 算法设计

本实验程序中主要包含如下两个算法。

① readdata($L1,L2$)算法：用于读取 in1.txt 文件中的数据以建立两个学生分数列表 $L1$ 和 $L2$。

② Rank($L1,L2$)算法：用于按实验要求输出所有学生名次表。

设计思路是采用二路归并方法得到一个按学生分数递减排列的序列并求学生名次。由于实验要求主要算法的空间复杂度为 $O(1)$，不能在存储这个序列后再求学生名次，而是在归并中直接得到学生名次并输出，为此用 curr 记录当前学生的名次（从 1 开始），pre 记录当前学生的前驱学生，cnt 记录当前相同分数的人数，基本过程如下：

先产生第 1 名的第一个学生并输出，pre 存放该学生，curr＝1，cnt＝1
当 L1 和 L2 均没有遍历完时循环：
　　if L1 的学生分数≥L2 的学生分数（含等号表示相同分数时优先归并 L1 的学生）
　　　　归并 L1 的学生，将其作为当前学生
　　　　if 当前学生分数与 pre 的分数相同
　　　　　　cnt 增 1（当前名次不变），输出当前学生名次
　　　　else
　　　　　　curr＋＝cnt（修改当前名次），输出当前学生名次
　　　　　　重置该分数的人数，即 cnt＝1
　　　　置 pre＝L1[i]
　　else
　　　　归并 L2 的学生，将其作为当前学生，其操作与上面类似
当上述循环结束后对剩余的学生做与上面类似的操作

实验结果：以前面的 in1.txt 作为输入文件，执行结果如图 A.2 所示。

图 A.1　实验 1 的程序结构

图 A.2　实验 1 的执行结果

实验体会：完成本实验题的基本功能有多种方法，例如将所有学生放在一个列表中并按分数递减排序，再求名次，但排序算法的时间复杂度不满足实验要求；又如采用二路归并将归并后的结果放在一个列表中再求名次，但这样空间复杂度不满足实验要求。本实验在读取 $L1$ 和 $L2$ 后，主要算法既采用二路归并，又在归并中直接求名次并输出，时间复杂度为 $O(n)$，空间复杂度为 $O(1)$。

实验程序代码：实验程序 Exp1.py 的代码如下。

```python
def readdata(L1,L2):              # 读取文件数据建立 L1 和 L2
    f=open("in1.txt","r")
    tmp1=f.readline().split()
    tmp2=f.readline().split()
    for i in range(len(tmp1)):
        L1.append([int(tmp1[i]),tmp2[i]])
    tmp1=f.readline().split()
    tmp2=f.readline().split()
    for i in range(len(tmp1)):
        L2.append([int(tmp1[i]),tmp2[i]])
    f.close()


def Rank(L1,L2):                  # 二路归并求名次
    i,j=0,0
    curr=1                        # 名次从 1 开始
    cnt=1                         # 该分数的人数
    if L1[i][0]>L2[j][0]:         # 输出第一个名次为 1 的学生
        pre=L1[i]                 # 作为下一个学生的前驱
        i+=1
    else:
        pre=L2[j]
        j+=1
    print()
    print("          按分数排名")
    print(" 名次     姓名      分数")
    print(" —————————————————————————")
    print(" 第%2d 名：%s\t%d" %(curr,pre[1],pre[0]))
    while i<len(L1) and j<len(L2):    # 二路归并输出其他学生名次表
        if L1[i][0]>=L2[j][0]:        # 归并分数较高的 L1[i](含相同)
            if L1[i][0]==pre[0]:      # 归并的分数与前一个的相同
                cnt+=1                # 累计相同分数的人数
                print("              %s\t%d" %(L1[i][1],L1[i][0]))
            else:
                curr+=cnt             # 修改名次
                print(" 第%2d 名：%s\t%d" %(curr,L1[i][1],L1[i][0]))
                cnt=1                 # 重置该分数的人数
            pre=L1[i]
            i+=1
        else:                         # 归并分数较高的 L2[j]
            if L2[j][0]==pre[0]:      # 归并的分数与前一个的相同
                cnt+=1
                print("              %s\t%d" %(L2[j][1],L2[j][0]))
```

```
        else:
            curr+=cnt
            print(" 第%2d 名：%s\t%d" %(curr,L2[j][1],L2[j][0]))
            cnt=1
        pre=L2[j]
        j+=1

    while i<len(L1):                     #归并第一个班的剩余数据
        if L1[i][0]==pre[0]:             #归并的分数与前一个的相同
            cnt+=1                       #累计相同分数的人数
            print("                      %s\t%d" %(L1[i][1],L1[i][0]))
        else:
            curr+=cnt                    #修改名次
            print(" 第%2d 名：%s\t%d" %(curr,L1[i][1],L1[i][0]))
            cnt=1
            pre=L1[i]
        i+=1
    while j<len(L2):                     #归并第二个班的剩余数据
        if L2[j][0]==pre[0]:             #归并的分数与前一个的相同
            cnt+=1                       #累计相同分数的人数
            print("                      %s\t%d" %(L2[j][1],L2[j][0]))
        else:
            curr+=cnt                    #修改名次
            print(" 第%2d 名：%s\t%d" %(curr,L2[j][1],L2[j][0]))
            cnt=1
            pre=L2[j]
        j+=1

#主程序
L1,L2=[],[]
readdata(L1,L2)
Rank(L1,L2)
```

A.2 图实验报告示例

实验目的：领会采用邻接表存储结构存储图的方法,灵活运用广度优先遍历算法解决实际问题。

实验题目：给定一棵无根树,求该树的直径,无根树的直径是指其中最长的路径长度,要求输出该树的邻接表表示和其中任意一条长度等于直径的路径。无根树的数据存放在 in2.txt 文件中,共 n 行,第一行为顶点个数 n(顶点编号为 $0 \sim n-1$, $2 \leqslant n \leqslant 1000$),接下来的 $n-1$ 行每行为 $a\ b$,表示顶点 a 到 b 有一条无向边。例如,有如下 in2.txt 文件:

```
8
1 0
0 5
0 2
0 3
0 4
```

```
3 6
6 7
```

上述数据表示的一棵无根树如图 A.3 所示,含 8 个顶点(顶点编号为 0~7)和 7 条无向边。实验程序输出的结果如下:

```
图 G
    [0]->(1)->(5)->(2)->(3)->(4)->∧
    [1]->(0)->∧
    [2]->(0)->∧
    [3]->(0)->(6)->∧
    [4]->(0)->∧
    [5]->(0)->∧
    [6]->(3)->(7)->∧
    [7]->(6)->∧
求解结果
    树的直径: 4
    一条最长路径: [4, 0, 3, 6, 7]
```

实验要求:整个程序的时间和空间复杂度均为 $O(n)$。

实验设计:

1) 数据结构设计

将无根树看成一个不带权的连通图,采用邻接表存储,为了简单,用列表 G 作为邻接表,$G[i]$($0 \leqslant i \leqslant n-1$)存放 i 的所有邻接点。例如,示例对应的 G 如下:

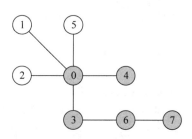

图 A.3　示例输入对应的一棵无根树

$$[[1,5,2,3,4],[0],[0],[0,6],[0],[0],[3,7],[6]]$$

2) 实验程序结构

本实验程序的结构如图 A.4 所示,先读取 in2.txt 文件数据建立邻接表 G,该树的直径对应的路径一定是两个叶子结点的最长路径。从任意一个顶点(例如顶点 0)出发广度优先遍历,最后出队的顶点一定是一个叶子结点,假设该叶子结点是 v,再从顶点 v 出发广度优先遍历,最后出队的顶点也一定是一个叶子结点;假设该叶子结点是 u,则 v 到 u 一定是一条最长的路径,通过队列反向搜索找到 v 到 u 的路径 path。最后输出直径和 path。

说明:为了简化编程,将无根树的顶点个数 n 和邻接表 G 设置为全局变量。

3) 算法设计

本实验程序中主要包含如下两个算法。

① readdata($L1,L2$)算法:用于读取 in2.txt 文件中的数据以建立无根树的邻接表 G。

② BFS(v)算法:从顶点 v 出发进行广度优先遍历,找到最后出队的顶点 u,用 path 存放 v 到 u 的逆路径,即 path[0]=u,path[-1]=v。采用双端队列 deque 作为队列,其元素类型如下:

```
class QNode:                        #队列中的元素类型
    def __init__(self,no=-1,pre=None):     #构造函数
```

```
        self.no＝no                              #顶点编号
        self.pre＝pre                            #前驱顶点编号
```

其中,pre 属性用于推导一条查找路径(最短路径)。广度优先遍历的过程参见《教程》7.3.3 节。

实验结果:以前面的 in2.txt 作为输入文件,执行结果如图 A.5 所示。

图 A.4　实验 2 的程序结构 　　　　　　　　　　　　　 图 A.5　实验 2 的执行结果

实验体会:无根树(一定是一个连通图)的直径对应的路径一定是两个叶子结点的最长路径,本题实际上是求任意一个叶子结点到另外一个叶子结点的最短路径的最大值,所以采用广度优先遍历。如果采用深度优先遍历,需要找一个叶子结点到每个叶子结点的路径,比较所有路径长度求最大值,这样算法的时间复杂度一定高于 $O(n)$。另外,根据实际顶点个数 n 动态设置邻接表 G 的长度而不是 MAXN(由题意 MAXN＝1000),从而保证空间复杂度为 $O(n)$。其实本解法适合任意不带权连通图求这样的直径。

实验程序代码:实验程序 Exp2.py 的代码如下。

```
from collections import deque                #引用双端队列 deque
def readdata():                              #读取文件数据
    global n,G
    f＝open("in2.txt","r")
    tmp＝f.readline().split()                 #读取顶点个数 n
    n＝int(tmp[0])
    G＝[None] * n
    for i in range(n−1):                      #读取 n−1 条边
        tmp＝f.readline().split()
        a,b＝int(tmp[0]),int(tmp[1])
        if G[a]＝＝None: G[a]＝[]
        if G[b]＝＝None: G[b]＝[]
        G[a].append(b)                        #看成无向图
        G[b].append(a)
    f.close()

class QNode:                                 #队列中的元素类型
    def __init__(self,no＝−1,pre＝None):       #构造函数
```

```
            self.no＝no                           ＃顶点编号
            self.pre＝pre                          ＃前驱顶点编号
def BFS(v):                                       ＃G 中从顶点 v 出发的广度优先遍历
    global n,G
    visited＝[0] * n                              ＃访问标记数组
    qu＝deque()                                    ＃将双端队列作为普通队列 qu
    qu.append(QNode(v))                           ＃v 进队
    visited[v]＝1                                  ＃置已访问标记
    while len(qu)＞0:                              ＃队不空时循环
        p＝qu.popleft()                           ＃出队元素 p
        for w in G[p.no]:                         ＃找顶点 v 的所有邻接点 w
            if visited[w]＝＝0:                    ＃顶点 w 未访问
                visited[w]＝1                      ＃置已访问标记
                qu.append(QNode(w,p))             ＃w 进队
    path＝[]                                       ＃从最后出队的 e 找反向路径
    path.append(p.no)
    while p.pre!＝None:
        p＝p.pre
        path.append(p.no)
    return path


def solve():                                      ＃求解算法
    path＝BFS(0)                                   ＃从顶点 0 出发的广度优先遍历
    v＝path[0]                                     ＃找到一个叶子结点
    path＝BFS(v)
    return path


＃主程序
G＝[]
readdata()
print()
print(" 图 G")
for i in range(n):                                ＃输出图的邻接表
    print("    [%d]" %(i),end='')
    for w in G[i]:
        print("->(%d)" %(w),end='')
    print("->∧")
path＝solve()
print(" 求解结果")                                 ＃输出求解结果
print("    树的直径：%d" %(len(path)－1))
print("    一条最长路径:",path)
print()
```

高等学校数据结构课程系列教材

数据结构教程

（Python语言描述）学习与上机实验指导

期末模拟试卷

◎ 李春葆 主编　蒋林 李筱驰 副主编

清华大学出版社

目 录

2. (10 分)有一棵非空满二叉树采用二叉链存储,结点类型定义如下:

```
class BTNode:                       #二叉链中的结点类
    def __init__(self, d=None):     #构造方法
        self.data=d                 #结点值
        self.lchild=None            #左孩子指针
        self.rchild=None            #右孩子指针
```

设计一个尽可能高效的算法求根结点为 b 的满二叉树的结点个数。

3. (15 分)有 n 个人,编号为 $1\sim n$,给定 m 对(a,b)表示 a 和 b 是朋友,朋友的朋友也是朋友。编写一个程序求朋友圈的个数以及各朋友圈的人数,每个朋友圈至少有两个人,朋友圈人数按递增顺序输出,其中 n 和 m 的最大值不超过 100。输入格式示例:

```
11 8                    #n=11, m=8
1 2                     #表示 1 和 2 是朋友
2 3
1 3
4 5
7 10
7 9
9 10
8 9
```

输出结果:

共有 3 个朋友圈
各朋友圈人数: [2, 3, 4]

模拟试题 8

一、单项选择题（每小题 2 分，共 15 小题，共计 30 分）

1. 某递归算法的时间递推式如下：

$T(1)=1$
$T(n)=\mathrm{T}(n/2)+n$ 当 $n>1$ 时

则 $T(n)=$ _____。

    A. $O(1)$ B. $O(\log_2 n)$ C. $O(n)$ D. $O(n^2)$

2. 假设某个带头结点的单链表的头结点为 head，则判定该表为空表的条件是 _____。

    A. head==None   B. head. next==None

    C. head! =None   D. head. next==head

3. 两个栈采用顺序存储结构时，共享同一个数组空间的好处是 _____。

    A. 减少存取时间，降低下溢出发生的概率

    B. 节省存储空间，降低上溢出发生的概率

    C. 减少存取时间，降低上溢出发生的概率

    D. 节省存储空间，降低下溢出发生的概率

4. 一个循环队列中用 data$[0..n-1]$ 数组保存队中元素，另设置一个队尾指针 rear 和一个记录队中实际元素个数的变量 count，则该队中最多可以存放的元素个数是 _____。

    A. $n-1$ B. n

    C. $(\mathrm{rear}+n)\%n$ D. $(n-\mathrm{rear})\%n$

5. 以下最适合用作链队的不带头结点的链表是 _____。

    A. 只带首结点指针的循环单链表

    B. 只带尾结点指针的单链表

    C. 只带首结点指针的单链表

    D. 只带尾结点指针的循环单链表

6. 在 KMP 算法中用 next 数组存放模式串的部分匹配信息，当模式串位 j 与目标串 i 比较两字符相等时，j 的位移方式是 _____。

    A. $j++$ B. $i=j+1$ C. $i=i-j+1$ D. $i=\mathrm{next}[i]$

7. 设矩阵 a 的元素 $a_{i,j}(1\leqslant i,j\leqslant 10)$ 满足 $a_{i,j}\neq 0(i\leqslant j)$ 和 $a_{i,j}=0(i>j)$。若将 a 的所有非零元素以行优先存放在首地址为 2000 的存储空间中，每个元素占 4 个单元，则元素 $a_{5,9}$ 的首地址是 _____。

    A. 2340   B. 2152   C. 2220   D. 2160

8. 一棵高度为 8 的完全二叉树最多有 _____ 叶子结点。

模拟试题 7

一、单项选择题（每小题 2 分，共 15 小题，共计 30 分）

1. 以下不属于存储结构的是_____。

    A. 栈   B. 二叉链   C. 哈希表   D. 双链表

2. 以下算法的时间复杂度为_____。

```
def fun(n):
    i=1
    while i<=n:
        i=i*3
```

    A. $O(n)$ B. $O(n^2)$ C. $O(n\log_2 n)$ D. $O(\log_2 n)$

3. 在含有 n 个结点的单链表中查找第 i 个结点的平均时间复杂度是_____。

    A. $O(\log_2 n)$ B. $O(1)$ C. $O(n^2)$ D. $O(n)$

4. 与单链表相比，双链表的优点之一是_____。

    A. 插入、删除操作更简单

    B. 可以进行随机访问

    C. 可以省略表头指针或表尾指针

    D. 访问前后相邻结点更方便

5. 有一个非空循环双链表，在结点 p 之前插入结点 q 的操作是_____。

    A. p. prior＝q；q. next＝p；p. prior. next＝q；q. prior＝p. prior；

    B. p. prior＝q；p. prior. next＝q；q. next＝p；q. prior＝p. prior；

    C. q. next＝p；q. prior＝p. prior；p. prior＝q；p. prior. next＝q；

    D. q. next＝p；q. prior＝p. prior；p. prior. next＝q；p. prior＝q；

6. 某循环队列的元素类型为 char，队头指针 front 指向队头元素的前一个位置，队尾指针 rear 指向队尾元素，如下图所示，则队中从队头到队尾的元素为_____。

    A. abcd123456   B. abcd123456c

    C. dfgbca   D. cdfgbca

```
 0  1  2  3  4  5  6  7  8  9 10 11 12 13 14 15
┌──┬──┬──┬──┬──┬──┬──┬──┬──┬──┬──┬──┬──┬──┬──┬──┐
│b │c │a │b │c │d │1 │2 │3 │4 │5 │6 │c │d │f │g │
└──┴──┴──┴──┴──┴──┴──┴──┴──┴──┴──┴──┴──┴──┴──┴──┘
        ↑                          ↑
       rear                      front
```

7. 一个 n 阶的对称矩阵 A，如果采用以列优先（即以列序为主序）的压缩方式存放到一个一维数组 B 中，则 B 的容量为_____。

    A. n^2 B. $n^2/2$

    C. $n(n+1)/2$ D. $(n+1)(n+2)/2$

8. 若一棵 3 次树中有 a 个度为 1 的结点、b 个度为 2 的结点、c 个度为 3 的结点，则

模拟试题 6

一、单项选择题（每小题 2 分，共 15 小题，共计 30 分）

1. 以下数据结构中_____属非线性结构。

    A. 栈   B. 串   C. 队列   D. 平衡二叉树

2. 以下算法的时间复杂度为_____。

```
def fun(n):
    i,s＝0,0
    while s<=n:
        i+=1
        s+=i
```

    A. $O(n)$ B. $O(\sqrt{n})$ C. $O(n\log_2 n)$ D. $O(\log_2 n)$

3. 在一个双链表中，删除 p 所指结点（非首、尾结点）的操作是_____。

    A. p. prior. next＝p. next；p. next. prior＝p. prior

    B. p. prior＝p. prior. prior；p. prior. prior＝p

    C. p. next. prior＝p；p. next＝p. next. next

    D. p. next＝p. prior. prior；p. prior＝p. prior. prior

4. 设 n 个元素进栈的序列是 $1,2,3,\cdots,n$，其输出序列是 $p_1,p_2,\cdots,p_n$，若 $p_1＝3$，则 p_2 的值_____。

    A. 一定是 2   B. 一定是 1   C. 不可能是 1   D. 以上都不对

5. 设栈 s 和队列 q 的初始状态都为空，元素 a、b、c、d、e 和 f 依次通过栈 s，一个元素出栈后即进入队列 q，若 6 个元素出队的序列是 b,d,c,f,e,a，则栈 s 的容量（存放的元素个数）至少是_____。

    A. 2   B. 3   C. 4   D. 5

6. 假设一个队列用链队方式存储，队头指针指向队头结点，队尾指针指向队尾结点，在进队操作时_____。

    A. 仅修改队头指针

    B. 仅修改队尾指针

    C. 队头、队尾指针一定都会修改

    D. 队头、队尾指针可能都会修改

7. 若将 n 阶上三角矩阵 A 按列优先顺序压缩存放在一维数组 $B[1..n(n+1)/2]$ 中，A 中的首元素 $a_{1,1}$ 存于 B 数组的 b_1 中，则应存放到 b_k 中的元素 $a_{i,j}(i\leqslant j)$ 的下标 i、j 与 k 的对应关系是 $k＝$_____。

    A. $i(i+1)/2+j$ B. $i(i-1)/2+j$

    C. $j(j+1)/2+i$ D. $j(j-1)/2+i$

8. 在一棵非空二叉树的先序序列和后序序列中，各叶子之间的相对次序关

模拟试题 5

一、单项选择题（每小题 2 分，共 15 小题，共计 30 分）

1. 算法的平均时间复杂度取决于_____。
    A. 问题的规模
    B. 待处理数据的初始状态
    C. A 和 B
    D. 计算机的配置

2. 由 n 个无序的元素创建一个有序单链表的算法的时间复杂度是_____。
    A. $O(n\log_2 n)$
    B. $O(\sqrt{n})$
    C. $O(n)$
    D. 以上都不对

3. 在_____中将会用到栈结构。
    A. 递归调用
    B. 图深度优先遍历
    C. 表达式求值
    D. 以上场景都有

4. 栈和队列的共同点是_____。
    A. 都是先进后出
    B. 都是后进先出
    C. 只允许在端点处插入和删除元素
    D. 没有共同点

5. 设有二维数组 $A[3][5]$，每个数组元素占用两个存储单元，若按列优先顺序进行存储，$A[0][0]$ 的存储地址为 100，则 $A[2][3]$ 的存储地址是_____。
    A. 122
    B. 126
    C. 114
    D. 116

6. 在 KMP 算法中，模式串"ababaabab"的 next 数组值为_____。
    A. $-1,0,0,1,2,3,1,2,3$
    B. $-1,0,0,1,2,1,1,2,3$
    C. $-1,0,0,1,2,3,4,1,2$
    D. $-1,0,0,1,2,3,1,2,2$

7. 一棵有 n 个结点的树，其所有分支结点的度均为 k，则该树中的叶子结点个数是_____。
    A. $n(k-1)/k$
    B. $n-k$
    C. $(n+1)/k$
    D. $(nk-n+1)/k$

8. 下面_____算法适用于构造一个稠密图的最小生成树。
    A. Dijkstra 算法
    B. Prim 算法
    C. Floyd 算法
    D. Kruskal 算法

9. _____方法可以判断一个有向图是否存在回路。
    A. 求最小生成树
    B. 拓扑排序
    C. 求关键路径
    D. 求最短路径

10. 已知一个不带权图 G 的邻接表如下图所示，针对该邻接表从顶点 0 出发进行深度优先遍历的结果是_____。
    A. 0,1,2,3,4
    B. 0,1,2,4,3
    C. 0,1,3,4,2
    D. 0,1,4,2,3

模拟试题 4

一、单项选择题（每小题 2 分，共 20 小题，共计 40 分）

1. 某算法的时间复杂度为 $O(n^2)$，表明该算法的_____。
   A. 问题规模是 n^2
   B. 执行时间等于 n^2
   C. 执行时间与 n^2 成正比
   D. 问题规模与 n^2 成正比

2. 在长度为 $n(n \geqslant 1)$ 的双链表 L 中，在 p 结点之前插入一个新结点 s 的时间复杂度为_____。
   A. $O(1)$
   B. $O(n)$
   C. $O(n^2)$
   D. $O(n\log_2 n)$

3. 设有 5 个元素的进栈序列是 a,b,c,d,e,其输出序列是 c,e,d,b,a,则该栈的容量至少是_____。
   A. 1
   B. 2
   C. 3
   D. 4

4. 将算术表达式"1+6/(8−5)＊3"转换成后缀表达式，在求后缀表达式的过程中，当遇到"＊"时，运算数栈（从栈顶到栈底的次序）为_____。
   A. 8 6 1
   B. 5 8 1
   C. 3 2 1
   D. 3 6 1

5. 设循环队列 qu 中数组 data 的下标是 $0 \sim N-1$，其队头、队尾指针分别为 f 和 r（f 指向队首元素的前一位置，r 指向队尾元素），元素 x 出队的操作是_____；$x =$ qu. data[qu. f]。
   A. qu. r+＝1
   B. qu. r＝(qu. r+1)％N
   C. qu. f+＝1
   D. qu. f＝(qu. f+1)％N

6. 最不适合用作链队的链表是_____。
   A. 只带头结点指针的非循环双链表
   B. 只带队首结点指针的循环双链表
   C. 只带队尾结点指针的循环双链表
   D. 以上都不适合

7. 在 KMP 算法中已经求出 next 数组，当模式串位 j 与目标串位 i 比较时，两字符不相等，则 i 的位移方式是_____。
   A. $i=$next$[j]$
   B. i 不变
   C. j 不变
   D. $j=$next$[j]$

8. 一个对称矩阵 $A[1..10,1..10]$ 采用压缩存储方式，将其上三角＋主对角部分元素按行优先存储到一维数组 $B[0..m]$ 中，则 $A[5][8]$ 元素在 B 中的位置 k 是_____。
   A. 10
   B. 37
   C. 45
   D. 60

9. 一个稀疏矩阵采用压缩后，和直接采用二维数组存储相比会失去_____特性。
   A. 顺序存储
   B. 随机存取
   C. 输入与输出
   D. 以上都不对

10. 一棵高度为 h、结点个数为 n 的 $m(m \geqslant 3)$ 次树，其分支数是_____。
    A. nh
    B. $n+h$
    C. $n-1$
    D. $h-1$

11. 根据使用频率为 5 个字符设计的哈夫曼编码不可能是_____。
    A. 000,001,010,011,1
    B. 0000,0001,001,01,1
    C. 000,001,01,10,11
    D. 00,100,101,110,111

模拟试题 3

一、单项选择题（每小题 2 分，共 20 小题，共计 40 分）

1. 设 n 是描述问题规模的非负整数，下面程序段的时间复杂度为_____。

   ```
   x＝1
   while x <＝n:
       x＝5 * x
   ```

   A. $O(\log_5 n)$　　　　B. $O(n)$　　　　C. $O(n\log_5 n)$　　　　D. $O(n^5)$

2. 顺序表和链表相比存储密度较大，这是因为_____。

   A. 顺序表的存储空间是预先分配的

   B. 顺序表不需要增加指针来表示元素之间的逻辑关系

   C. 链表中所有结点的地址是连续的

   D. 顺序表中所有元素的存储地址是不连续的

3. 在长度为 $n(n \geqslant 1)$ 的循环双链表 L 中，在尾结点之后插入一个新结点的时间复杂度为_____。

   A. $O(n^2)$　　　　B. $O(n)$　　　　C. $O(1)$　　　　D. $O(n\log_2 n)$

4. 设 n 个元素的进栈序列是 $p_1, p_2, p_3, \cdots, p_n$，其输出序列是 $1, 2, 3, \cdots, n$，若 $p_n = 1$，则 $p_i(1 \leqslant i \leqslant n-1)$ 的值是_____。

   A. $n-i+1$　　　　B. $n-i$　　　　C. i　　　　D. 有多种可能

5. 当用一个数组 $data[0..n-1]$ 存放栈中元素时，栈底最好_____。

   A. 设置在 $data[0]$ 或 $data[n-1]$ 处　　　　B. 设置在 $data[n-1]$ 处

   C. 设置在 $data[0]$ 处　　　　D. 设置在 $data$ 数组的任何位置

6. 在数据处理过程中经常需要保存一些中间数据，若某程序处理中先保存的数据先操作，则使用_____来保存这些数据。

   A. 线性表　　　　B. 队列　　　　C. 栈　　　　D. 单链表

7. 一个循环队列中元素的排列顺序_____。

   A. 与队头和队尾指针的取值有关　　　　B. 与元素值的大小有关

   C. 由元素进队的先后顺序确定　　　　D. 与存放队中元素的数组大小有关

8. 将 10 阶对称矩阵 A 压缩存储到一维数组 B 中，则数组 B 的长度最少为_____。

   A. 100　　　　B. 40　　　　C. 80　　　　D. 55

9. 设目标串为 s，模式串为 t，在 KMP 模式匹配中，$next[4]＝2$ 的含义是_____。

   A. 表示 t_4 字符前面最多有两个字符和开头的两个字符相同

   B. 表示 s_4 字符前面最多有两个字符和开头的两个字符相同

   C. 表示目标串匹配失败的位置是 $i＝4$

   D. 表示模式串匹配失败的位置是 $j＝2$

```
class BTNode:                              ♯二叉链中的结点类
    def __init__(self, d=None):            ♯构造方法
        self.data=d                        ♯结点值
        self.lchild=None                   ♯左孩子指针
        self.rchild=None                   ♯右孩子指针
```

请完成以下任务：

（1）设计一个算法在二叉树 b 中查找 x 结点（指结点值为 x 的结点），若找到该结点，返回其引用（地址），否则返回空。给出所设计的算法的时间复杂度。（8分）

（2）设计一个算法，利用（1）小题设计的算法输出二叉树 b 中 x 结点的所有子孙结点值。（7分）

模拟试题 2

一、单项选择题（每小题 2 分，共 20 小题，共计 40 分）

1. 某算法的空间复杂度为 $O(1)$，则_____。

    A. 该算法执行不需要任何辅助空间

    B. 该算法执行所需的辅助空间大小与问题规模 n 无关

    C. 该算法执行不需要任何空间

    D. 该算法执行所需的全部空间大小与问题规模 n 无关

2. 在长度为 n 的顺序表中插入一个元素，对应算法的时间复杂度为_____。

    A. $O(1)$ B. $O(\log_2 n)$ C. $O(n)$ D. $O(n^2)$

3. 设线性表中有 n 个元素，以下运算中_____在单链表上实现要比在顺序表上实现效率更高。

    A. 删除指定地址（位置）元素的后一个元素

    B. 在最后一个元素的后面插入一个新元素

    C. 顺序输出前 k 个元素

    D. 交换第 i 个元素和第 $n-i+1$ 个元素的值（$i=1,2,\cdots,n$）

4. 以下数据结构中元素之间为非线性关系的是_____。

    A. 栈   B. 队列   C. 线性表   D. 以上都不是

5. 若一个栈用数组 data[1..n]存储，初始栈顶指针 top 为 1，则以下元素 x 进栈的正确操作是_____。

    A. top$+=$1；data[top]$=x$ B. data[top]$=x$；top$+=$1

    C. top$-=$1；data[top]$=x$ D. data[top]$=x$；top$-=$1

6. 若某循环队列有队头指针 front 和队尾指针 rear，在队不满时进队操作仅会改变_____。

    A. front   B. rear   C. front 和 rear   D. 以上都不对

7. 在一个链队中，由 front 和 rear 分别指向队头和队尾结点，它不具有的功能是_____。

    A. 可以实现元素进队操作

    B. 可以由队头指针和队尾指针直接求出队列中的元素个数

    C. 可以实现元素出队操作

    D. 可以由队头指针和队尾指针确定队列为空

8. 设树 T 的度为 4，其中度为 1、2、3、4 的结点个数分别为 4、2、1、1，则 T 中的叶子结点个数是_____。

    A. 5   B. 6   C. 7   D. 8

9. 一棵哈夫曼树用于 100 个字符的编码，则其中的结点个数是_____。

    A. 99   B. 100   C. 101   D. 199

```
            self.next＝None                    ♯next 属性
```

设计一个尽可能高效的算法求 A 和 B 的交集,要求不破坏 A、B 的结点,将交集存放在单链表 C 中。给出所设计的算法的时间复杂度和空间复杂度。

2. 假设非空二叉树采用二叉链存储结构,所有结点值均不相同,根结点为 b,结点类型如下:

```
class BTNode:                              ♯二叉链中的结点类
    def _init_(self,d＝None):              ♯构造方法
        self.data＝d                        ♯结点值
        self.lchild＝None                   ♯左孩子指针
        self.rchild＝None                   ♯右孩子指针
```

设计一个算法判断其中值为 x 的结点与值为 y 的结点是否为兄弟结点,若是兄弟结点,返回 True,否则返回 False。

模拟试题 1

一、单项选择题(每小题 2 分,共 20 小题,共计 40 分)

1. 数据结构是指_____。
   - A. 一种数据类型
   - B. 数据的存储结构
   - C. 一组性质相同的数据元素的集合
   - D. 相互之间存在一种或多种特定关系的数据元素的集合

2. 以下算法的时间复杂度为_____。

```
def fun(n):
    i=1
    while i<=n:
        i+=1
```

   - A. $O(n)$ 　　B. $O(\sqrt{n})$ 　　C. $O(n\log_2 n)$ 　　D. $O(\log_2 n)$

3. 现要设计一个高效的算法,在一个长度为 n 的有序顺序表 L 中删除所有值为 x 的元素(假设值为 x 的元素不唯一),这样的算法的时间复杂度为_____。
   - A. $O(n)$ 　　B. $O(n\log_2 n)$ 　　C. $O(n^2)$ 　　D. $O(\sqrt{n})$

4. 在一个带头结点的循环双链表 L 中删除 p 所指的结点,算法的时间复杂度为_____。
   - A. $O(n)$ 　　B. $O(\sqrt{n})$ 　　C. $O(1)$ 　　D. $O(n^2)$

5. 若一个栈采用数组 $s[0..n-1]$ 存放其元素,初始时栈顶指针 top 为 n,则以下元素 x 进栈的正确操作是_____。
   - A. top+=1; s[top]=x;　　　　　　B. s[top]=x; top+=1
   - C. top-=1; s[top]=x;　　　　　　D. s[top]=x; top-=1

6. 中缀表达式"2 * (3+4)-1"的后缀表达式是_____。
   - A. 2 3 4 1 * + -　　　　　　　　B. 2 3 4 + * 1 -
   - C. 2 3 4 * + 1 -　　　　　　　　D. - + * 2 3 4 1

7. 设循环队列中数组的下标为 0~N-1,其队头、队尾指针分别为 front 和 rear(front 指向队列中队头元素的前一个位置,rear 指向队尾元素的位置),则其元素个数为_____。
   - A. rear-front　　　　　　　　　B. rear-front-1
   - C. (rear-front)%N+1　　　　　　D. (rear-front+N)%N

8. 若用一个大小为 6 的数组来实现循环队列,队头指针 front 指向队列中队头元素的前一个位置,队尾指针 rear 指向队尾元素的位置。若当前 rear 和 front 的值分别为 0 和 3,当从队列中删除一个元素,再加入两个元素后,rear 和 front 的值分别为_____。

    A. 1 和 5   B. 2 和 4   C. 4 和 2   D. 5 和 1

9. 一棵高度为 $h(h \geq 1)$ 的完全二叉树至少有_____个结点。

    A. 2^{h-1} B. 2^h C. 2^h+1 D. $2^{h-1}+1$

10. 一棵含有 n 个结点的线索二叉树,其线索个数为_____。

    A. $2n$ B. $n-1$ C. $n+1$ D. n

11. 设一棵哈夫曼树中有 1999 个结点,该哈夫曼树用于对_____个字符进行编码。

    A. 999   B. 998   C. 1000   D. 1001

12. 一个含有 $n(n>0)$ 个顶点的连通图采用邻接矩阵存储,则该矩阵一定是_____。

    A. 对称矩阵   B. 非对称矩阵   C. 稀疏矩阵   D. 稠密矩阵

13. 设连通图有 n 个顶点、e 条边 $(e, n>0)$,若满足_____,则图中一定有回路。

    A. $e \geq n$ B. $e<n$ C. $e=n-1$ D. $2e \geq n$

14. 对于 AOE 网的关键路径,以下叙述中_____是正确的。

    A. 任何一个关键活动提前完成,则整个工程一定会提前完成

    B. 完成整个工程的最短时间是从源点到汇点的最短路径长度

    C. 一个 AOE 网的关键路径一定是唯一的

    D. 任何一个活动持续时间的改变可能影响关键路径的改变

15. 设有 100 个元素的有序表,用折半查找法查找,不成功时最大的比较次数是_____。

    A. 25   B. 50   C. 10   D. 7

16. 在一棵 m 阶 B 树中删除一个关键字会引起合并,则该结点原有_____个关键字。

    A. 1   B. $\lceil m/2 \rceil$ C. $\lceil m/2 \rceil-1$ D. $\lceil m/2 \rceil+1$

17. 哈希查找方法一般适用于_____的情况下的查找。

    A. 查找表为链表

    B. 查找表为有序表

    C. 关键字集合比地址集合大得多

    D. 关键字集合与地址集合之间存在着某种对应关系

18. 对含有 n 个元素的顺序表采用直接插入排序方法进行排序,在最好情况下算法的时间复杂度为_____。

    A. $O(n)$ B. $O(n\log_2 n)$ C. $O(n^2)$ D. $O(\sqrt{n})$

19. 用某种排序方法对数据序列 $(24,88,21,48,15,27,69,35,20)$ 进行递增排序,元素序列的变化情况如下:

    ① $(24,88,21,48,15,27,69,35,20)$

    ② $(20,15,21,24,48,27,69,35,88)$

    ③ $(15,20,21,24,35,27,48,69,88)$

④ $(15,20,21,24,27,35,48,69,88)$

则所采用的排序方法是_____。

    A. 快速排序   B. 简单选择排序

    C. 直接插入排序   D. 二路归并排序

20. 在以下排序方法中，_____不需要进行关键字的比较。

    A. 快速排序   B. 归并排序   C. 基数排序   D. 堆排序

二、问答题(共 4 小题，每小题 10 分，共计 40 分)

1. 如果一个含有 $n(n>1)$ 个元素的线性表的运算只有 4 种，即删除第一个元素、删除最后一个元素、在第一个元素的前面插入新元素、在最后一个元素的后面插入新元素，则最好使用以下哪种存储结构(所有链表均带有头结点)，简要说明理由。

    (1) 只有尾结点指针没有头结点指针的循环单链表。

    (2) 只有尾结点指针没有头结点指针的非循环双链表。

    (3) 只有头结点指针没有尾结点指针的循环双链表。

    (4) 既有头结点指针也有尾结点指针的循环单链表。

2. 对于下图所示的带权有向图，采用 Dijkstra 算法求从顶点 0 到其他顶点的最短路径，要求给出求解过程，包括每一步的 S 集合、dist 和 path 数组元素。

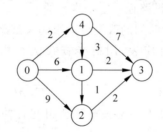

3. 有一棵二叉排序树按先序遍历得到的序列为 $(12,5,2,8,6,10,16,15,18,20)$，回答以下问题：

    (1) 画出该二叉排序树。

    (2) 给出该二叉排序树的后序遍历序列。

    (3) 求在等概率下的查找成功和不成功情况下的平均查找长度。

4. 一个含有 n 个互不相同的整数的数组 $R[1..n]$，其中所有元素是递减有序的，将其看成是一棵完全二叉树，该树构成了一个大根堆吗？若不是，请给一个反例；若是，请说明理由。

三、算法设计题(共两个小题，每小题 10 分，共计 20 分)

1. 设有两个带头结点的单链表，头结点分别为 A 和 B，结点个数分别为 m 和 n，均按结点值递增有序，每个单链表中的结点值唯一。结点类型如下：

```
class LinkNode:              # 单链表结点类
    def __init__(self, data=None):   # 构造函数
        self.data = data             # data 属性
```

10. 设森林 F 中有 4 棵树,第 1、2、3、4 棵树的结点个数分别为 a、b、c、d,将森林 F 转换为一棵二叉树 B,则二叉树 B 中根结点的左子树上的结点个数是_____。

    A. $a-1$ B. a C. $a+b+c$ D. $b+c+d$

11. 下列关于图的叙述中,正确的是_____。

    Ⅰ. 回路是简单路径

    Ⅱ. 存储稀疏图,用邻接矩阵比邻接表更省空间

    Ⅲ. 若有向图中存在拓扑序列,则该图不存在回路

    A. 仅Ⅱ   B. 仅Ⅰ、Ⅱ   C. 仅Ⅲ   D. 仅Ⅰ、Ⅲ

12. 以下关于有向图的说法中,正确的是_____。

    A. 强连通图中任何顶点到其他所有顶点都有边

    B. 完全有向图一定是强连通图

    C. 有向图中任一顶点的入度等于出度

    D. 有向图边集的子集和顶点集的子集可构成原有向图的子图

13. 如果从无向图的某个顶点出发进行一次广度优先遍历即可访问所有顶点,则该图一定是_____。

    A. 完全图   B. 连通图   C. 有回路   D. 一棵树

14. 用 Dijkstra 算法求一个带权有向图 G 中从顶点 0 出发的最短路径,在算法执行的某时刻,$S=\{0,2,3,4\}$,下一步选取的目标顶点可能是_____。

    A. 顶点 2   B. 顶点 3   C. 顶点 4   D. 顶点 7

15. 若用邻接矩阵存储有向图,矩阵中主对角线以下的元素均为零,则关于该图拓扑序列的结论是_____。

    A. 存在,且唯一   B. 存在,且不唯一

    C. 存在,可能不唯一   D. 无法确定是否存在

16. 哈希表中出现的哈希冲突是指_____。

    A. 两个元素具有相同的序号

    B. 两个元素的关键字不同,而其他属性相同

    C. 数据元素过多

    D. 两个元素的关键字不同,而对应的哈希函数值相同

17. 适合于折半查找的数据组织方式是_____。

    A. 以链表存储的线性表   B. 以顺序表存储的任意线性表

    C. 以链表存储的有序线性表   D. 以顺序表存储的有序线性表

18. 对有 n 个元素的排序表进行直接插入排序,在最好情况下需比较_____次关键字。

    A. $n-1$ B. $n+1$ C. $n/2$ D. $n(n-1)/2$

19. 若数据元素序列 $(11,12,15,7,8,9,23,1,5)$ 是采用下列排序方法之一得到的第二趟排序后的结果,则该排序算法只能是_____。

    A. 冒泡排序   B. 直接插入排序

C. 简单选择排序   D. 二路归并排序

20. 快速排序在_____情况下最不利于发挥其长处。

  A. 排序的数据量太大   B. 排序的数据中含有多个相同值

  C. 排序的数据个数为奇数   D. 排序的数据已基本有序

二、问答题（共 4 小题，共计 35 分）

1. （10 分）回答以下问题：

（1）对于如下图所示的带权连通图，给出利用普里姆算法（从顶点 0 开始构造）和克鲁斯卡尔算法构造出的最小生成树的结果（注意：按算法执行的顺序给出最小生成树的所有边，每条边用（i，j）表示）。

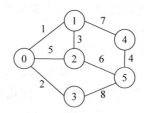

（2）若一个带权连通图有多棵最小生成树，其中恰好有两条最小边，那么这两条最小边一定出现在所有的最小生成树中吗？

（3）若一个带权连通图有多棵最小生成树，其中恰好有 3 条最小边，那么这 3 条最小边一定都出现在所有的最小生成树中吗？

2. （10 分）假设一棵二叉排序树的关键字为单个字母，其后序遍历序列为 ACDBFIJHGE，回答以下问题：

（1）画出该二叉排序树。（6 分）

（2）求在等概率下的查找成功的平均查找长度。（2 分）

（3）求在等概率下的查找不成功的平均查找长度。（2 分）

3. （8 分）已知排序序列为（15，5，16，2，25，8，20，9，18，12），给出采用二路归并排序方法对该序列做升序排序时每一趟的结果。

4. （7 分）简要说明为什么堆通常采用顺序结构。

三、算法设计题（共两个小题，共计 25 分）

1. （10 分）一个带头结点 head 的非空单链表中的所有元素为整数，结点类型如下：

```
class LinkNode:                    ＃单链表结点类
    def __init__(self,data=None):  ＃构造函数
        self.data=data             ＃data 属性
        self.next=None             ＃next 属性
```

设计一个算法将所有小于零的结点移到所有大于或等于零的结点的前面，要求所有结点的相对顺序不发生改变，例如 head=1→−2→3→−4→5，算法执行后 head=−2→−4→1→3→5。

2. （15 分）假设非空二叉树采用二叉链存储结构，所有结点值均不相同，根结点为 b，结点类型如下：

10. 由权值分别为 9、2、7、5 的 4 个叶子结点构造一棵哈夫曼树,该树的带权路径长度为_____。

    A. 23   B. 44   C. 37   D. 27

11. 对于不带权无向图的邻接矩阵来说,_____。

    A. 第 i 行上、第 i 列上的非零元素总数等于顶点 i 的度数

    B. 矩阵中的非零元素个数等于图中的边数

    C. 第 i 行上的非零元素个数和第 i 列上的非零元素个数一定相等

    D. 邻接矩阵中非全零行的行数等于图中的顶点数

12. 有一个顶点编号为 0~4 的带权有向图 G,现用 Floyd 算法求任意两个顶点之间的最短路径,在算法执行的某时刻已考虑了 0~2 的顶点,现考虑顶点 3,则以下叙述中正确的是_____。

    A. 只可能修改从顶点 0~2 到顶点 3 的最短路径

    B. 只可能修改从顶点 3 到顶点 0~2 的最短路径

    C. 只可能修改从顶点 0~2 到顶点 4 的最短路径

    D. 其他所有两个顶点之间的路径都可能被修改

13. 若一个有向图中的顶点不能排成一个拓扑序列,则可断定该有向图_____。

    A. 是个有根有向图   B. 是个强连通图

    C. 含有多个入度为 0 的顶点   D. 含有顶点数目大于 1 的强连通分量

14. 对含有 n 个元素的顺序表采用顺序查找方法,不成功时的比较次数是_____。

    A. 1   B. n C. $n-1$ D. $n+1$

15. 含有 20 个结点的 AVL 树的最大高度是_____。

    A. 4   B. 5   C. 6   D. 7

16. 在一棵 m 阶 B 树中插入一个关键字会引起分裂,则该结点原有_____个关键字。

    A. 1   B. m C. $m-1$ D. $\lceil m/2 \rceil$

17. 以下关于哈希查找的叙述中正确的是_____。

    A. 在哈希查找中不需要任何关键字的比较

    B. 在采用拉链法解决冲突时,查找每个元素的时间是相同的

    C. 哈希表在查找成功时的平均查找长度仅与表长有关

    D. 哈希表的装填因子等于表中填入的元素个数除以哈希表的长度

18. 在以下排序方法中,_____在初始序列已基本有序的情况下排序效率最高。

    A. 二路归并排序   B. 快速排序   C. 直接插入排序   D. 堆排序

19. 某程序需要从 10 000 个无序的整数中找出前 10 个最小的整数,在以下排序方法中最好采用_____。

    A. 直接插入排序   B. 冒泡排序   C. 二路归并排序   D. 希尔排序

20. 有 n 个十进制整数进行基数排序,其中最大的整数为 5 位,则基数排序过程中临时建立的队列个数是_____。

A. 10   B. n C. 5   D. 2

二、问答题(共 4 小题,共计 35 分)

1. (8 分)已知一棵二叉树的先序遍历序列为 ABDGHCEIF,它的中序遍历序列是 BGDHAEICF,请构造出这棵二叉树,并给出其层次遍历序列。

2. (8 分)一棵二叉排序树的结构如下图所示,其中各结点的关键字依次为 32～40,请标出各结点的关键字。

3. (8 分)一组关键字为(5,11,7,2,3,17),利用堆排序方法建立初始大根堆,给出所建立的初始大根堆对应的关键字序列。

4. (11 分)对于一个带权连通图 G,可以采用 Prim 算法构造出从某个顶点 v 出发的最小生成树,问该最小生成树一定包含从顶点 v 到其他所有顶点的最短路径吗? 如果回答一定,请予以证明;如果回答不一定,请给出反例。

三、算法设计题(共两个小题,共计 25 分)

1. (10 分)有两个递增有序表,所有元素为整数,均采用带头结点的单链表存储,结点类型定义如下:

```
class LinkNode:                    # 单链表结点类
    def __init__(self,data=None):  # 构造函数
        self.data=data             # data 属性
        self.next=None             # next 属性
```

设计一个尽可能高效的算法,将两个递增有序单链表对象 A、B 合并为一个递减有序单链表对象 C,要求算法的空间复杂度为 $O(1)$。

2. (15 分)设非空二叉树采用二叉链存储结构,其结点类型如下:

```
class BTNode:                      # 二叉链中的结点类
    def __init__(self,d=None):     # 构造方法
        self.data=d                # 结点值
        self.lchild=None           # 左孩子指针
        self.rchild=None           # 右孩子指针
```

设计一个算法判断根结点为 b 的二叉树是否为一棵满二叉树。

12. 以下叙述中错误的是_____。
    A. 图的遍历是从给定的初始点出发访问每个顶点且每个顶点仅访问一次
    B. 图的深度优先遍历适合无向图
    C. 图的深度优先遍历不适合有向图
    D. 图的深度优先遍历是一个递归过程

13. 对于有 n 个顶点的带权连通图,它的最小生成树是指图中任意一个_____。
    A. 由 $n-1$ 条权值最小的边构成的子图
    B. 由 $n-1$ 条权值之和最小的边构成的子图
    C. 由 n 个顶点构成的极大连通子图
    D. 由 n 个顶点构成的极小连通子图,且边的权值之和最小

14. 以下关于图拓扑排序的叙述中正确的是_____。
    Ⅰ. 任何无环的有向图,其顶点都可以排在一个拓扑序列中
    Ⅱ. 若 n 个顶点的有向图有唯一的拓扑序列,则其边数必为 $n-1$
    Ⅲ. 在一个有向图的拓扑序列中,若顶点 a 在顶点 b 之前,则图中必有一条边 $<a,b>$
    A. 仅Ⅰ   B. 仅Ⅰ、Ⅲ   C. 仅Ⅱ、Ⅲ   D. Ⅰ、Ⅱ和Ⅲ

15. 设有 100 个元素的有序顺序表,采用折半查找方法,不成功时最大的比较次数是_____。
    A. 25   B. 50   C. 10   D. 7

16. 在任意一棵非空二叉排序树 $T1$ 中,删除某结点 v 之后形成二叉排序树 $T2$,再将 v 插入 $T2$ 形成二叉排序树 $T3$。下列关于 $T1$ 与 $T3$ 的叙述中,正确的是_____。
    Ⅰ. 若 v 是 $T1$ 的叶子结点,则 $T1$ 与 $T3$ 不同
    Ⅱ. 若 v 是 $T1$ 的叶子结点,则 $T1$ 与 $T3$ 相同
    Ⅲ. 若 v 不是 $T1$ 的叶子结点,则 $T1$ 与 $T3$ 不同
    Ⅳ. 若 v 不是 $T1$ 的叶子结点,则 $T1$ 与 $T3$ 相同
    A. 仅Ⅰ、Ⅲ   B. 仅Ⅰ、Ⅳ   C. 仅Ⅱ、Ⅲ   D. 仅Ⅱ、Ⅳ

17. 将一个从大到小的数组用以下排序方法排列成从小到大的,_____最快。
    A. 堆排序   B. 冒泡排序
    C. 快速排序   D. 直接插入排序

18. 一个关键字序列为(12,38,35,25,74,50,63,90),按二路归并排序方法对序列进行一趟归并后的结果为_____。
    A. 12,38,35,25,74,50,63,90
    B. 12,38,25,35,50,74,63,90
    C. 12,25,35,38,50,74,63,90
    D. 12,35,38,25,63,50,74,90

19. 如果在一个排序算法的执行过程中没有同一对元素被比较过两次或两次以上,则称该排序算法为节俭排序算法,以下算法中是节俭排序算法的有_____。

A. 直接插入排序　　　　　　　　　　B. 简单选择排序

C. 堆排序　　　　　　　　　　　　　D. 所有选项都不对

20. 对给定的关键字序列(110,119,007,911,114,120,122)进行基数排序,则第二趟分配收集后得到的关键字序列是_____。

A. 007,110,119,114,911,120,122

B. 007,110,119,114,911,122,120

C. 007,110,911,114,119,120,122

D. 110,120,911,122,114,007,119

二、问答题(共 3 小题,每小题 10 分,共计 30 分)

1. (10 分)在用 Dijkstra 算法求一个图中的单源最短路径时,图中边上的权值可以为正数,也可以为负数。该叙述正确吗? 如果你认为正确,请证明;如果你认为不正确,请给出一个反例。

2. (10 分)输入关键字序列(16,3,7,11,9,26),给出构造一棵 AVL 树的步骤。

3. (10 分)快速排序算法通常是基于顺序表的,那么能不能对链表数据实现快速排序呢? 对比说明基于顺序表实现快速排序有什么优点。

三、算法设计题(共两个小题,共计 30 分)

1. (15 分)有两个递增有序的整数表,它们的元素个数分别为 m、n,所有元素都是唯一的,现在采用 Python 列表 A、B 存放。设计一个尽可能高效的算法,求这 $m+n$ 个整数中第 k 大的元素($1 \leqslant k \leqslant m+n$)。例如 $A=[1,3,5]$,$B=[2,4,6,7]$,第一大的元素为 7,第二大的元素为 6。

2. (15 分)设二叉树中的每个结点存放单个字符(每个结点值是唯一的),采用二叉链存储,其结点类型如下:

```
class BTNode:                    #二叉链中的结点类
    def __init__(self,d=None):   #构造方法
        self.data=d              #结点值
        self.lchild=None         #左孩子指针
        self.rchild=None         #右孩子指针
```

设计一个算法求根结点 b 的二叉树中结点值为 x 的结点的兄弟,当 b 中不存在值为 x 的结点或者它不存在兄弟时返回空。

```
[
    [[1, 1], [2, 1], [3, 1]]        #顶点0
    [[0, 1], [2, 1]]                #顶点1
    [[0, 1], [1, 1], [3, 1]]        #顶点2
    [[0, 1], [2, 1], [4, 1]]        #顶点3
    [[3, 1]]                        #顶点4
]
```

11. 二分查找和二叉排序树查找的时间性能_____。
    A. 完全相同   B. 有时不同
    C. 完全不同   D. 数量级都是 $O(\log_2 n)$

12. 关于 m 阶 B 树的说法错误的是_____。
    A. m 阶 B 树是一棵平衡的 m 叉树
    B. B 树中的查找无论是否成功都必须找到最下层结点
    C. 根结点最多含有 m 棵子树
    D. 根结点至少含有两棵子树

13. 时间复杂度恒为 $O(n\log_2 n)$ 且不受数据初始状态影响的排序算法是_____。
    A. 二路归并排序   B. 希尔排序
    C. 快速排序   D. 简单选择排序

14. 有一种排序方法,在最后一趟排序结束之前可能所有元素都发生位置的改变,该排序方法是_____。
    A. 堆排序   B. 冒泡排序
    C. 直接插入排序   D. 简单选择排序

15. 堆的形状是一棵_____。
    A. 满二叉树   B. 二叉判定树   C. 平衡二叉树   D. 完全二叉树

二、问答题(共 5 小题,共计 45 分)

1. (7 分)有以下算法,分析执行 fun(a, n, 0)语句的时间复杂度,需要给出推导过程。

```
def fun(a, n, k):              ＃数组 a 共有 n 个元素
    if k==n-1:
        for i in range(n):
            print(a[i], end=' ')
    else:
        for i in range(k, n):
            a[i]+=i*i
        fun(a, n, k+1)
```

2. (8 分)已知一棵二叉树中每个结点值为单个字符,其中序和后序序列分别为 BFDJGACHKEI 和 FJGDBKHIECA,请画出该二叉树,并给出该二叉树的先序序列。

3. (10 分)对于如下图所示的带权有向图,若采用 Dijkstra 算法求从顶点 a 到其他

顶点的最短路径和长度,第一条最短路径为 $a \rightarrow c$,路径长度为 2,则求得的剩余最短路径依次是什么?(请按 Dijkstra 算法执行时产生最短路径的顺序给出各最短路径及其长度)

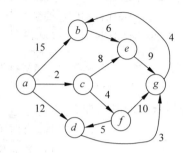

4. (10 分)设有一组关键字 $\{32,13,49,24,38,21,4,12\}$,其哈希函数为 $H(\mathrm{key})=\mathrm{key} \% 7$,采用开放地址法的线性探查法解决冲突,试在 $0 \sim 9$ 的哈希地址空间中对该关键字序列构造哈希表,并求等概率下查找成功和查找失败的平均查找长度。

5. (10 分)有一组关键字序列 $(66,89,8,123,9,44,55,37,200,127,98)$,回答以下问题:

(1)请将其调整成初始大根堆,并画出初始大根堆的树形表示。

(2)采用堆排序实现按关键字递增排序,请画出当有一个最大的关键字已放置到最终位置时剩余关键字构成的大根堆。

三、算法设计题(共两个小题,共计 25 分)

1. (10 分)若一个一元多项式(所有多项式项的指数不相同,并按指数递减排列)采用有序单链表进行存储,请给出其结点类型,并基于此存储结构设计一个算法用于判断两个一元多项式是否相同。

2. (15 分)假设一棵非空二叉排序树(左子树结点的关键字小于根结点关键字,右子树结点的关键字大于根结点关键字,树中没有关键字重复的结点)采用二叉链存储,结点类型如下:

```
class BSTNode:                                    #二叉排序树结点类
    def __init__(self,k,d=None,l=None,r=None):    #构造方法
        self.key=k                                #存放关键字,假设关键字为 int 类型
        self.lchild=l                             #存放左孩子指针
        self.rchild=r                             #存放右孩子指针
```

设计一个尽可能高效的算法输出该二叉排序树中所有关键字在 x 和 y 之间($x<y$,含 x 和 y)的关键字。

系_____。

    A. 不一定相同   B. 都相同   C. 都不相同   D. 互为逆序

9. 下面关于哈夫曼树的说法不正确的是_____。

    A. 对应于一组权值构造出的哈夫曼树可能不唯一

    B. 哈夫曼树具有最小带权路径长度

    C. 哈夫曼树中没有度为 1 的结点

    D. 哈夫曼树中除了度为 2 的结点外,还有度为 1 的结点和叶子结点

10. 一棵高度为 h 的非空平衡二叉树,其每个非叶子结点的平衡因子均为 0,则该树共有_____个结点。

    A. $2^{h-1}-1$ B. 2^{h-1} C. $2^{h-1}+1$ D. 2^h-1

11. 一个有向无环图 G 的拓扑序列为 $\cdots,v_i,\cdots,v_j,\cdots$,则不可能出现的情形是_____。

    A. G 中有边 $<v_i,v_j>$ B. G 中有一条从 v_i 到 v_j 的路径

    C. G 中没有边 $<v_i,v_j>$ D. G 中有一条从 v_j 到 v_i 的路径

12. 假设有 k 个关键字互为同义词,若用线性探测法把这 k 个关键字存入哈希表中,至少要进行_____次探测。

    A. $k-1$ B. k C. $k+1$ D. $k(k+1)/2$

13. 若初始数据基本正序,则选用的最好的排序方法是_____。

    Ⅰ. 直接插入排序   Ⅱ. 冒泡排序

    Ⅲ. 快速排序   Ⅳ. 二路归并排序

    A. 仅Ⅰ   B. 仅Ⅰ、Ⅱ   C. 仅Ⅰ、Ⅲ   D. 仅Ⅱ、Ⅳ

14. 已知待排序的 n 个元素可分为 n/k 组,每组恰好包含 k 个元素,组内元素是无序的,且任一组内的各元素均分别大于前一组的所有元素和小于后一组的所有元素,若采用基于比较的排序方法使整个数据递增排序,最好的时间复杂度为_____。

    A. $O(n\log_2 n)$ B. $O(n\log_2 k)$ C. $O(k\log_2 n)$ D. $O(k\log_2 k)$

15. 设有一组关键字序列为 $(345,253,674,924,627,310,56)$,对其采用基数排序方法递增排序,需要分配和收集_____趟。

    A. 3   B. 4   C. 5   D. 8

二、问答题(共 3 小题,每小题 10 分,共计 30 分)

1. 已知一棵度为 m 的树中有 n_1 个度为 1 的结点、n_2 个度为 2 的结点、……、n_m 个度为 m 的结点,问该树中有多少个叶子结点?

2. 假设在 7 个城市之间建造天然气输送网,7 个城市分别用序号 1~7 来表示,已知两个城市之间的输气管道的费用如下表所示。

城市 i	1	1	1	2	2	3	3	4	4	5	5	6
城市 j	2	6	7	3	7	4	7	5	7	6	7	7
费用:百万	6	12	8	12	4	5	9	10	20	13	16	15

要求：

(1) 在总费用最小的情况下设计出连通 7 个城市的天然气输送网。

(2) 计算建造该天然气输送网的总费用。

3. 设整数序列 $D=(1,12,5,8,3,10,7,13,9)$，试完成下列各题：

(1) 依次取 D 中的各整数为关键字，构造一棵二叉排序树 bt。

(2) 依据此二叉树 bt 得到 D 的一个有序序列。

(3) 画出在二叉树 bt 中删除 12 后的树结构。

三、算法设计题（共 3 小题，共计 40 分）

1. (15 分) 设 $A=(a_0,a_1,\cdots,a_{n-1})$，$B=(b_0,b_1,\cdots,b_{m-1})$，$A$、$B$ 是两个递增有序的线性表（其中 n、m 均大于 1），且所有数据元素均不相同。假设 A、B 均采用带头结点的单链表存储（结点 A 和 B 分别为两个单链表的头结点），设计一个尽可能高效的算法判断 B 是否为 A 的一个连续子序列，给出算法的时间复杂度。例如，$A=(1,2,3,4,5)$，$B1=(2,3,4)$，$B2=(1,3,4)$，则 $B1$ 是 A 的一个连续子序列，而 $B2$ 表示 A 的一个连续子序列。

2. (15 分) 假设非空二叉树 b 采用二叉链存储结构存储（结点 b 为二叉树的根结点），试设计一个算法，输出该二叉树中从根结点出发的一条最长路径（假设其长度不超过 100，当有多条最长路径时输出其中任意一条）。

3. (10 分) 假设一个无向图是非连通的，采用邻接表作为存储结构，试设计一个算法，输出图中各连通分量的顶点序列。

该树中有_____个叶子结点。

  A. $1+2b+3c$ B. $a+2b+3c$ C. $2b+3c$ D. $1+b+2c$

9. 一个表示工程的 AOE 网中的关键路径_____。

  A. 必须是唯一的   B. 可以有多条

  C. 可以没有   D. 以上都不对

10. 用 Prim 算法求一个连通的带权图的最小生成树,在算法执行的某时刻,已选取的顶点集合 $U=\{1,2,3\}$,边的集合 $TE=\{(1,2),(2,3)\}$,要选取下一条权值最小的边,不可能从_____组中选取。

  A. $\{(1,4),(3,4),(3,5),(2,5)\}$

  B. $\{(1,5),(2,4),(3,5)\}$

  C. $\{(1,2),(2,3),(3,1)\}$

  D. $\{(1,4),(3,5),(2,5),(3,4)\}$

11. 当采用分块查找时,数据的组织方式为_____。

  A. 数据分成若干块,每块内的数据有序

  B. 数据分成若干块,每块内的数据不必有序,但块间必须有序,每块内最大(或最小)的关键字组成索引块

  C. 数据分成若干块,每块内的数据有序,每块内最大(或最小)的关键字组成索引块

  D. 数据分成若干块,每块中的数据个数必须相同

12. 在任意一棵非空二叉排序树 $T1$ 中删除某结点 v 之后形成二叉排序树 $T2$,再将 v 插入 $T2$ 形成二叉排序树 $T3$,下列关于 $T1$ 与 $T3$ 的叙述中正确的是_____。

  Ⅰ. 若 v 是 $T1$ 的叶子结点,则 $T1$ 与 $T3$ 不同

  Ⅱ. 若 v 是 $T1$ 的叶子结点,则 $T1$ 与 $T3$ 相同

  Ⅲ. 若 v 不是 $T1$ 的叶子结点,则 $T1$ 与 $T3$ 不同

  Ⅳ. 若 v 不是 $T1$ 的叶子结点,则 $T1$ 与 $T3$ 相同

  A. 仅Ⅰ、Ⅲ   B. 仅Ⅰ、Ⅳ   C. 仅Ⅱ、Ⅲ   D. 仅Ⅱ、Ⅳ

13. 采用递归方式对顺序表进行快速排序,下列关于递归次数的叙述中正确的是_____。

  A. 递归次数与初始数据的排列次序无关

  B. 每次划分后,先处理较长的分区可以减少递归次数

  C. 每次划分后,先处理较短的分区可以减少递归次数

  D. 递归次数与每次划分后得到的分区处理顺序无关

14. 数据序列(8,9,10,4,5,6,20,1,2)只能是_____算法的两趟排序后的结果。

  A. 简单选择排序   B. 冒泡排序

  C. 直接插入排序   D. 堆排序

15. 在以下 4 个线性表中,最适合采用基数排序的是_____。

  A. 10 000 个实数

  B. 1000 个由字母、数字和其他字符组成的字符串

C. 1000 个 int 类型的整数

D. 10 000 个 100 以内的正整数

二、问答题（共 3 小题，每小题 10 分，共计 30 分）

1. 若已知一棵完全二叉树（所有结点值均不同）的先序、中序或后序遍历序列中的任意一种，能够唯一确定这棵二叉树吗？如果能，请以其中一种遍历序列来说明构造该二叉树的过程；如果不能，举一个反例予以说明。

2. 对于如下图所示的带权有向图，采用狄克斯特拉算法求出从顶点 0 到其他各顶点的最短路径及其长度，要求按求出最短路径的先后顺序给出结果。

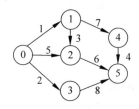

3. 简述堆和二叉排序树的区别。

三、算法设计题（共 3 小题，共计 40 分）

1. （10 分）有一个含 $n(n>4)$ 个无序整数的顺序表，其中包含重复的整数元素，设计一个时间上尽可能高效的算法删除所有重复的整数，重复的整数保留第一个。假设顺序表采用列表 L 存放，要求算法的空间复杂度为 $O(1)$，算法返回 n，表示 L 中的前 n 个元素为删除后的结果。例如，$L=[1,2,1,2,3,1]$，算法返回 3，L 的前 3 个元素是 $[1,2,3]$。

2. （15 分）在 Python 中提供了双端队列 deque，可以将一个 deque 对象 st 作为栈，其栈操作是取栈顶元素为 st[−1]，进栈操作是 append()，出栈方法是 pop()。现在有一个整数栈 st，设计一个算法利用一个临时栈 tmpst 将 st 中的所有整数排序，即从栈底到栈顶恰好是递增的。

3. （15 分）假设二叉树采用二叉链存储结构进行存储，设计一个算法求根结点为 b 的二叉树中的最小枝长。二叉树的最小枝长是根结点到所有叶子结点路径长度的最小值。

A. 63   B. 64   C. 127   D. 128

9. 若某非空二叉树的中序序列和后序序列正好相反,则该二叉树的形态是_____。

    A. 只有一个根结点   B. 所有分支结点都有左、右孩子

    C. 所有结点没有左子树   D. 所有结点没有右子树

10. 以下关于有向图的说法中正确的是_____。

    A. 强连通图是任何顶点到其他所有顶点都有边

    B. 完全有向图一定是强连通图

    C. 有向图中任一顶点的入度等于出度

    D. 有向图边集的子集和顶点集的子集可构成原有向图的子图

11. 用 Dijkstra 算法求一个带权有向图 G 中从顶点 0 出发的最短路径,在算法执行的某时刻,$S=\{0,2,3,4\}$,下一步选取的目标顶点可能是_____。

    A. 顶点 2   B. 顶点 3   C. 顶点 4   D. 顶点 7

12. 有一个关键字集合{53,30,37,12,45,24,96},从空树开始逐个插入关键字来创建一棵二叉排序树,若希望高度最小,则应该选择_____序列插入。

    A. 45,24,53,12,37,96,30   B. 37,24,12,30,53,45,96

    C. 12,24,30,37,45,53,96   D. 30,24,12,37,45,96,53

13. 下列关于哈希表查找的说法中正确的是_____。

    A. 在采用拉链法解决冲突时,成功查找到任何一个关键字的元素的时间都是相同的

    B. 在采用拉链法解决冲突时,若规定插入总是在链首,则插入任何一个关键字的元素的时间总是相同的

    C. 在采用拉链法解决冲突时容易引起堆积现象

    D. 以上都不对

14. 以下序列不是堆的是_____。

    A. (100,85,98,77,80,60,82,40,20,10,66)

    B. (100,98,85,82,80,77,66,60,40,20,10)

    C. (10,20,40,60,66,77,80,82,85,98,100)

    D. (100,85,40,77,80,60,66,98,82,10,20)

15. 设线性表中的每个元素有两个数据项 k_1 和 k_2,现对线性表按以下规则进行排序:先看数据项 k_1,k_1 值小的在前,大的在后;在 k_1 值相同的情况下,再看 k_2,k_2 值小的在前,大的在后。满足这种要求的排序方法是_____。

    A. 先按 k_1 值进行直接插入排序,再按 k_2 值进行简单选择排序

    B. 先按 k_2 值进行直接插入排序,再按 k_1 值进行简单选择排序

    C. 先按 k_1 值进行简单选择排序,再按 k_2 值进行直接插入排序

    D. 先按 k_2 值进行简单选择排序,再按 k_1 值进行直接插入排序

二、问答题(共 3 小题,共计 35 分)

1. (15 分)设线性表有 n 个元素,以下操作哪些在顺序表上实现比在链表上实现效率更高?

(1) 输出第 $i(1 \leqslant i \leqslant n)$ 个元素值。

(2) 交换第 1 个元素与第 2 个元素的值。

(3) 顺序输出这 n 个元素的值。

(4) 求与给定值 x 相等的元素在线性表中的序号。

2. (10 分)设有一组关键字(32,15,2,7,14,13),其哈希函数是 $H(\text{key}) = \text{key} \% 7$。采用开放地址法的线性探测法解决冲突,试在 0～8 的哈希表中对该关键字序列构造哈希表,并求成功和不成功情况下的平均查找长度。

3. (10 分)若要在 N 个海量数据(超过十亿,不能一次全部放入内存)中找出最大的 k 个数(内存可以容纳 k 个数),最好采用什么数据结构和策略?请详细说明采用的数据结构和策略,并用时间复杂度和空间复杂度来说明理由。

三、算法设计题(共 3 小题,共计 35 分)

1. (10 分)某带头结点的非空单链表中的所有元素为整数,结点类型定义如下:

```
class LinkNode:                        # 单链表结点类
    def __init__(self, data=None):     # 构造函数
        self.data = data               # data 属性
        self.next = None               # next 属性
```

设计一个算法采用直接插入排序方法实现上述单链表 head(头结点为 head)的递增排序,说明该算法在什么情况下时间性能最好。

说　　明

　　数据结构课程是计算机科学与技术专业的必修课，主要讲授数据结构基本原理、软件设计中常用的各种数据结构(如线性表、栈、队列、串、数组、稀疏矩阵、树、二叉树和图)的实现、查找和排序算法设计技术。课程的主要目标如下：

　　(1)掌握数据结构的基本原理，深刻理解数据逻辑结构、存储结构和运算算法设计之间的关系，能够从求解问题中提炼出数据模型并准确地采用抽象数据类型进行描述。

　　(2)掌握常用数据结构的实现过程，针对逻辑结构特点设计相应的存储结构，继而高效地设计数据结构基本运算算法，能够对算法进行时间和空间复杂度分析。

　　(3)掌握常用数据结构的特点及其应用，能够在综合性求解问题中选择合适的数据结构并设计出高效算法，具备基本的数据组织和数据处理能力。

　　(4)掌握数据结构的实验方法，能够根据需要开展实验研究，正确地描述数据和组织数据，并应用数据处理方法，编写程序，分析实验结果以获得合理有效的结论，具备解决复杂工程问题的能力。

　　数据结构课程知识点较多，按课程目标将各个知识点分为"识记""领会""简单应用"和"综合应用"4个能力层次。"识记"层次要求识别和记忆有关知识点的主要内容，并能够根据考核的不同要求做出正确的表述、选择和判断。"领会"层次要求领悟和理解有关知识点的主要内容，并能够根据考核的不同要求做出正确的解释、说明和论述。"简单应用"层次要求运用特定知识点分析和解决一般应用问题。"综合应用"层次要求运用多个知识点分析和解决比较复杂的应用问题。

　　本模拟考试题册包括8套模拟考试题，用于考查学生各个层次知识点的掌握程度以及运用数据结构基本原理和方法进行问题分析与求解的能力。所有题目分为选择题、填空题、问答题和算法设计题4种题目类型，选择题和填空题等客观题主要考查"识记"和"领会"层次的知识点；问答题主要考查"领会"和"简单应用"层次的知识点；算法设计题主要考查"简单应用"和"综合应用"层次的知识点。每套模拟考试题题目的知识点覆盖全面，难度适中，其中简单难度的题目占30%~50%，中等难度的题目占20%~40%，困难难度的题目占20%~40%。各套模拟考试题的总体难度存在差异，供老师根据学生情况进行选择。

　　由于水平所限，尽管不遗余力，仍可能存在错误和不足之处，敬请教师和同学们批评指正。

编者

2021年1月

数据结构教程

（Python语言描述）学习与上机实验指导

期末模拟试卷

课件下载·样书申请　　清华大学出版社

书　圈　　　官方微信号